JN327861

満蒙開拓、夢はるかなり

加藤完治と東《とう》宮《みや》鐵《かね》男《お》

上

Maki Hisashi
牧 久

ウェッジ

満蒙開拓、夢はるかなり――加藤完治と東宮鐵男（上）　目次

下巻目次

装幀　間村俊一

満蒙開拓、夢はるかなり

——加藤完治と東宮《とうみや》鐵男《かねお》（上）

凡例

・本文中の敬称はすべて省略した。
・「満洲」（現中国東北部）および「満洲国」は、満州と表記した。
・「支那」は原則として「中国」としたが、当時の固有名詞や引用文、会話中では「支那」と表記した箇所がある。華北、華中、華南も同様に「北支」「中支」「南支」と表記した箇所がある。
・軍隊の部隊名および人物の肩書、学校名、地名等々は原則的にその時点のものとし、（ ）内に適宜補足した。また、外国の地名に関しても原則的に当時の呼称に合わせた。地名の振り仮名は通例に従い、原音（片仮名）と日本語読み（平仮名）のいずれかを採った。
・書籍・新聞等の引用に際しては、読みやすさを考慮し、旧漢字を新字、旧仮名を新仮名、片仮名を平仮名にするなどした。また、句読点を入れたり、漢字を仮名に変えたり、一部簡略化したりするなど、適宜変更を加えた箇所もある。なお、今日の人権意識に照らして不適切な語句も、時代的背景に鑑み、そのままとした場合がある。
・加藤完治に関しては主として『加藤完治全集』、東宮鐵男に関しては主として『東宮鐵男傳』に依拠した。引用に際して一々断り書きを入れていない場合もある。また、前項と同様、適宜変更を加えた箇所もある。なお年齢は満年齢に統一した。

写真提供および協力
加藤弥進彦、東宮春生、財部鳥子、北岡和義、十河光平、三島叡、毎日新聞社、共同通信社、山形放送、Wikimedia Commons
カバー写真（渡満道路）撮影＝三島叡

序章　「渡満道路」を辿る

二〇一四年春「日本農業実践学園」

六〇ヘクタール近い広大な農地は濃淡様々な新緑に覆われ、色とりどりの花が咲き乱れていた。平成二十六（二〇一四）年春、私（筆者）は茨城県水戸市内原《うちはら》町の「日本農業実践学園」を訪ねた。JR常磐線の内原駅の南東約一・五キロ。県道を挟んで東側には学園本館、視聴覚室、武道場などの校舎群と有機野菜、水稲ハウス、園芸場、養豚、酪農などの農業実習施設が点在する。県道西側には広々とした野菜畑と水田、加工実習施設、直売所……まさに農業を実践的に学ぶことができる〝総合学園〟である。

この学園には、専修科（対象は大学、短大卒）、本科（同高校卒）、高等科（同中学卒）の三科が設けられ、学生・生徒全員が学園内の寮で寝食を共にしながら農業を学び、農業実習に汗を流す全寮制。学園の広さに比べ、学生数は全体で百人前後とごく少数である。最近は定年後に

日本農業実践学園本館前広場に建つ加藤完治像。高さ3メートルを超える。

趣味の農作業を志す中高年のために一週間から三か月の「有機野菜・有機農業コース」も設けられ、週末を利用して農業実習に励むサラリーマンの姿も見られる。

学園案内によると、大正十四（一九二五）年、デンマークの働きながら学ぶ「国民高等学校制度」を範とした「社団法人日本国民高等学校協会」が設立され、農学者・加藤完治《かんじ》を初代校長として「日本国民高等学校」が開校した（昭和二年）。全国的に働きながら学ぶ教育を普及する国民運動の本拠にするねらいもあった。この学校が戦後の教育制度の改革の余波で昭和二十五（一九五〇）年には「日本高等国民学校」、同五十五年には「日本農業実践大学校」、平成三（一九九一）年に現在の「日本農業実践学園」と校名を変えながら生き続けてきたのである。

「自然の息吹を感じながら農業を学び合う」ことを謳うこの学園が、各地の農業学校とやや趣が違うのは、本館前広場に建つ高さ三メートルを超える巨大な加藤完治の立像である。鍬を手に、長いあごひげを蓄えた農作業姿。背後には「弥栄神社《いやさか》」という名の古い社が建っている。加藤完治――昭和十三（一九三八）年春、「国策」としてこの地に発足した「満蒙開拓青少年義勇軍内原訓練所」の所長として、終戦までの七年間に八万六〇〇〇余名の若者を、満州の地に送り出し、「満蒙開拓の父」と崇められた人物である。

水戸市内原の郷土史義勇軍資料館に復元された日輪兵舎。元の日輪兵舎を設計したのは建築技師・古賀弘人。往時は杉皮葺きの屋根だった（下巻第9章参照）。

この場所には当時、「青少年義勇軍」のシンボルであった「日輪兵舎」と呼ばれる太陽を象《かたど》った独特の円形宿舎が三〇〇棟も建ち並び、全国から選抜された一五―一九歳の若者が集い、寒冷地農業を学び、満州開拓に夢を託して旅立った。農業実践学園の校門前の道を少し東に辿ると、日輪兵舎の跡地に聳えるように建てられた「満蒙開拓青少年義勇軍内原訓練所之碑」が往時を偲ばせる。元京大教授、橋本伝左衛門の書だという。学園の一隅に大きな自然石の記念碑が建ち、創立者の一人、石黒忠篤《ただあつ》（元・農相）の「至誠」という書と、加藤完治の「さし昇る朝日と共に鍬とりて磨け益《ます》良夫《らお》やまと魂」という歌が刻まれ、裏面には日本国民高等学校協会理事長だった那須皓《しろし》（元・東京帝国大学教授）の碑文が刻まれている。那須の碑文は、この学校の教育目的をこう述べている。

〈教育の本義は人づくりにある。知識、技術の習得はこれに付随する。人づくりは活ける人格の感化と、事々物々に即しての実践的修業によりて達せられる。本校教育の本義はそこに存する。『ソノ国ソノ民族ノ将来ヲ知ラントセバ、ソノ国ノ青年ヲ見ヨ』とは至言である。次代を担うべき若き人々が憂国の至情と社会奉仕の熱意に燃え、勤労の意欲と自主独立の気概に眼を輝かすならば、その国その民族の興隆は約束せられたと言ってよい。これに反し何らの理想も信念もなく、ただ私利と逸楽を追い、外国文化の皮相的模倣に得々たるごとき心境にあるならば、その国の将来は衰退あるのみである。何となれば、精神的、道徳的支柱を失う時、政治、経済、文化の伽藍は槿花一朝《きんかいっちょう》の栄として崩壊し去ること古来の歴史の教うる所なるを以てである（後略）〉

こうした建学の理念と、日本の近現代史の荒波に翻弄され続けた学園に今、どんな若者が入学し、何を学び、巣立っていくのか。その実情を知りたくて、私はこの年の入学式、卒業式を取材させてほしい、と学園当局に申し入れた。すぐに「快諾」の返事がきた。

四月六日の本館集会所で行われた入学式。日本農業の衰退や農業人口の減少もあってか、大学、短大卒対象の専修科が一二人、高卒を対象とした大学レベルの本科が七人、中学卒対象の高校レベルの高等科が二人の計二一人。彼ら全員がこの日から学園内の寮で生活を共にしながら学ぶ仲間となる。入学式には在校生全員が出席して、新入生を歓迎した。新入生を前に学園長の加藤達人《たつと》（六五歳）は概略こんな挨拶をした。達人は初代校長、完治の孫で六代目の学園長（校長）である。

「二十一世紀は経済優先の社会から、命、健康、自然を大切にする社会へ変わることが期待されています。農業は食を通して私たちの命を支える〝命の源〟です。私たちの命を守り、安心した暮しを送るためには、私たちのバックボーンに〝自分たちが食べるものは自分たちで作る〟という精神が必要で、今こそ農村を支える人材が必要な時です」

「初代校長は、この学園で学ぶ若者たちは三つの心構えが必要だと毎年、新入生に語り続けました。体を丈夫にすること、働く習慣をつけること、生きた技術を身につけること、この三つです。この言葉を思い出しながら、一日、一日を大切にし、頑張ってください」

続いて来賓として出席した水戸市長の高橋靖が祝辞を述べた。

「農業を取り巻く環境は昨今、極めて厳しいものがあります。最大の問題は後継者不足です。国、県、市もその対策に取り組んでいますが、なかなか解決策を見出せません。農業の現場が求めているものは何か。現場から見えて来るものを諸君が感じ取り、行政に伝えてもらいたいのです。若い君たちの感性で、日本の農業を発展させてほしいと願っています」

新入生を代表して「誓いの言葉」を述べたのは、三〇歳、広島大学大学院博士課程を修了した女性だった。彼女は長崎県立大学経済学部を卒業した後、広島大学大学院で国際協力関係を学び、大手小売業に就職するが、そこで農業産品の流通を幅広く学ぶ必要を痛感したのだという。彼女はこの学園で農業の実際を学び、卒業後は青年海外協力隊に応募、「アフリカの未開地での農業指導に当たりたい」と希望に満ち溢れていた。

これより先、三月二十四日に行われた卒業式も覗いた。この年の卒業生は専修科一一人、本科一一人、高等科一人の計二三人。卒業生の進路は専修科では茨城、福島、三重、長野などの農業法人に就職する者が五人、出身地の県などでさらに農業研修を続ける者が五人、青年海外協力隊でセネガルに赴任する者、国際農業者交流協会（ＪＡＥＣ）の派遣でアメリカに農業研修に向かう者もいる。本科、高等科もほとんどが各県の農業法人に就職し、農業の現場に散っていくのだという。

「初代校長はこの学園を巣立つ若者に、毎回、餞《はなむけ》として〝元気で　みんな仲良く　迷うな〟という言葉を贈り続けました。この言葉を私も皆さんに贈ります。困ったことがあればこの三つの言葉を思い出してください」——学園長の加藤達人は、卒業生にこんな初代校長の言葉を「餞」として贈った。「元気で　みんな仲良く　迷うな」。この言葉は加藤完治が、この地にあった満蒙開拓青少年義勇軍内原訓練所の少年たちを満州に送り出す時、必ず彼らに贈った言葉である。少年たちはこの言葉を胸に満州へ旅立ったのである。

私は入学式、卒業式での加藤達人学園長の挨拶を聞きながら一つだけ気になったことがあった。彼は「初代校長はこう話した」とその言葉を引用しても、初代校長である「加藤完治」の名前を一度も口にしなかったことである。勘繰れば、戦後の「青少年義勇軍は中国侵略の先兵だった」などという「加藤完治批判」を気にしているのではないか、とも受け取れる。式後、この疑問を率直に孫である加藤達人に問うた。

「いやあ、そんなことではありません。この学園は加藤完治一人で創設したのではありません。かつて〝農政の神様〟といわれた石黒忠篤先生、祖父・完治の親友で同志でもあった那須皓や橋本伝左衛門先生たちの協力と支援でできた学園で、完治を初代校長に指名したのはこうした先生方でした。祖父の言葉はすべてこうした先生方の言葉でもあり、加藤完治だけの言葉ではありません。学園を作った皆さんの思いでもあったのです」

加藤完治の思い

入学式でも卒業式でも、学園側の末席で杖を片手にニコニコと笑みを絶やさず達人や来賓の挨拶、学生たちの答辞に聞き入る老人がいた。耳の下から頰、さらに顎へと長く伸びた白ひげ。柔和ながら時折、きらりと光る眼光。すぐに学園本館前の加藤完治の立像を想い出した。まさに瓜二つと言っても過言ではない。しゃべり始めると、その声は周囲を圧し、止まることを知らない。多分、完治もそうだったのではないか。

加藤完治の四男・加藤弥進彦。現在、日本農業実践学園名誉学園長。

加藤弥進彦《やすひこ》。大正十（一九二一）年生まれの九三歳。加藤完治の四男である。北海道大学農学部出身の弥進彦は、終戦直後、加藤完治が満州からの生還者を引き連れて入植した福島県白河で、昭和二十七（一九五二）年に病を得て倒れると、その後を継いで「白河報徳農協組合長」として入植。さらにその後、「日本国民高等学校」の校長にも就任する。いわば弥進彦は完治の戦前からの遺志を引き継ぎ、彼の人生の航跡を辿り続けてきた人物と言ってもよい。

戦後七〇年。満蒙開拓に関わった関係者は年々減り続けている。そんな中で、青少年義勇軍内原訓練所所長だった加藤完治を最も身近に知る男が、彼の遺志を継ぎながらまだ健在だったのである。私は率直に、「戦後の長い間、批判され続けた加藤完治の実像を知りたい」と申し入れた。彼は大きな地声をかみ殺すように、父、加藤完治について語り始めた。

「戦後、父は中国侵略のお先棒を担ぎ、青少年義勇軍という〝侵略の先兵〟を育て満州に送り込んだ、と厳しく指弾されました。戦前は〝満州開拓の父〟と崇められた父が戦後、福島県白河郷の開拓地に入植すると、ある新聞は〝おちぶれた農聖〟と書いたんですよ。父は弁明もしませんでしたが、大正末から昭和初期の農村不況の中で、日本の農民、特に土地を持たない農家の二、三男がどう生きていくのか、それを真剣に考えて国内の未墾地の開墾を進め、それが満州への開拓移民につながったのです。父が土地なき農民とも言うべき日本農民救済のため、満州開拓移民を進めようと考えたのは、満州事変のずっと以前からだったのですよ」

「確かに終戦の年の八月九日、突然のソ連軍の満州侵攻によって多くの犠牲者が出ました。青少年義勇軍の犠牲者は二万人を超えています。痛恨の極みですが、それは、父や純粋に満州開拓を夢みて青少年義勇軍に参加した少年たちの罪だったのでしょうか。戦後、多くの学者や評論家が父や義勇軍について取材にきました。父を慕う門下生たちは、その志を懸命に説明したのですが、後で書かれたものを読むと、〝満州開拓は侵略だった〟という前提で書かれたものばかりでした」

「日本の満州進出は〝日本帝国主義の中国侵略だった〟という戦後の歴史観からみれば、少年たちは加藤完治に洗脳されて満州に渡り、中国侵略に加担した、ということになるのでしょうね。本当に青少年義勇軍は侵略軍だったのでしょうか。戦後の非難の嵐のなかで、父の信念や志を信じる門下生や、命からがら帰国した義勇軍の生存者たちの多くがこうした論調に怒り、反論を書きましたが、戦後のマスコミの論調を変えることはできず、今なお、侵略者呼ばわりされることが多いのです」

加藤弥進彦は、日本農業実践学園の学園長を務めるかたわら、学園の一角にある加藤完治が晩年、書斎として使っていた古びた木造家屋を「加藤完治記念館」として、様々な資料を展示、世間に父親の実像を知ってもらおうと努力してきた。九三歳になった弥進彦は「加藤完治は満州侵略の先導的役割を果たした、という見方の誤りを、史実に基づいて正していくことが〝天命〟である」と考えている。彼は実践学園本館の一室に加藤完治の著作を始め、彼の生涯にわたる多くの資料を保存していた。「父の実像を先入観なく客観的に書いてくれるなら……」とその部屋に案内してくれた弥進彦は「ここにある資料はどれでも自由に閲覧してください」と資料室の担当者を紹介してくれたのである。

有難いことに彼は、私が前年に上梓した『不屈の春雷――十河信二とその時代』を読んでくれていた。「新幹線生みの親」十河信二《そごうしんじ》は、満鉄理事時代に満州事変の仕掛け人、石原莞爾《いしわらかんじ》と盟友関係を結び、「五族協和、王道楽土の満州国」建国の理想に燃えていた。この頃、加藤完治は奉天（現・瀋陽）で石原莞爾と会い、ソ満国境沿いに日本人の開拓移民の必要性を訴えていた軍人・東宮鐵男《とうみやかねお》を紹介され、意気投合する。

「狭い日本国内で土地を持たない農家の二、三男を自作農化するには限界がある」と満州への移民を考えていた加藤に対して、東宮は「ソ連の南下を防ぐための〝屯墾軍《とんこんぐん》〟の入植」を考えていた。二人の開拓移民構想に賛同した石原は、張作霖《ちょうさくりん》（学良）軍が撤退した広大な兵営跡地への「日本国民高等学校北大営分校」開設を後押しする。冬場の気温は零下四十度近くまで下がる極寒の地、ソ満国境沿いに入植するには、寒冷地農業に対する研究や訓練が必要だった。加藤も東宮もまた、石原らが実現しようとしていた「五族協和、王道楽土」の満州国建国に共鳴していた。

あの時代、日本人にとって「満州」とはどんな地域だったのか。石原たちはどんな思いで「満州国」を建国しようとしたのか。私は『不屈の春雷』の中で、石原、十河ら当時、「満州派」と呼ばれた人たちと加藤完治が盟友関係にあったことに触れた。考えてみれば石原莞爾も戦後、満州事変の仕掛け人として「中国侵略の元凶」と名指しされ、「陸軍悪玉の張本人」とされてきたのである。上海事変後、日中戦争が激化すると、参謀本部作戦部長だった石原莞爾は、中国との戦争拡大に体を張って反対、その職を追われる。

中国・華北で「興中公司」社長として中国の経済発展の先頭に立っていた十河信二も、日本から続々進出してきた財閥系の大資本に追われるように帰国する。十河は帰国すると、満州で知り合った加藤完治を訪ね、青少年義勇軍内原訓練所の青少年たちの純粋な志に感動、彼らとしばしば膝を交えて意見交換をし、また、加藤らが創設した「学生義勇軍」の会長も引き受けた。国内の学生が学業の余暇を利用して自発的に農業開墾などに当たる組織で、十河は学生たちとともにモッコを担ぎ、鍬をふるって国内各地の開墾や食糧増産に取り組んだのである。石原や十河と加藤完治の親交は、後に加藤ファンの一人だった高松宮宣仁《のぶひと》親王も巻き込んだ〝東条英機暗殺未遂事件〟にまで発展する。

「父は農学者で農民であることを誇りにしており、政治問題については農政に関する以外はほとんど語っていません。唯一、石原莞爾の純粋性に常に感服していました。石原が死去する直前、山形県・酒田の病床に彼を見舞い、その時、彼の遺書ともいうべき『新日本の進路』と題した小論文を手渡されています。これはカーボン紙で複写された何通かの一つで、父は終世、何度も読み返していました。これが戦後の父の生き様の指針になったの

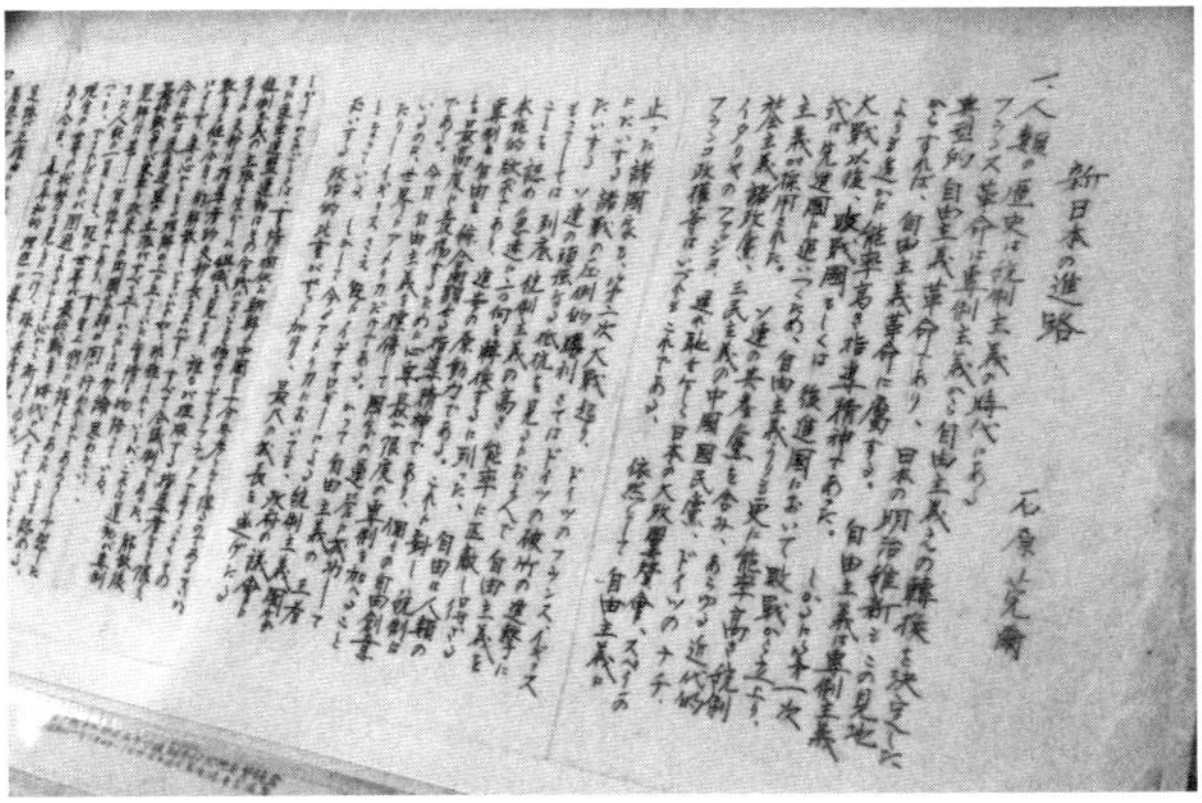

石原莞爾が死の1か月前、昭和24（1949）年7月に執筆した「新日本の進路」。マッカーサーへの建白書ともいうべき遺書（下巻第13章参照）。

だと思います」

渡満道路

満蒙開拓青少年義勇軍内原訓練所で二―三か月の教育を終えた若者たちは、壮行式での加藤完治所長の訓示に送られて、満州へ向けて旅立つ。国防色の渡満服、桜のマークの制帽、両足の巻脚絆に身を固め、肩に担いだ真新しい白木の鍬の柄。日満両国旗を先頭に「渡満道路」と呼ばれた桜並木の道をラッパ鼓隊を先頭に整然と内原駅に向かう。加藤の餞の言葉は前述したように、いつも「元気で　みんな仲良く　迷うな」という簡単明瞭な言葉だった。だれにもわかる単純なこの言葉は、若い青少年の心に響き、今なお、その言葉を思い出す元訓練生は多い。

渡満道路を行進した訓練生は内原駅から東京に向かう。昭和十四（一九三九）年六月七日には朝日新聞社の主催で満蒙開拓青少年義勇軍壮行会が東京・明治神宮外苑競技場で開かれている。同八日付「東京朝日新聞」は、社会面トップ。「きょう〝鍬の青春部隊〟壮行会」「朝香宮台臨の栄に」「誓う開拓の使命」「神宮外苑二万の感激」という四本見出しで報じている。青少年義勇軍に対する当時の期待の大きさが想像できる。

〈この日〝鍬を握って満蒙の土とならん〟との堅き決意に燃ゆる若人一千五百名は茨城県内原義勇軍訓練所から指揮官、山形県出身の川島光男君に引率されて新宿駅着の特別列車で上京、カーキの制服、戦闘帽にリュック姿も凛々しく、義勇軍の銃とも言うべき樫の鍬の柄を担い、日満両国旗と隊旗を先頭に喇叭鼓隊の愛国行進曲も勇ましく駅前から堂々行進を起し、沿道の歓呼に送られて集合場の神宮外苑相撲《すもう》場に到着した。何れも十五歳から二十歳前後の元気溌剌たる青少年達だ。約二ケ月に亙る農民道場での猛烈な士の訓練に真黒に日焼けした顔、顔、その双頬は満蒙開拓の輝かしい希望と感激に溢れている。この中にはこの日の義勇軍代表答辞者、東京都出身の外山英六（一八）や大陸の聖戦に父兄を捧げた子弟達の顔も見え、いずれも北は樺太、南は九州と日本全国から馳せ参じた雄々しい士の戦士達だ〉

昭和14（1939）年6月7日、明治神宮外苑競技場で開かれた満蒙開拓青少年義勇軍壮行会。

後の神宮外苑競技場での学徒出陣式を思わせる光景である。この壮行会を主催した朝日新聞社は、昭和十六年度の「朝日賞」で「奉公賞」を設け、最初の表彰者に「満蒙拓士の父、熱の人・加藤完治」を選んだ。表彰理由は「あたかも昭和十六年は満州事変十年目に当り、かつ、満州開拓移民政策第一期五箇年計画の最終年度に当るので、これを機会に氏が多年の農民教育と皇国農民道の振興に対する功績をも含めて、同氏の満蒙開拓拓士養成にたいする功績を表彰する」（昭和十七年一月十一日付同紙朝刊）としている。

戦時中は、このように満蒙開拓義勇軍や加藤完治を支援した朝日新聞社だったが、戦後は一転、福島県・白河の那須山麓の開拓地に自ら入植し、悪戦苦闘しながら開墾事業に従事する加藤完治を発見すると「うらぶれた〝農聖〟開拓地からも追わる」（昭和二十五年一月二十日付朝日新聞夕刊）との見出しで、白河駅に出てきた加藤を「（福島県は）住所不定であり、老年で開拓成績が上がっていない。四年間に六反余の開墾では、県の入植規程に反している」とした、と写真入りで報じた。また加藤が昭和四十二年三月三十日、八三歳で逝去するとその死亡記事では、「朝日賞」を授与したことも伏せたのである。

青少年義勇軍が行進した「渡満道路」は今もその一部が残っている。日本農業実践学園の入学式の取材を終えた私は、その道を歩いて内原駅に向かった。正門前の県道を横切り、田畑の間を真っ直ぐに北に延びる農道を約三〇〇メートル。丁字路になった角に「渡満道路」と書かれた木製の標識が立っている。道幅は三メートルほどだが、両側の桜並木は満開の季節を迎えていた。現存するのは内原駅への県道と合流する約五〇〇メートル。そのほぼ中間に「水戸市教育委員会」が建てた「渡満道路と桜並木」と題した説明板があった。

〈昭和十三年（一九三八）早春、ここ内原に満蒙開拓青少年義勇軍（略称＝義勇軍）の訓練所が建設されました。

当時この一帯は松林で覆われていて道は狭く、訓練所入り口近くには道も無く、入所した義勇軍訓練生が訓練所から内原駅迄の一・七キロメートルを整備し、記念に桜の苗木を植えました。

桜花は日本人の心の花、義勇軍の門章や帽章も桜の花を象《かたど》ったものでした。今でもここに残る桜は、この時に植えたもので、訓練所は無くなっても巡り来る春ごとに美しい花を咲かせています。

訓練所から内原駅までつづく「渡満道路」と、水戸市教育委員会が建てた説明板。

内原で二・三ヶ月の訓練を終えた義勇軍の人達は、訓練所で盛大に行われた渡満壮行式のあと、真新しい服にリュックを背負って鍬の柄を携え、列を正してラッパ鼓隊の先導でこの道を通り、大陸に夢を馳せながら内原駅に向かいました。昭和十三年から二十年（一九四五）までに、この道を通って満州に渡った訓練生は八万六千五百三十人を数えました。

このことから訓練所から内原駅までの道路を「渡満道路」と呼ぶようになったのでした。当時の訓練生は、今でも寄宿した日輪兵舎とこの桜並木を忘れたことはありません。

渡満道路は、植栽後七十有余年が過ぎ、当時を語るものとしては唯一残されている桜並木であり、義勇軍の歴史また桜の名所として保存されていま

す〉

もう一人の「満蒙開拓の父」

茨城県・内原の日本農業実践学園を数回にわたって訪れていた頃、旧知の元読売新聞記者を介して、『不屈の春雷』を読んだ先輩記者の東宮哲哉《とうみやてつや》が会いたがっている、との連絡を受けた。「読売の東宮」という名前にかすかな記憶があった。四十数年前、私が日経新聞記者として当時の国鉄や運輸省を担当していた頃、彼も運輸省記者クラブに籍を置き、何度か顔を合わせたことがある。穏やかだが、いつも毅然とした大先輩記者だった。「元国鉄総裁の十河信二に関する話だろう」と気軽に会うと、同行者がいた。群馬県に住む元銀行員で、郷土史の研究をしている東宮春生《はるお》と名乗った。名刺には「東宮七男《かずお》の会代表」とあった。

東宮哲哉は静かな口調でこう語り始めた。

「昭和三（一九二八）年の張作霖爆殺事件の実行犯とされる東宮鐵男《かねお》は、実は私の父、七男の従兄弟で、私にとっては伯従父《いとこおじ》に当たります。ご存知のようにこの事件は戦前、戦中は〝満州某重大事件〟と呼ばれ、事実関係は闇の中、だったのですが、戦後の東京裁判で関東軍高級参謀だった河本《こうもと》大作が計画し、奉天守備隊長だった東宮鐵男（当時大尉）が現場を指揮し、爆薬のスイッチを押したことが明らかになります。以後、伯従父は中国侵略の口火を切った〝テロリスト〟と、批判の嵐にさらされたのです」

「そんな戦後の雰囲気の中で、私は学生時代や新聞記者になってからも、東宮一族であると自ら語ることを躊躇してきました。新聞社では私の東宮姓に『東宮鐵男の関係者か』と聞いてきた人は多かったのですが、私はいつも笑ってごまかしてきました。当時の満州を、日本人はどう考えていたのか、張作霖はどんな男だったのか、伯従父はなぜ爆殺事件の実行犯となったのか――そんなことを語っても、日本の社会には受け入れる空気は皆無だったからです」

「東宮鐵男は、満州に理想の国家を建国するという石原莞爾らの思想に共鳴し、当時のソ満国境沿いにロシア革命から逃れたロシア人も含めた理想の共和国を建設することを夢見ていました。そのためには日本人の大量移民が必要だと考え、石原らにその計画を説明していました。同じように日本農家の二、三男対策として満州開拓移民が必要だと考えていた加藤完治と東宮を引き合わせたのが、石原莞爾だったのです。二人は満州最北部への移民推進で手を結び、第一次（永豊鎮《えいほうちん》）、第二次（七虎力《チフリ》）とソ満国境沿いへの試験移民を実施したのです」

「多くの苦難を乗り越えて、試験移民は軌道に乗り、佳木斯《ジャムス》南方の未開地に弥栄村《いやさか》（第一次移民）、千振村《ちふり》（第二次移民）など日本人開拓村が誕生、農産物の生産も年々増えていき、生活も少しずつ楽になります。そして、東宮鐵男もまた、〝満州移民の父〟と仰がれる存在になったのです。伯従父が受け入れ側の〝満州移民の父〟なら、若者を教育して育て、満州に送り出した加藤完治は〝満州開拓の母〟といってもよい、と思います」


東宮哲哉はそう言いながら、古い新聞の切り抜きを取り出した。東宮鐵男は昭和十二（一九三七）年十一月十四日、第二次上海事変後の中国・杭州湾上陸作戦で指揮する部隊の先頭に立ち、戦死する。同月二十三日付の群馬県の県紙「上毛新聞《じょうもう》」は、東宮の戦死を大きく報じており、その死亡記事のスクラップだった。この年の七月七日、北京の盧溝橋で起きた「誰が撃ったかわからない」発砲事件をきっかけに、日本軍は中国大陸南方に戦線を広げていた。中国との戦争拡大に反対する参謀本部作戦部長の石原莞爾は、陸軍内の拡大派の反発によって九月には作戦部長の職を解かれる。東宮鐵男が杭州湾上陸作戦に参加する水戸連隊大隊長を命じられたのはその直後のことだった。

東宮の死の直前の同年十一月三日、加藤完治や石黒忠篤、那須皓らの連名による「満蒙開拓青少年義勇軍編成に関する建白書」が政府に提出される。この建白書は、東宮の死が報じられたわずか二週間後の同月三十日の閣議で、異例の速さで了承された。成人移民の送出の議案はそれまで何度も議会に出され議論されてきたが、青少年を満州に送り出そうという計画は初めてだった。拓務省はこの決定を受け、茨城県内原の日本国民高等学校の隣接地に内地訓練所を設置し、その所長を加藤完治とすることを決める。

翌十三年一月には早くも「満州青年移民（青少年義勇軍）募集要項」を作って募集に着手した。加藤らは長い間、満蒙開拓の必要性を訴えてきたが、「日本人の満州移民は無意味で絶対不可能だ。気候も悪いし土壌の性質も内地とは違うなど、満州現地はもちろん内地でも大蔵大臣の高橋是清翁をはじめ植民に一番関係の深い拓務大臣までもが、皆だめだと反対してきた」（加藤完治）のである。前例のない素早い決定の裏にはどんな事情があったのか。上毛新聞は、〈我が「満州移民の父」　東宮中佐戦死　宮城村出身　広陳鎮戦闘に〉の三段、三本見出し。顔写真に出征前に帰郷した際に撮影した家族写真を添えている。

〈本県勢多郡宮城村苗ケ島出身歩兵中佐、東宮鐵男氏は去る十四日、南支戦線広陳鎮付近の戦闘に於いて第一線部隊を指揮し敵前渡河に移らんとした際、壮烈な戦死を遂げた。
同中佐は新鋭〇〇部隊に属し、去る十月初旬出征し十一月一日付で中佐に昇進したものであるが、昭和五年以来前後七ヵ年間満州国にあり、同国軍政部顧問として足跡満蒙の地に轟く。我国大陸政策のパイロットとしては陸軍部内屈指の逸材で、剛毅果敢な性格とともに名声が高かった。満州国辺防司令于《う》琛《ちん》澂《ちょう》将軍から委託された広漠七千町歩の土地に満州農業移民を創始した「満州移民の父」であることは余りにも有名である〉

東宮哲哉が同行した東宮春生は、昭和二十八（一九五三）年生まれ。生粋の戦後っ子であり、あの戦争を全く知らない世代の一人である。彼は立命館大学経営学部を卒業すると、故郷群馬県に戻り、県内一円に根を張る信用金庫の行員となる。仕事で県内各地を回るうちに、生まれ育った赤城山麓で代々、十数代にわたって生き続けた旧家「東宮家」の来歴に興味を持ち始めた。学生時代から歴史好きだったこともある。

平成三（一九九一）年夏のことだった。たまたま上京し、神田の古本屋街を汗をふきふき歩き回った。ある店の片隅で見つけたのが、古びた部厚い『東宮鐵男傳』だった。奥付には「康徳七年（注・昭和十五＝一九四〇年。康徳は「満州国」の元号）十一月十四日発行　非売品」とあり、発行所は「新京特別市大同大街　協和会中央本部」となっている。店主に値段を聞くとなんと六万五〇〇〇円。値切り交渉を始めたが、希少本であり、応じられないと言う。春生は所持金をはたいてこの本を買った。

これがその後の彼の人生を変える。この本を編纂、執筆した東宮哲哉の父、東宮七男の人生に取りつかれ、郷土史を研究する傍ら「東宮七男の会」を立ち上げる。そして、定年を待たず五七歳で長年勤めた信用金庫を退職し、東宮家を中心にした郷土史研究に没頭することになったのである。

東宮春生の祖母、チヨは東宮鐵男の姉で、隣家の従兄弟、東宮租一郎と結婚する。租一郎、チヨの三男が春生の父、敏男である。敏男は母の弟である東宮鐵男を「大佐の叔父さん」と呼んでいた。東宮鐵男は、ソ満国境沿いの饒河《じょうが》に後の青少年移民の先駆けともいうべき大和村北進寮（饒河少年隊）を創設すると、姉のチヨに頼んで当時一四歳だったチヨの次男、明次をこの北進寮に入れたという。

幼いころの春生は、祖母や父の語る「大佐の叔父さん」にあこがれを感じ、自慢でもあった。しかし、高校、大学で学ぶ日本の歴史では、東宮鐵男といえば「張作霖爆殺の実行犯」という〝悪名〟ばかり。学生運動が激化する中で、「東宮鐵男は俺の大叔父だ」と胸を張って言うことはできなかった。「東宮鐵男たちは当時、何を思い、何をなそうとしたのか」。常に心の中にわだかまりとして残っていた。それだけに、『東宮鐵男傳』は彼の実像を知る〝宝物〟のように思えた。以来、春生は東宮鐵男や、彼の伝記を執筆した東宮七男に関する資料をこつこつと集め続けてきた。

彼もまた、集めた貴重な資料をすべて私に提供すると申し出てくれたのである。東宮春生と私はこの年の夏、東宮鐵男と加藤完治が石原莞爾の支援を得て、最初に「試験移民」を送り込んだ松花江（満州語でスンガリー河）沿いの哈爾浜《ハルビン》から佳木斯《ジャムス》までの航跡を辿り、かつて日本人の入植地だった弥栄村、千振村などの変貌を見届ける旅に出る。それは「満州と日本人」を考える旅でもあった。

東宮鐵男の遺志

東宮鐵男は戦死すると大佐に昇進、翌昭和十三（一九三八）年一月には、満州国協和会内に「東宮大佐記念事業委員会」が設置され、『東宮鐵男傳』の刊行が決まる。これが東宮哲哉の父、東宮七男《かずお》と、その家族全員の人生を大きく変えることになった。鐵男と七男は従兄弟であり、赤城山麓の生家は生垣と小川を挟んだ隣にあり、両家とも村の〝草分け屋敷〟と呼ばれる名家である。七男に「記念事業委員会」から『東宮鐵男傳』の執筆、編集の依頼がきたのは同年八月初めのこと。七男は断り続けたが、再三の要請に断りきれず、同年九月、家族を残して単身、満州・新京（現・長春）に渡る。

東宮七男（1897－1988）。萩原恭次郎らとプロレタリア詩運動に取り組む詩人だった。

七男はこの年四一歳。尋常高等小学校の教頭だった。群馬師範学校（現・群馬大学教育学部）を卒業、教師になって以降、プロレタリア詩に関心を持ち、萩原朔太郎の門下生となって、萩原恭次郎らと共に民衆詩運動に取り組む。思想の自由や表現の自由が大きく制約されていた時代である。プロレタリア詩運動も「〝アカ〟の文学」と見られ、官憲の監視対象になっていた。「憲兵がいきなり土足で上がり込み、蔵書を点検されることも度々経験した」と四男の哲哉は何度も聞かされた。そんな〝要注意人物〟の七男に『東宮鐵男傳』の執筆を依頼してきた背景について、哲哉は「おやじが大佐の身内だったからではないか。大佐には知られてはならない重大な機密があったから……」と推測する。「満州某重大事件」と呼ばれたその機密が明らかになったのは、戦後の東京裁判においてである。七男は張作霖爆殺事件での東宮鐵男の深い関与については誰にも語らず、『東宮鐵男傳』でも封印した。

七男が執筆、編纂した『東宮鐵男傳』はA五判九五〇頁の大冊である。その内容は普通の伝記とは趣を異にし、伝記篇、遺稿篇、寄稿篇と分かれていて、そのほとんどは鐵男の人物像と彼の業績を知る人たちの証言を生のまま記述したものである。遺稿篇では中学時代から軍隊に入隊以降もずっと付けていた日誌や書簡なども含み、東宮鐵男に関する客観的な「一大資料集」となっている。従兄弟の七男が編纂したにもかかわらず、鐵男の生涯に対する評価は一切、避けたとしか思えない。

その「序文」は当時の拓務大臣・小磯国昭（陸軍大将）と並んで、石原莞爾が書いている。石原はこう述べる。

〈（略）私は、東宮君は大正、昭和の御代に於けるもっとも偉大な人物の一人と信ずる。すぐれたる直観力、目的達成に全力を極めて合理的かつ積極的に活用するあの政治的実行力、もし大将大臣となるも必ず最高の成果を挙ぐべき人であった。然るに兎角《とかく》経歴がものをいうて居た当時の陸軍に於ては、陸軍大学校を出て居らず、従って軍の中央部に就任の機会なかった為、或る低い範囲内に於て君の価値を定める様子になるのが自然である、軍人以外に於てもこの風がないでもあるまい。私は今日急いで委員の手によって伝記を書き上げる事は同意致しかねる、委員としては成るべく　広く公正に資料を蒐集し、他日立派な伝記の出現を準備するのが正当と考える旨を答えたのであった〉

石原莞爾はいずれ東宮鐵男が一段と高く評価される時代が来る、と確信していたのだろう。編纂した東宮七男は、この石原莞爾の意見をそのまま取り入れ、資料集としての『東宮鐵男傳』をまとめた、と見てもよい。石原はこの序文で、昨年（昭和十四年）春、「編纂委員が態々《わざわざ》舞鶴まで来て愚見を徴せられた」と記している。東条英機と対立して日本に帰国し、舞鶴要塞司令官という陸軍の閑職に左遷されていた石原の意見を聞くために、七男はわざわざ舞鶴に出向いている。

単に『東宮鐵男傳』への意見を聞くために、石原を訪ねたのではないだろう。鐵男が「この男の為なら死んでもよい」とまで心酔していた石原の「満州建国の哲学」をじっくりと聞いたはずである。石原がこの序文を書いたのはその翌年の「昭和十五年八月　於天の橋立」。陸軍大臣（当時）の東条に追われて京都師団長を最後に陸軍を退職し、京都に蟄居していた時代の石原に、七男は序文執筆を依頼したのである。

当初は嫌々ながら伝記執筆を引き受けた東宮七男だったが、渡満して一年後の昭和十四年八月、妻サクと次男不二夫、三男比左志、四男哲哉を新京に呼び寄せた。前橋中学二年生だった長男文夫は叔父の家に預けた。文夫も中学を卒業すると、満州に渡り、父の勧めで「建国大学」に入学する。建国大学は「五族協和　王道楽土」の満州国の哲学と理想を研究、実践するため、石原莞爾らの肝煎りで出来た学校である。七男は伝記の取材、執筆の過程で石原莞爾や東宮鐵男たちが創り上げようとした「満州国」の建国の理想に、本格的に共鳴するようになっていく。「石原さんがどんなに満州国を愛したか、胸に迫るものがある。純粋な人は、その純粋に正比例して常に不遇である。しかしその不遇こそ何物にも代えられない光を放つ」

『東宮鐵男傳』は完成したが、七男は日本に戻って再び教職に就く気はなかった。日本が日米開戦に向けてひた走っていた時代である。一家で満州に骨を埋める決意をする。改めて新京の「大同学院」で「満州国建国精神」を学び、修了すると協和会の正式な職員となった。協和会は議会制を採用しなかった満州国で、民意を政府に知らせ、五族の融和を図る目的で作られた組織である。しかし、七男は協和会の職員となって初めて「新国家の官僚にありつき、有頂天になっている醜い日本人たちの横暴ぶりによって、満州国建国の理想が形骸化していく様を目にした」のである。

彼は新京の協和会中央本部ではなく、満州国の最僻地であり、日本移民と原住民の摩擦が多発しているソ満国境沿いの、三江省樺川《かせん》県協和会事務所への赴任を自ら希望する。昭和十九（一九四四）年春、同県協和会事務所長として一家をあげて佳木斯《ジャムス》に移住した。佳木斯はかつて東宮鐵男が最初に試験移民団を引き連れて上陸、開拓団の〝基地〟とした地域である。彼の業績を記念する東宮会館や東宮公園、東宮神社なども残っていた。東宮鐵男の遺志を、この地で引き継ぎたいとの思いもあった。

東宮七男が佳木斯でまず訪れたのは、市内で最も大きな旅館兼中華料理店「協和飯店」だった。この旅館の支配人である山田與四郎《よしろう》という〝満州浪人〟は、昭和三年ごろ奉天独立守備隊長時代の東宮鐵男と知り合い、お互いに純粋で豪胆な人柄に惚れ込み、以来、〝義兄弟〟の契りを結ぶ。七男も『東宮鐵男傳』の取材で何度か山田に接するうちに、山田に相通じるものを感じていた。七男が赴任地に三江省樺川県を希望したのも、山田という男の存在が大きかったのだろう。山田は協和飯店総支配人を務める傍ら、東宮鐵男の遺志を継いで、ソ満国境沿いの二つの開拓団の団長も務めていた。

ロシア語も中国語も完璧にこなすこの男は、ロシア革命で哈爾浜《ハルビン》に逃れてきた白系ロシア人の元軍人を組織した「大亜細亜連盟国建国前衛第一軍」隊長も務めていた。この前衛軍は生前の東宮鐵男がソ連と国境を接した饒河に創設した軍隊組織である。東宮鐵男と奉天で知り合った頃、山田は張作霖の通訳をしており、その長男、張学良に日本語を教えていたという。しかし、東宮と知り合う以前の山田與四郎については、記録も全く残っておらず、家族に対しても前半生については、極めて断片的にしか語らなかったという謎の人物である。

日本現代詩人会会長、財部鳥子と満州

私はこの「山田與四郎」という謎だらけの人物に強い関心を持った。同じころ佳木斯に住んでいた東宮哲哉に問い合わせると「山田さん一家は、私の家族と同様、昭和二十年八月九日の

山田與四郎（昭和19〈1944〉年頃）。協和飯店の総支配人を務める傍ら、ソ満国境沿いの２つの開拓団の団長も務めていた。

ソ連軍の突然の侵攻を逃れて、家族と満州を彷徨い、その途中、山田さんは新京の難民収容所で発疹チフスにかかり亡くなりました。三歳だった下のお嬢さんも同じ病気で亡くなっています。しかし、残された四人の母子は苦労を重ねて故郷の新潟に引き揚げました。長女の雅子さんは私と同い年の昭和八年生まれ。一二歳の時、命からがら、引き揚げてきて、今もまだ健在ですよ」という。哲哉は早速、東京・清瀬市に住むこの長女に連絡をとってくれた。以後、私は数度にわたって彼女から、山田與四郎とその家族について取材する機会を得る。

初対面の際、彼女が差し出した名刺には「日本現代詩人会会長　財部鳥子」とあった。本名は金山（旧姓山田）雅子。財部鳥子《たからべとりこ》はペンネームだという。日本現代詩人会は会員千余名を擁する日本現代詩の〝総本山〟とも言うべき組織で、歴史あるH氏賞、現代詩人賞を毎年、贈り続けている。財部鳥子は二〇一三年からその会長の座にある。腰をピンと伸ばし、白髪混じりとはいえ、その気さくな童顔は、色つやもよく、優しい目が強い意志を込めて、時折光を増す。とても八〇歳を過ぎたとは思えない。

財部鳥子が淡々と話す満州体験は強烈だった。終戦間際のソ連軍の侵攻によって佳木斯を追われ、母親と弟二人、妹の家族五人、着のみ着のままで避難民となって綏化《すいか》の飛行場の格納庫に収容される。ここで終戦間際の〝根こそぎ動員〟で召集されていた父與四郎と巡り合う。與四郎は一一歳の雅子を丸坊主にして男の子の服を着せた。ソ連軍の強姦や中国人の人身売買から逃れるためだった。送られた新京の収容所で父與四郎と妹の芳子が発疹チフスに罹り死亡する。父は四四歳、妹は三歳だった。文字通りの「地獄絵図」をそこで見た。

昭和二十一年九月、残された家族四人、やっとの思いで両親の故郷、新潟に引き揚げる。雅子は中学二年に編入されたが、いじめが激しく登校拒否。祖母のすすめで鉱山の季節人夫となった。それでも卒業証書はもらえた。卒業すると近くの農協の事務員をしばらく務めた後、新潟市役所職員に採用される。仕事の合間に市立図書館に通いつめ、そこにある本を片っ端から読んだ。

昭和三十一（一九五六）年、二三歳の時、グラフィックデザイナーと結婚し市役所を退職。その後は、詩作や小説、評論、随筆など文学の道を志し、各分野で多くの作品を残している。平成十（一九九八）年に詩集『烏有《うゆう》の人』で萩原朔太郎賞、十五（二〇〇三）年に『モノクロ・クロノス』で詩歌文学館賞も受賞した。彼女は満州での記憶を平成十七年、『天府《てんぷ》　冥府《めいふ》』と題する小説にまとめている。「小説」としているが、登場人物を匿名にしただけで、「天国から地獄まで」内容はすべて実話だという。

財部鳥子は昭和四十六（一九七一）年十月、群馬県前橋市に東宮七男を訪ねた。満州から家族を連れて苦労を重ねながら引き揚げた七男は、群馬ペンクラブを興し、再び詩人として詩作活動に復帰していた。財部が訪ねたのは詩人としての東宮七男ではなく、「父、山田與四郎のかつての友人」としてである。父はいったい何者だったのか、満州北辺の地で何を成そうとしていたのか、それを知りたい一念だった。母も結婚前の與四郎についてはは何も聞かされていなかった。父に関する資料も読み漁ったが、財部には理解できないところが多かった。

「東宮七男氏は最初、孫文の——日本は西洋覇道の犬になるか、東洋王道の干城（国家を守る軍人）になるか——の王道思想があり、次に石原莞爾の東亜連盟主義があって、そこへ無条件に帰依していた東宮大佐および私の父（山田與四郎）がいる、というように関連づけて下さったが、このことによって、大佐や父がやはり本気で民族協和を信じていたにちがいないと思えてくる」

「満州国が建国されて暫くたつと新しい管理体制が新京を中心に出来上がり、大資本導入があり、大佐が抱いていた五族協和、王道楽土の理想は日本のはっきりした植民政策のためについえた。もともと冷たい官僚であり得ない大佐は、その至誠を官僚国家となった満州をすてることでつらぬこうとしたらしい。満州国から独立した移民のいる北辺だけで特殊王道国家を造ろうとしたのだ」

東宮鐵男はそのために資金を集めて「大亜細亜連盟国建国前衛第一軍」という亡命コザック兵五五人を含む一〇〇人近い日露混成の軍隊を作り、ソ連との国境に接した饒河《じょうが》に入植させた。

この隊長になったのが山田與四郎である。「その地に理想郷を作ろうという東宮や山田の見果てぬ夢であり、満州施策や対ソ問題を関東軍に何度か提案したが、現実は現実。受け入れられるところとはならなかった」（「光景は回帰する」）と財部は結論づけている。

ソ連軍の侵攻と開拓団の悲劇

加藤完治らの「満蒙開拓青少年義勇軍編成に関する建白書」（昭和十二年十一月）があっという間に日本政府の「国策」となり、一五歳から二〇歳前後の青少年が茨城県内原の訓練所で二―三か月の短期訓練を受け、満州各地に送り込まれるようになったのは昭和十三（一九三八）年春からだった。日本軍が一〇万人を動員して杭州湾上陸作戦を実施したのは、前年の同十二年十一月初めである。この上陸作戦で「満蒙開拓の父」と慕われた東宮鐵男は戦死した。杭州湾に上陸した日本軍は蔣介石の中国軍を西へ西へと追撃した。首都南京が陥落しても戦争は終わらなかった。首都を重慶に移し、広大な中国大陸でゲリラ戦を展開、戦争は泥沼化していく。

満州事変を経て「満州国」建国に先立つ昭和七年二月、関東軍統治部は「民族協和の新国家建設」のためには「日本人の集団移民が必要」として「日本人移民案要綱」を策定、こう謳った。「満蒙に対する日本人農業移民は、日本の国防上また満蒙永遠の和平確保上、最大重要意義をなすものにして、（満州）事変解決の上は、これに要する資金または経済的損益に拘泥せず、全力を挙げてその実行を期すべきものなり」

満州国建国後、加藤完治や東宮鐵男らが、長年にわたって営々と努力してきた開拓移民は、杭州湾上陸作戦を皮切りに、戦闘が中国本土に広がると、日中戦争を背後から支える戦略上の要請へと変化し、加藤らの思いとは全く違った次元のものとなろうとしていた。「満蒙開拓青少年義勇軍」（現地では正規軍と区別するため〝義勇隊〟と呼んだ）の本格的な送出は、こうした時代状況の中で始まった。終戦間際の昭和二十年五月までの七年余の間に、内原訓練所から送り出した青少年は八万六五三〇人。年間に一万人を超えている。

若い青少年だけではない。昭和十四年には「満州開拓政策基本要綱」を日満両政府で決定、本格的な開拓政策が樹立され、実行に移された。この基本要綱にそって拓務省は農林省と提携して、農村振興の一助として「分村分郷計画」を促進する。全国各地の村ぐるみ、集落ぐるみで満州に移住するという大掛かりな移住計画である。青少年義勇軍も加藤完治ら民間の手を離れ、その育成から配置まで完全に関東軍の指揮下に置かれた。そのねらいは「北辺鎮護」という対ソ戦に対する〝予備軍〟であり、もう一つが内地で深刻化する食糧不足を補うための「食糧増産」にあった。終戦時に満州に残っていた開拓団関係者は義勇軍も含めて約二七万人だったという。

昭和十六（一九四一）年十二月八日、米英を相手にした太平洋戦争に突入すると、陸軍中枢は満州の関東軍には「静謐保持」を命じた。北方からのソ連軍の侵攻を恐れ、ソ満国境地帯でのソ連との紛争を避けるためである。騒然とした内地と比べ、満州の開拓民の間には静かな時が流れていた。真珠湾への奇襲攻撃で戦果を収めた日本軍だったが、昭和十七年六月のミッドウェー海戦での大敗をきっかけに戦況は次第に劣勢に追い込まれる。米軍は南太平洋の島伝いにじりじりと日本本土へ迫り、孤島での玉砕が相次いだ。日本軍はこの南方から迫る米軍の対応に追われ始める。

昭和十九(一九四四)年に入ると、軍部中枢は関東軍の主力を満州から南方戦線に転用し始めた。密かに、そして急ピッチで、関東軍の精鋭を南方の島々に送り込んだのである。関東軍は最新兵器で装備され、「泣く子も黙る」といわれた七五万人の日本陸軍最強の精鋭部隊だった。その戦力の八割が翌二十年三月までに南方戦線に回され、満州は実質的に〝もぬけの殻〟になっていた。しかし、関東軍の主力が南方に転用された事実が知られると、ソ連軍の南下が早まる恐れが強い。軍の最高機密事項であり、厳重な箝口令が敷かれた。

その穴埋めとして、満州に送り込んだ開拓民や青少年義勇軍出身者も次々と現地徴兵された。いわゆる〝根こそぎ動員〟である。しかし、彼らの訓練期間は極端に短く、武器も全員には行き渡らない。木製の銃を持たせ、飛行場でも木製の戦闘機をソ連の偵察機からは本物と見えるように偽装した。関東軍の末期は事実上、〝案山子の軍隊〟だったのである。

昭和二十(一九四五)年八月七日、モスクワの独裁者、スターリンは「八月九日に満州の国境をこえて攻撃を開始すべし」との極秘命令を発した。米軍が広島に原爆を投下した翌日である。この年の二月、ヤルタ島に集まった米国のルーズベルト、英国のチャーチルはソ連のスターリンに対し、ドイツ降伏の二、三か月後にソ連が対日参戦するよう提案、米英ソ三国間で「ソ連参戦」の密約が結ばれていたのである。スターリンは「われわれには日本に対して特別な怨みがある」と終戦直後の国民へのメッセージで述べている。彼の言う〝怨み〟とは「日露戦争での敗北」だった。「それはわれわれの国の黒いしみとなった。わが国民は、日本が粉砕され、しみが取り除かれる日が来ることを信じ、待った。われわれ古い世代の人々は四十年間、その日を待った。そして、今、その日が来たのだ」（ロイ・メドヴェージェフ『スターリンと日本』）。同年五月九日、ドイツが無条件降伏をすると、スターリンは直ちにドイツ戦線の部隊にソ満国境への移動を命じた。

トルーマン、チャーチルとスターリンは昭和二十年七月中旬からドイツのポツダムで会談、同二十六日には中国の蔣介石の同意を得て、米英中三か国の名で「ポツダム宣言」を発表する。ソ連は対日参戦を公式に表明していなかったので、この宣言には名前を連ねなかった。日本政府はソ連の名がないことを頼りに、この段階に至っても、ソ連の和平仲介に望みを繋げていた。駐ソ大使、佐藤尚武《なおたけ》がポツダムから帰国したソ連外相・モロトフに面会の約束を取り付けたのは、八月八日午後五時（モスクワ時間。日本時間は同日午後一〇時）。佐藤は指定されたその時間に、クレムリンを訪ねた。米国との和平仲介の依頼に対する回答が得られると信じていた。しかし、モロトフが佐藤に手渡したのは、予想もしていなかった「対日宣戦布告状」だった。

八月九日午前零時、ソ満国境沿いに集結したソ連軍は、一斉に国境を越え、満州に雪崩れ込んだ。長い間、ドイツ戦線で死線を彷徨い、故郷に帰ることも叶わず、そのままソ満国境へ転戦してきたソ連兵である。心も荒んでいただろう、さながら〝血に飢えた狼〟の集団である。南方戦線に転用された関東軍主力の穴埋めに、開拓団の男たちは〝根こそぎ動員〟され、各地の開拓団に残っていたのは、老人や女、子供ばかりだった。

満鉄職員や進出した大企業の社員たちの多くは、満鉄沿線など都市部に住んでおり、避難列車に乗り込むのは比較的、容易だった。だが国境沿いの開拓民が満鉄線の駅まで辿り着く手段は、ほとんどが徒歩しかなかった。悲劇は開拓地に取り残されていた婦女子を中心に起きた。暴行、略奪、凌辱、強姦。そして無残に殺された。追いつめられて自決した女性も多い。多くの幼子が取り残され「残留孤児」となった。ソ連軍兵士だけではない。「農地を奪われた」と怨む中国人も、〝匪賊〟となって襲ってきた。

義勇軍は〝少年虐待〟だったのか？

八月十五日正午、青少年義勇軍の生みの親、加藤完治は天皇の玉音放送を、内原の訓練所の職員たちと整列して慟哭しながら聞いた。彼はかつて愛知県・安城農林学校で教鞭をとっていた頃、東大教授、筧《かけい》克彦の講演を聞いて感激、筧の説く古神道に心酔した天皇制農本主義者だった。彼は翌日から終戦の詔勅を毎日、繰り返し読み返した。天皇は詔勅で「どんなに苦労しようとも、国民は生きて戦後の復興に力を尽くせ」と説いていた。

「可愛い子供たちを大勢殺しちゃって。何度も死んでしまおうと思った。死んでよければ死んだ方がよい。坊主になろうかとも思った。坊主になって一所懸命、お経をあげても仕方がない。これからは小さな子供の理想を理想として、日本の建設に一生を捧げることが子供たちにお詫びすることであると思った」

彼が選んだ道は、満州から生きて引き揚げてきた教え子や同志たちと共に、国内の未墾の開拓地に入植して一農民として、食糧生産に当たることだった。敗戦後の日本は極端な食糧不足に陥っていた。昭和二十年十月、加藤は満州から身一つで生還してきた開拓民を引き連れて、福島県・白河の陸軍兵馬廠の跡地に入植、開墾作業に従事する。東京裁判の米国検察陣は「青少年義勇軍は侵略的植民だったのではないか」と加藤を取り調べた。加藤は少年たち一人一人に手渡した「義勇軍手牒《てちょう》」を示して言った。

「古《いにしえ》の武士に敗けるな。他民族を敬せよ。苦は己に引き受け、楽は他人に譲れ、と書いて可愛い子供を教育し、満州の未墾の荒れ地に送り込んだ。その荒れ地を耕して自作農になり、実った作物を内地にも送れば、現地の中国人にも売る、そうした植民をした国が世界のどこにある」

検察陣は加藤の追及を止めた。

加藤完治は昭和二十五年、公職追放を解かれると、再び内原の日本国民高等学校の校長に復帰、青少年への農業実践教育を再開した。しかし、戦後の一転した世論は、加藤たちを許さなかった。加藤の死後、青少年義勇軍告発の書が相次いで出版される。後を継いだ四男、弥進彦《やすひこ》にとって一番ショックだったのは「青少年義勇軍は少年虐待だった」という非難だった。「農業は善なり」を純粋に信じ、若者たちを心から愛し続け、青少年の農業実践教育に生涯をかけてきた父親の姿を、間近で見続けた弥進彦にとっては、信じられない非難だった。加藤完治を慕う多くの門下生や義勇軍関係者も怒った。

児童文学者、上笙一郎《かみしょういちろう》は昭和四十八（一九七三）年に出版した『満蒙開拓青少年義勇軍』でこう決めつけていた。

〈世界に国は多く、そして歴史も長いだけに、子どもたちが一方的におとなの犠牲に供せられたという出来ごとは、数えあげれば際限がない。（略）しかしながら、新たに獲得した治安不良の植民地へ少年だけを武装入植させたという例は、満蒙開拓青少年義勇軍のほかには皆無であった。あの悪名高いナチス・ドイツですらも、そのようなことは考えなかった。たったひとつの例外は、今からおよそ八百年前の十三世紀、キリスト教の聖地を異教徒より奪還することを目的に、ヨーロッパ各地からパレスチナへ向かったという少年十字軍であろう。イェルサレムへ行けば神の恩寵にあずかって幸福になれると信じて故郷を出た子どもたちは、（略）マルセイユで幾艘かの船に乗ったが、海上ではげしい風浪に見舞われた。そのため半数は地中海の藻屑となり、あとの半数は、漂着したアレクサンドリアその他でサラセン人に捕えられ、奴隷として売り飛ばされて終ったのであった〉

昭和五十（一九七五）年、全国拓友協議会が写真集『満蒙開拓青少年義勇軍』（家の光協会）を出版すると、「日本読書新聞」（三月二十四日付）で評論家・安田武はこう評した。

〈満蒙開拓青少年義勇軍――聞くだけで、おぞましい名である。いやでも、暗い戦争中の記憶と結びつく。「日輪兵舎」と呼ばれていた茨城県友部の内原訓練所はその所長加藤完治の名とともに、神がかりの超国家主義の聖地であった。（略）この写真集の開巻一頁「僕は満州へ行きます」という少年たちの顔を見てみるがよい。小学校の校庭で送別の答辞を読む緊張した顔、列車の窓から故郷の人たちに別れをいう顔、どれもみな童顔というほかない。この幼い者たちが一時の国策に駆り立てられ、内原訓練所で国粋主義の精神をたたきこまれて、満蒙の開拓地に送られたのだ。（略）少年たちは使命感に燃え、希望に燃え、「民族協和の理想」に燃えていたに違いないが、開拓移民の進出のため、自分たちの農地を理不尽に収奪された中国農民のふ

かい恨みについては知らなかった。〉

そして昭和六十二(一九八七)年に出された同題の書(青木書店)の「あとがき」で、著者の櫻本富雄(詩人)はこう指摘する。

〈満蒙開拓青少年義勇軍(満州開拓青少年義勇隊)は、日本の国策として実行されたもので、中国侵略の尖兵である。(略)本文で触れたように、青少年たちは、天皇制イデオロギーの教育で洗脳されて義勇軍に参列した。しかし、その青少年たちの侵略加担行為は、小さいころから洗脳されたためであり、その敗戦後の体験――死や逃避行――で十分に清算されたのだから、これ以上の責任を問うのは酷である、といえるだろうか。

さらに満蒙開拓青少年義勇軍(満州開拓青少年義勇隊)を立案し、実行した直接の指導者たちは、自己の行為に責任をとったであろうか。(略)青少年たちの鎮魂碑を刻み、慰霊碑を建立することで責任は清算されたのだろうか〉

同じような論調の批判は枚挙にいとまがない。共通するのは「満蒙開拓青少年義勇軍は日本の中国侵略の担い手であり、中国農民への加害者であった」という視点である。昭和前期の軍国主義を否定し、戦後民主主義を礼賛する戦後の歴史観から見れば、満州を含め中国大陸への日本の進出は、すべて「日本帝国主義の侵略行為」であった。歴史教育でもそう教えた。確かに日本の軍事政策が中国、韓国をはじめアジアの国々に多大の被害を与えたことを否定はできない。しかし、加藤完治と東宮鐵男が手を結んで満州への開拓移民を進めたのは、石原莞爾らの「満州国建国」の理想を実現することにあった。植民地国家を創ることではなく、欧米の帝国主義支配から脱して、アジアの地に理想国家を建設する運動の場でもあった。

開拓のために満州に渡った青少年たちは、大半が貧農の二、三男であり、小学校まで通わせてもらっても、その後は村で貧しい小作農になるか、都会に出て貧しい労働者になるしかなかった時代である。娘たちの身売りも相次いでいた。加藤も東宮もそうした農民の救済のために、満州北辺の未墾地へ彼らを送り込み、そこを開墾して定住する自作農を育てることが必要だと考えた。少年たちの多くは、南米や豪州への移民よりさらに過酷な条件下にある満州開拓に、大きな夢と希望を抱いて、海を渡ったのである。そうした彼らの思いや志まで、すべて一括りにして「日本帝国主義の侵略行為」と非難できるのだろうか。

満蒙開拓の残映「拓魂公苑」

「日本農業実践学園」の入学式から一週間後の四月十三日の日曜日早朝、私は東京・新宿駅から京王線電車で聖蹟桜ヶ丘に向かった。同駅からタクシーで西側の丘陵を上り、連光寺坂上で降りる。近くに東京都が管理する「拓魂公苑」がある。ここで毎年、四月の第二日曜日に満州開拓団関係者が集まって盛大な「拓魂祭」が行われていたという。関係者によると、ピーク時には二〇〇〇人以上が集まり、警視庁音楽隊のファンファーレで開会、「弥栄《いやさか》」を三唱し全員で「植民の歌」を合唱。花火が打ち上げられる賑やかなものだった。しかし、戦後も七〇年近くが過ぎ、関係者は高齢化して参加者も減り、平成二十一（二〇〇九）年、例祭の継続を断念し、主催者だった「社団法人全国拓友協会」も解散したという。今はもうこの拓魂祭も完全に忘れ去られてしまったのだろうか。私は東京都や多摩市役所の関係部署に問い合わせたが、「拓魂祭」のその後を知る人はいなかった。

「拓魂公苑」の広さは約四〇〇坪（約一二〇〇平方メートル）。周囲の桜は満開をすぎ、ちらほらと散り始めていた。加藤完治が揮毫した「拓魂」と刻まれた中央の大きな石碑を取り囲むように、左右に満州各地に入植した開拓団や青少年義勇軍の慰霊碑が並ぶ。右側には「第六次韓家開拓団慰霊之碑」から「義勇隊孫呉《そんご》先遣隊慰霊碑」まで九一本、左側には「照国開拓団招魂之碑」から「第二次千振開拓団慰霊之碑」まで七九本、併せて一七〇本もの慰霊碑が広い公苑を守るように建ち並ぶ。「拓魂碑」わきの石碑に建設委員長だった安井謙（元・参院議長）の「碑文」が記されている。

「（略）三十万の開拓農民は　日夜　祖国の運命を想いながら黙々と開拓の鍬を振いました
然し　その理想の達せられんとした昭和二十年の夏　思わざる祖国の敗戦により　血と汗の建設は一瞬にして崩れ去り　八万余の拓士と関係者は　満蒙の夏草の中に露と消えていきました。
（略）水清きこの多摩川の丘に一碑を建てて祖国と民族のために　雄々しく不屈の開拓を闘い抜き　そして散っていった亡きこれらの人々の御霊をお祀りすると共に　再びかかる悲しみのおこることなき世界の平和の実現を心からお祈りせんとするものです」

一本、一本の慰霊碑を確認しながら歩いていると、午前八時半すぎ、中央の「拓魂碑」に線香を捧げる一人の老婦人に気づいた。曲がった腰でショッピングカートを押している。散歩がてらの近所の住人だろうか。「開拓団関係者の方ですか」と聞くと「開拓団ではないのですが、青少年義勇軍の病院で看護婦をしていました」。今は川崎市に住むという。彼女は質問に答えて、ゆっくりと想い出を語り始めた。名前も名乗ったが、あまりに生々しい話なので匿名にしておきたい。

山口県出身。八八歳を過ぎたという彼女は、一七歳だった昭和十七年、山口県内の女学校を中退し、実家を飛び出して単身、満州に渡る。父が亡くなり、継母との折り合いがよくなかったためである。哈爾浜《ハルビン》にあった義勇軍中央病院付属の看護婦養成所に入った。卒業して義勇軍寧安《ねいあん》訓練所で看護婦として働く。多くの義勇軍の若者たちと知り合った。そこで終戦間際のソ連軍の侵攻に遭遇したのである。「あの時の怒りはどこにぶつければよいのでしょうか」。彼女は昨日のことのように語った。

「戦後のあの混乱。本当に義勇軍は捨てられた民だったのですね。ソ連軍の強姦、略奪。おおよそ共産主義国としてあるべからざる暴行だったんで

平成26（2014）年４月13日朝、拓魂公苑にて。上は、加藤完治が揮毫した「拓魂」と刻まれた石碑。下は、満州各地に入植した開拓団や青少年義勇軍の慰霊碑。

す。スターリンは何を考えていたのでしょう。悪夢のような日々は忘れようとしても忘れることは出来ません。新京まで逃れ、そこで頼った日本人会の要請で、八路軍（中国共産党軍）に入隊させられ、看護婦として働きました。最初は三か月の約束だったのですが、体を悪くすると地方へ放り出され、六年間も各地の野戦部隊を転々とさせられました」

「部隊の中で親しくなった日赤の看護婦がいたのですが、八路軍の幹部と親しくなり妊娠。お腹が目立つようになると部隊から放り出され、奉天の日本人会を頼っていくと、日本人会は彼女を〝日本の恥〟として、毎日、お粥と漬物しか与えず、布団もなくムシロの上でお産をしたのです。骨と皮の赤ん坊を抱えて毎日泣いていました。日本人会は何を考えていたのでしょうか。八路軍では私たちは毎日、毛沢東の軍はこういう立派な軍であると学習させられました。何が共産主義だ、何が日本人会だ、まったく腹だたしい限りでした」

こんな話を聞いていると、午前十時過ぎにはバスから次々と人が降り、一〇〇人近くに膨れ上がった。ほとんどが全国各地からやってきた高齢の男女だが、なかには二世、三世だろうか、若い人たちも混じっている。「今年もまだ生きていたのか」「生きてはいるが、体はあまりいうことを聞いてくれないね」。あちこちで手を握り合い、再会を喜ぶ姿が拡がる。

自分の所属した開拓団の慰霊碑の前に花を飾り、手を合わせる。慰霊碑に酒を捧げ、その前にシートを敷いて車座になって酒を酌み交わす人たち。慰霊碑に手を押しつけ低い声で「満州開拓の歌」を歌う白髪の老人。それぞれに、それぞれの思いが去来するのだろう。十一時過ぎ、一人が「皆さん、一緒に黙禱しましょう」と呼びかけると、全員が立ち上がり、正面の拓魂碑に向かって静かに頭を下げた。

参加者に「舌代」と記した自筆の文書のコピーを配って歩く人がいた。「第六次東京堀米中隊　北村昭三」と署名があった。第六次堀米中隊は昭和十八年九月、内原での訓練を終え、北安省（昭和十四年より。それ以前は竜江省）嫩江《ノンジャン》訓練所に渡った東京都出身の義勇軍一三五人。内地での農業経験者は少なかった。現地では幹部の内部対立や訓練生同士の抗争が続くなど、様々な問題を抱えた義勇軍で、帰還できたのは一八七人だった。北村はこう記している。「辛うじて生き延びた私たちにも心身に大きな傷が残った。あの悪夢は八十路の今も程度の差こそあれ無念な記憶となって個々の胸中に留まっている。そして無事引き揚げた日本での幾星霜。年輪と共に思うように動けなくなった体を引きずりつつも、今生かされていることへの感謝と共に、忘れ難い昔を思い、生きている限りは何処にあっても手を合わせての慰霊を続けたいと思う。毎年四月の第二日曜日、正式な行事は無くなったが、有志がここに集い、人数は少なくなってもささやかな慰霊がこれからもずっと続けられるよう祈っている」

戦後七〇年。青少年義勇軍を始めとする開拓団の悲劇は、なぜ起きたのか。「満蒙開拓の父」といわれた加藤完治や東宮鐵男は、どんな思いで青少年の満州移民を進めようとしたのか。満州移民が「国策」となっていく過程で、それはどう変質していったのか。ソ連軍侵攻の最前線となり、苦難の末に生還した「弥栄村《いやさか》」の開拓民は、戦後、北海道の荒れ地に、「千振村《ちふり》」の開拓民は栃木県・那須の山間に入植し、再びゼロから未墾地の開拓に取り組んだ。満州に渡った開拓民の多くが帰るべき故郷は、国内の未墾地しかなかった。

歴史というものは、事実の検証を抜きにして一定の歴史観や、後付けの結果からだけみて、判断するわけにはいかない。日本の敗戦によって、「満州国」はわずか一三年余で消え、〝幻の国〟となった。国策となった「満蒙開拓青少年義勇軍」の存在期間は、その半分の七年余。「満州国」の消滅と同時に消え去った。加藤や東宮の〝見果てぬ夢〟だったとしても、その存在の事実を、日本の歴史から消し去ることはできない。時空を超えて「渡満道路」を辿りながら、その「真実の姿」を追い求める旅に出たいと思う。

第一章　農本主義教育者・加藤完治の誕生

東京・本所の武家の生まれ

〈僕は明治十七年一月二十二日に生まれたが、その一月前に父がなくなったので、父の顔は写真で見ているだけで全く知らない。母が十九歳の時だったというから、母は随分苦しんだに違いない。祖父も祖母もあったのだが、祖父は僕の三歳の時なくなったから、祖父の顔も本当の顔は知っていない。僕が知っているのは、祖母と母と、それに父の弟の叔父との三人だけである。この叔父は父がなくなってから、僕の父の代わりに僕を育ててくれた人である〉

加藤完治が死の直前の昭和四十一（一九六六）年ごろから執筆にかかっていた未完の「自叙伝」の書き出しである。前年の昭和四十年に八一歳だった妻、美代が病死した。これをきっかけに最愛の美代の人生も含めて自叙伝を書き残そうと思ったのだろう。しかし、翌四十二年三月、妻の後を追うように、肝臓がんのため国立水戸病院で死去する。八三歳だった。このため自叙伝は、山形県立自治講習所の所長に就任する三十歳前後の大正五年ごろで絶筆となっている。

加藤の死後、彼に心酔する門弟の酒井章平らは日本国民高等学校内に「加藤完治全集刊行会」を組織し、加藤が書き残した文書や講演速記、彼をよく知る関係者の思い出などを「加藤完治全集」全五巻にまとめた。この未完の自叙伝も、第一巻「日本農村教育」に収録されている。加藤は山形県立自治講習所所長時代の大正十一（一九二二）年三月から、そこで学ぶ農家の子弟や一般農家向けに「弥栄《いやさか》」と題する機関紙を定期的に発行し、農本主義思想や農民教育に懸ける自分の思いを訴え続けてきた。「弥栄」は最終号となった昭和二十（一九四五）年六月号まで実に二百五十九号が発行されている。戦後も「弥栄」は、「公道」、「農業知識」と名前を変えながら発行され続けた。


加藤完治が生まれる一か月前に病死した父、佐太郎は旧平戸藩士で、明治維新以降は隅田川に架かる吾妻橋近くの本所瓦町で、かなり大規模な炭問屋を経営していた。長男・完治が生まれた時、母えいは一九歳。完治が三歳の時、亡くなった祖父の加藤真波は、明治維新まで平戸藩家老だったという。祖父、父の存命中は炭問屋の経営も順調で、一家の暮しは贅沢だった。「江戸は本所生まれの士族」である完治が、死ぬまで鍬を放さず、生徒と共に農業実習を続け、生涯を農業と農民教育に捧げることになることを誰が想像できただろう。

父、祖父と一家の大黒柱が相次いで亡くなると、祖母くら、母えいと完治の三人は父の弟、太田浅吉の世話になる。この叔父は下谷・車坂町（現・台東区）で「東洋館」という旅館を営んでいた。叔父の旅館の近くに小さな家を借り、三人での生活が始まる。「やもめ暮らしをして完治を育てた母と祖母は、本当の親子以上に仲がよかった」。幼い頃の完治はひ弱だった。母の背に負ぶさって何度も近くの医者に通った。明治二十四（一八九一）年、近くの東京市下谷尋常小学校に入るが、病弱のため一年遅れだった。小学校の尋常科を終え、高等科に進んだ一一歳の頃、母に再婚話が持ち込まれる。叔父の太田浅吉は、完治を育てる母えいに、生涯やもめ暮らしをさせるのは忍びない、と度々再婚を勧めた。

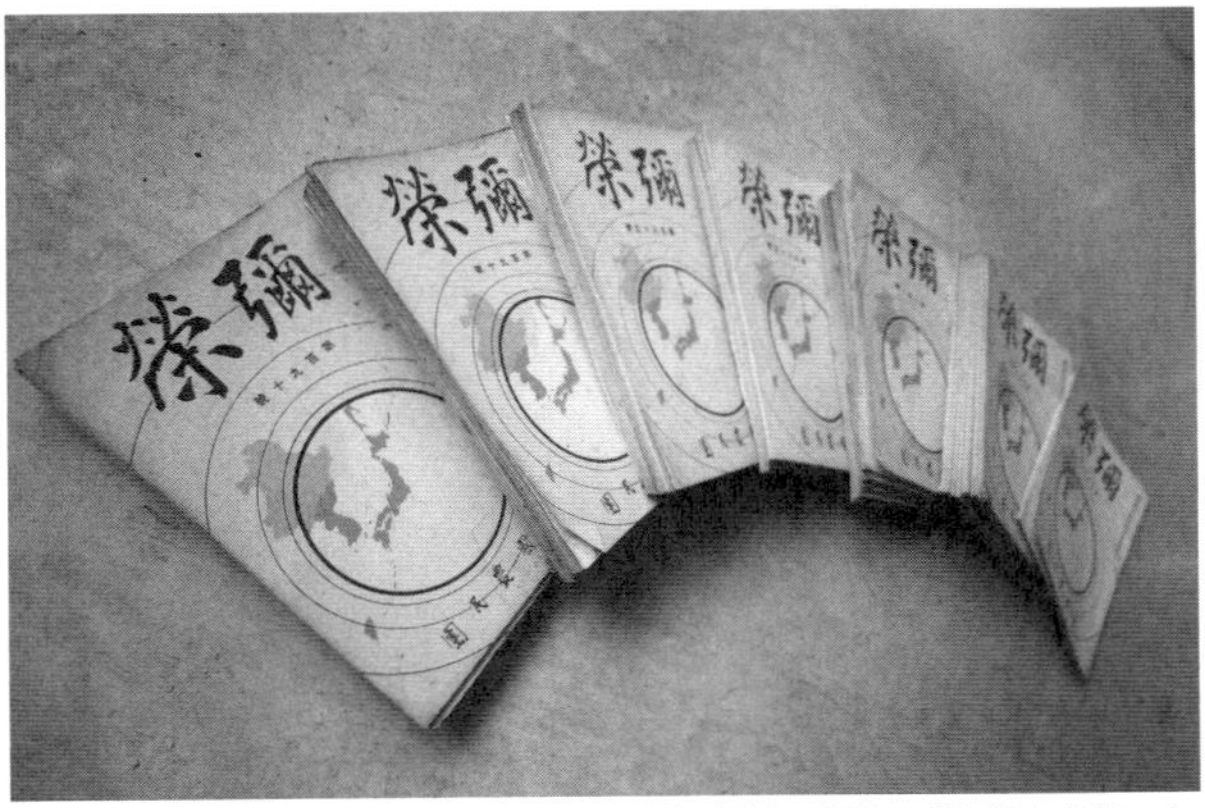

山形県立自治講習所（のちに日本国民高等学校）発行の「弥栄」表紙。加藤完治が「弥栄」に執筆した文章の多くは加藤完治全集に収録されている。

えいは遂に断りきれず金沢の士族で当時、警視庁巡査部長だった「羽村」という男と再婚する。完治は母と別れるのがつらくて、便所に籠って泣いた。母は去っていく時、完治に言った。「私が嫁に行くと、お前とは縁が切れることになる。これからはお母さんと言ってはならない。おばさんと言いなさい」。再婚した相手は、まもなく肺結核にかかる。当時、肺結核といえば、「不治の病」だった。えいは納豆売りなどして生活を支え、夫の看病を続けたが、その夫も三年後には亡くなる。不幸な再婚をしたえいだったが、裏店に住み、看病の傍らどんな貧乏生活をしても「心は武士の娘」

と弱みは一切見せなかった。完治はそんな母の精神を生涯誇りにした。

祖母と母は、体の弱い完治が尋常小学校を終えたら炭屋に奉公に出し、いずれは父を継いで炭問屋をやらせようと考えていた。完治は炭屋に奉公に出るのはいやだった。一年遅れで入った小学校だったが、成績はよく一年飛び越して進級する。当時の学制では小学校は尋常科が四年、高等科四年。高等科を二年終えると、中学の受験資格があった。完治は「高等科三年で中学入試に合格したら、炭屋奉公を止め、中学入学を認めてくれ」と何度も祖母、母に頼み込んだ。義理の叔父、叔母が応援してくれ、祖母、母も納得する。明治三十（一八九七）年、一三歳で完治は東京府立第一中学校（現・都立日比谷高校）の入試に合格、炭屋奉公を免れた。

「その当時、第一中学校というのは築地にあったので、僕が住んでいた下谷から学校までは二里（約八キロ）、即ち往復四里の道を、毎日テクテク雨の日も風の日も、寒くても暑くても、倦まずたゆまず歩いた」

片道二里と言えば中学生の足でも二時間以上はかかった。往復で五時間近い。彼が叔父からもらっていた小遣いは多い時でも五〇銭。鉄道馬車があったが、運賃は高くてとても乗れない。これが完治の体力作りに役立った。もう一つ、体に良かったのは、食べ物について叔父が一切、偏食を許さなかったことである。完治は味噌汁や魚が大嫌いだった。叔父の家では必ず味噌汁が出た。それを食べなければ、何もださない。往復四里の通学で腹もすく。完治はなんでも食べられるようになった。

中学時代に完治が熱中したのは、剣道と柔道だった。夏の暑中稽古、冬の寒稽古。暗いうちから近くの道場に通った。この道場のそう遠くないところに「榊原鍵吉道場」があった。榊原は一四代将軍、徳川家茂の腹心として有名で、「榊原先生」が通ると子供たちは「榊原先生、榊原先生……と付きまとった」。榊原鍵吉は完治にとっても次第に忘れ得ぬ存在となっていく。この榊原の「弟子中の弟子」といわれたのが、後に東京帝大農科大学（現・東京大学農学部）時代から完治が剣道の師と仰ぐことになる直心影流《じきしんかげりゅう》第一五代当主、山田次朗吉《じろきち》である。

平戸藩家老だった祖父が剣道と槍の達人だったこともあって、叔父は剣道はすぐに許してくれたが、なぜか柔道場に通うのはウンといわなかった。完治は叔父に隠れて密かに柔道場にも通った。ある日、それが叔父にバレた。「柔道はダメだ」と言い続けた叔父だが、黙って許してくれた。往復四里の通学に剣道、柔道の猛稽古。家に帰っても食事がすむと直ぐに眠くなる。勉強する時間はない。小学校では勉強もよくできたが、中学に入ってからは常にクラスの中位。叔父には何度も注意されたが、「そのうち一番になってみせる」などと言いながら、やはり勉強はしなかった。

四高の青春と母の死

加藤完治の人生に「最も大きな影響を与えた時代」が、明治三十五（一九〇二）年に入学した石川県・金沢の第四高等学校《だいしこうとうがっこう》（以下四高《しこう》）の三年間である。当時、高校（旧制）は第一志望、第二志望の二校を受験できた。加藤は第一志望に一高を、第二志望に四高を志願した。両方とも志望は工科第二部。一高は落ちたが、四高に合格する。東京を初めて離れた完治は同年九月、金沢の学生寮「時習寮」に入った。旧制高校は「原則皆寄宿制（全寮制）」で当時は秋入学。

九月が新学期の始まりだった。

　当時の四高生は高い朴歯の下駄をはき、四本の白線の入った学生帽をあみだにかぶり、汚れた手ぬぐいを腰にぶらさげて、金沢の街中を歩き回っていた。新入生が入って来ると、先輩の寮生が歓迎のストームをかけ、板などを叩いて踊り回り、新入生の度胆をぬいた。寮生のふとんは敷きっぱなし、万年床である。寮には三、四人の舎監がおり、その下に学生の中から選ばれた「寮委員」がいて、寮生活の面倒を見た。加藤は二年生になると「炊事委員」に選ばれた。寮の食費は一日一二銭、一か月三円六〇銭だった。食費が安いためか、三度の食事のご飯は少なく、おかずも粗末だった。

　加藤は魚市場や野菜市場に行って、食品調達の値段を研究した。「せめて一日に一銭ぐらい値上げすれば、大幅に食事の改善ができる」。寮生に提案したが反対が多い。加藤はその声を無視して値上げを強行した。すると賄い業者が内密に完治のところにやってきて、小遣いや菓子を置いて帰る。「そんなことをする金があるなら、食事改善に回せ」と怒鳴りつけた。「今までの炊事委員はみんな受け取ってくれたし、もっと持ってこい、と催促する者もいた。加藤さんのような頑固者はいない」と言い、贈り物は取り止めた。

　ところが今度は加藤の食事の膳だけに、他より大きな肉や魚をつけてある。彼はそれを見てまた怒鳴りつけた。「僕の膳に一番小さいものを付け、他の寮生には、これより大きいものを付けているとわかるようにやれ」。毎日一回は全員の食膳を見てまわる。魚市場や野菜市場の調査を続けた。寮の食事の品質は次第に向上し、値上げに対する苦情は消えた。

当時の高等学校はどこも武道が盛んだった。秋から冬にかけて雨や雪の多い金沢ではなおさらである。学内では同じ道場で剣道と柔道の稽古をしていた。完治は中学時代から続けている柔道部に入った。柔道部は、朝は授業の始まる前に稽古し、授業が終わってからまた稽古する。稽古ぶりは年中、試合をしているような厳しいものだった。お互いに互角の相手を見つけて、得意技で相手を投げる研究をし、相手が得意技で投げようとすると、これに掛からぬよう研究した。柔道部には後に読売新聞社社主となる正力松太郎もいた。三高（京都）、六高（岡山）などとの対抗戦もあったが、四高は常に勝った。

この四高柔道部の部長が哲学者、西田幾多郎（教授）だった。四高の先輩でもある西田は、同級生の鈴木大拙の影響で禅に打ち込むようになっていた。後に京都帝国大学の哲学教授となり、彼の哲学体系は「西田哲学」と呼ばれ、三木清や西谷啓治など多くの哲学者を育てあげた。西田は四高では心理学、倫理学などのほかかドイツ語も教えており、あだ名は「デンケン（考える）先生」。西田は教室での講義で時々、おへそを出して見せた。「へそを見せ、全人格を傾けての講義だった」。感動した完治は、「西田哲学」に深く傾倒するようになっていく。西田の名著『善の研究』が出たのは大学時代だったが、繰り返し読んだ。

中学時代から寒稽古などもやり通した剣道も続けた。剣道で加藤の印象に強く残っているのが、師範の香川善次郎である。剣道部には香川の助手として錬士クラスが五、六人、教士クラスが二人いた。七〇歳を超す香川師範はいつも無言のまま、休まずに一時間くらい一般学生に稽古をつけた。そして最後に錬士で最も強い石川龍三と締めの稽古をする。石川は体重二〇貫（七五キロ）を超す巨漢で四〇歳そこそこ。二人の立会いはさながら真剣勝負だった。

若い石川がエイ、エイと大きな声をかけるが、打ち込むスキが無いらしく、声だけである。香川は静かに、泰然と正眼に構える。石川の息は次第に荒くなる。が、打ち込めない。十分近くこの状態が続いただろうか、石川が大声とともに香川の面に打ち込んだ瞬間、彼の巨体はもんどりうって道場の隅まで飛ばされた。ぐったりした石川は、息も絶え絶えの状態。一人では面も小手もとれない。苦しそうにあえいでいた。「こういう剣道はこれまで一度も見たことも、聞いたこともない。実に驚いた香川先生の腕前である」

加藤は夜、香川の自宅を訪ね、剣道の話を聞かせてほしい、と懇願した。だが、香川は剣道の話は一言もせず、「大学」とか「論語」などの話をした。そしてこう言った。「剣道は腹を練る修行だ、人格を養う修行だ」。加藤はこの言葉を終世、忘れなかった。後に日本国民高等学校の校長や満蒙開拓青少年義勇軍内原訓練所の所長に就任すると、剣道、柔道を生徒が学ぶ必須科目とした。その源は、四高時代のこの香川師範の言葉に基づいている。

四高での一年が終り、夏休みに入る直前のことである。東京の叔父、太田浅吉から「祖母くらが病気なので、夏休みになったらどこにも寄らずに帰ってくるように」との手紙が届いた。再婚した夫の死後、母えいは、祖母くらと再び叔父の世話になりながら、二人で生活していた。祖母は心臓病を患っていた。帰って見ると祖母だけでなく母も病床にあった。母は肺結核の夫の看病をしているうちに、自分もまた同じ病気に感染していたのである。母の方が重篤だった。母は自分の病状を加藤に知らせないよう叔父に頼んだのだろう。困った叔父は、祖母の病気だけを彼に知らせたのだった。

「自分の命は三年前に死んだ夫に捧げてしまっているので、今更、騒ぐ必要はない。お前は加藤家の一人息子だから、万一、お前に病気がうつるようなことがあっては大変だ。お前は加藤家の人間だからお祖母さんの看病をしてあげなさい」。母えいはそう言って、加藤を部屋にも入れてくれない。祖母の方に行くと「私はいいからお母さんの看病をしなさい」。彼は両方の間に挟まってどうしてよいかわからない。だが「筋道からいうと、再婚した母よりも、加藤家の祖母の看護をするのが道だ」と思い、母が言うように祖母の看護をした。

ところが母の病状は急激に悪化してくる。我慢ができなくなった完治は「どうか看護させてください」と母の部屋にむりやり入り込んだ。母はしきりに痰が出て、のどにつかえて苦しそうである。つかえる痰を取らせてくれ、と頼んだら、「ウン」と言って素直にとらせてくれた。それから二日後の明治三十六（一九〇三）年七月十五日、母は息を引き取った。母三九歳、加藤は一九歳だった。

祖母くらも母の死を知って気落ちしたのかそれから約一週間後の同月二十三日、この世を去った。加藤は喪主としてわずかな間に二つの葬式を済ませたのである。悲しみと心労が重なったのだろう。夏休み明けの九月の新学期、金沢に戻ろうとすると、扁桃腺がはれ高熱が出て、大学病院に担ぎ込まれた。退院して金沢の寮に戻ったのは、九月の末になっていた。

キリスト教への入信

生まれる前に父を亡くし、二歳の時には祖父も死んだ。「完ちゃんは一人息子だから、もしものことがあったら加藤家は絶える。体を大切にして立派な人になるんだよ」と苦労しながら育ててくれた母、祖母が相次いで亡くなったのである。「学校を卒業したら祖母、母に喜んでもらって、長い間の苦労を慰めたい」という完治の〝目標〟は一挙に崩れた。新学期が始まって金沢の寮に戻っても「今まで思ったこともない寂しさが身に浸みて来るようになった」。十月になると、金沢は晴天の日は少なく、雨が降ったり、みぞれが降ったりの陰気な日々が続く。加藤はすっかり落ち込んでしまい、何をやる気もおきない。

この年の五月末、一高生の藤村操《みさお》が日光・華厳《けごん》の滝に飛び込み自殺をした。飛び込んだと思われる巨石のそばの大木に記された「悠々たる哉天壌　遼々たる哉古今」に始まる「巖頭之《がんとうの》感《かん》」には、「万有の真相は唯だ一言にして悉《つく》す、曰く「不可解」」と刻まれ、全国の高校生に大きな衝撃を与えていた。この年だけで華厳の滝から飛び込み自殺した学生は一六人にもなった。藤村操の哲学的煩悶の連鎖は、当時の高校生にとって一種の流行でもあったのだろう。それは最愛の母、祖母を相次いで亡くした加藤の苦悩と煩悶にも追い打ちをかけ、ある種の〝うつ状態〟に落ち込んでいたのである。

そんな日々に出会ったのが米国人宣教師、K・A・ギブンスである。金沢には当時、北陸女学校（現・北陸学院）というミッション・スクールがあった。彼女はそこで教鞭をとっていた。いつもニコニコしながら教会に急ぐ彼女に、しばしば出会った。加藤は憂鬱で気が滅入るような気持ちで歩いているのに「背の高い綺麗な」彼女は、周囲の人までニコニコさせる雰囲気を持っている。「親兄弟を米国に残し、一人でこの陰鬱な金沢に来ているのに、いつも笑顔を絶やさない。なんとも解しがたい不思議な気がした」

ある雪の日、彼は思い切ってミス・ギブンスを訪ねた。下駄ばきで破れ傘をさし、あみだに被った制帽姿。突然やってきた加藤に彼女はイヤな顔ひとつしなかった。単刀直入に聞いた。

「僕は日本人であるけれど、こんな陰鬱な金沢に一人で来て、なんとなく心が沈んで寂しい感じがしている。ところがあなたは遠くアメリカからこの地にきて、いつも楽しそうにニコニコして歩いておられる。ご両親はアメリカにおいでのことと思うが、一人でさびしくお思いにならないのか」

ミス・ギブンスは完治の心を宥めるような微笑を浮かべて、静かにしかも明瞭に、こう答えた。

「アイ・アム・ウィズ・クライスト。キリストはお父さんの代わりもすれば、お母さんの代わりもしてくれる。だから少しも寂しくはない」。加藤には理解できなかった。「それなら、そのことが分かるために、一週間に一度ずつ私のところに来なさい」

米国人宣教師、K・A・ギブンス。ギブンスと富永徳磨の導きによって加藤完治はキリスト教に入信した。

加藤はそれから毎週土曜日、北陸女学校の敷地内にあるミス・ギブンスの家に行き、聖書の講義を聞いたり、賛美歌を歌うことになる。ある日、ギブンスの講義中に一人の酔漢が教室に暴れこんできた。講義を聞いていた仲間が、その男を捕まえ、外に追い出そうとした。その時、ギブンスは「ビー・カインド、ビー・カインド」と繰り返し大声で叫んだ。「乱暴ものにも優しく親切にせよ」と彼女は顔を真っ赤にしながら頼んでいたのである。この事件以来、加藤はギブンスの聖書の講義は欠かさず聞くようになる。「彼女に導かれて温かい愛というものの味を深く味わうことが出来るようになった」。そして、キリスト教信者になろうと決意する。

当時、日本のキリスト教界には内村鑑三、植村正久という二人の大物がいた。内村は無教会主義者で、形式化した教会主義に反対し、「教会無用」を説いていた。植村は、日本のキリスト教会は、外国からの経済援助を絶って独立すべきだと主張していた。外国人宣教師に伝道の資金として本国から送られてくる金を教会がもらい、牧師がそれで生活するのは、日本のキリスト教会の健全な発展を妨げる、というのである。当時、金沢の石浦町教会にこの植村に心酔する牧師、富永徳磨がいた。

富永の説教は、「いつも苦虫をかみつぶしたような顔をして、自分の苦しみをそのままさらけ出し、これを聞く若者たちをまるで自分のことをいわれているように感動させていた」。心に大きな煩悶を抱える完治は「懺悔によって罪けがれは償われ、神のもとにいける」という富永牧師の言葉に強く動かされ、彼の洗礼によって、熱心なクリスチャンとなったのである。加藤は「洗礼を受け終わった後のぼくは、全く生まれ変わったような感じがした」とその心境をこう語っている。

〈クリスチャンの罪悪感とは、僕に言わしむれば「信者その人がただ一人、神と直面した場合に、神に対して自分の犯した、あるいは犯しつつある罪悪を深刻に感じて、心から悔悟の念に満つる」その心の状態をいうのである。

人の心が一度、かくのごとき状態におかれるならば、その人はきっとその罪悪を浄めて戴こうという切なる願いを抱くに至るものである。

僕自身もその境地におちこんだのである……。かくして、それが漸く激しくなってきて、もういてても立ってもおられなくなった時に、思わずうつぶせになって罪のゆるしを神に願う祈禱をしたのである。（略）祈禱がすんだら何となく罪がゆるされるような感がして、気が晴れ晴れするのを覚えた〉

明治三十八（一九〇五）年、二一歳の春のことだった。この頃、日本海海戦で東郷平八郎の指揮する連合艦隊が、ロシアのバルチック艦隊を撃ち破り、全国各地で日の丸を手にした国民が「万歳」を叫びながら街を練り歩いていた。しかし加藤には、そうした国民の熱狂的な祝賀ムードも、遠い世界の出来事のように思われた。

「純愛物語」の悲しい結末

翌明治三十九（一九〇六）年七月、四高を卒業すると、東京帝国大学工科大学応用化学科（現・東京大学工学部）への入学が決まる。三年間の金沢生活を終え、東京への帰路、信濃の山道を歩くことにした。新学期まで時間もたっぷりある。途中、長野県・松本の親戚宅に逗留しようと決め込んだ。親戚の主人は、陽明学で鍛えられた武士の流れを汲む「敬愛する人物」で、彼の話も聞きたかった。だがこの松本逗留は、加藤の人生に劇的な影響を与えることになる。

この親戚の家で、末から二番目の女学校に通う娘に初めて出会った。金沢でクリスチャンとなり、誰に対しても「うるわしい博愛の精神」を発揮すべきだと思っていた頃である。彼女に接して「恋慕の情」に捕らわれる。東京に戻っても、彼女に対する思いは、抑えようにも抑え切れなくなってくる。「自分はまだ一人前になっていない。こんなことを考えるヒマがあったら勉強せよ。将来、国のために何事かを成さんとする男子が女子の如きに心傾けるとは恥辱である」。加藤は何度も自問自答しながら、自分の心と戦った。

しかし、自分の心を抑え切れなくなり、意を決して求婚の手紙を書いた。一日千秋の思いで待っていると彼女から返事が来た。「私のような至らない者でもよければ喜んでお望み通りになりたい。現在、二、三の縁談もあるので父母の許しを得てほしい」と書いてあった。「躍るような喜びの心を抑えて」加藤は父親代わりでもある叔父、太田浅吉に話すと、「学生の分際で嫁さがしとはけしからん」と怒鳴りつけられた。

彼女の両親に結婚の許しを求める手紙を書いた。「真心の発露なのか、一時的興奮か、会って確かめたい」との返事がきた。加藤が本気であることを知ると、許嫁の約束をかわし、「大学を卒業した時点での結婚」を認めてくれたのである。そうなると、叔父もしぶしぶ了承した。彼女はその年、女学校を卒業すると、将来自分で生計を立てられるよう東京の女子職業学校に入学手続きをとった。

大学に入学直後の結婚騒ぎで勉強にも手がつかず、新学期が終わろうとしていた同年十二月のある日、四〇℃を越す高熱に襲われる。かつての経験から扁桃腺炎だと早合点して、素人治療したのが誤りだった。熱は一週間たっても下がらない。婚約したばかりの彼女は、入院した加藤に付き添って献身的な看病を続けた。幸い一命は取り留めたものの、この入院で加藤は母親えいと同じように肺結核に侵されていることがわかった。

高校時代、柔道、剣道の過度の修錬で無理をしすぎたのかもしれない。婚約もし、希望に満ちた完治の大学生活は一転し、その後三年間にわたって休学、療養の苦しみを味わうことになる。この間、彼女は看病をしながらも勉学を続けて無事、職業学校を卒業し、郷里・松本で完治が大学を卒業する日を祈りながら待ちわびた。

加藤は三年間の休学の後、東京帝大農科大学（現・東京大学農学部）に転入学するが、自分の生き方について考え悩む日々は続いた。しかし、卒業したら一日も早く許嫁の彼女と結婚を、と願わなかった日はない。ところが卒業間近になって今度は彼女が「不治の病」に罹っていることがわかった。彼女の両親は一日も早く全快させて、完治との結婚を実現させようと、懸命な看護を続けた。両親は自分たちの娘を「完治からの大切な預かりもの」と大事にしてきた。

加藤は卒業が決まればすぐにでも病気の彼女を引き取り、正式に結婚式を挙げようと決めていた。しかし、当時「不治の病」と呼ばれた肺結核は、じっくりと長期に療養する必要があった。加藤の叔父は、健康を回復していない彼女と結婚式を挙げることに賛成しなかった。不幸は重なるものである。そうこうしている内に今度は、看病を続けてきた彼女の父親が病気となり急逝する。このショックで彼女の病状は一段と悪化した。

日一日と弱っていく彼女の思いを察した加藤は、急いで結婚式を挙げ、彼女と同居する決心をする。そのことを叔父に告げると「不治の病にかかっている娘を妻とすることは断じて許さぬ。加藤家をお前はどうするつもりだ」と強く反対した。加藤は反論した。

「加藤家は元来、義をもって立っておる。一旦互いに承諾し、父母にも叔父にも許されて許嫁となった娘を、不治の病にかかったから破約するとは、義によって立っておる加藤家の祖先の心ではない。万が一このために妻の病気が僕に感染して、それがために共に死し、加藤家が断絶するとも止むを得ない。義に背いて家を興すよりも、義を守って家をつぶす方が祖先に対する僕の務めだと思う」

叔父も加藤も一旦心に決めたら、なかなか後へは退かない頑固者同士である。叔父は結婚式を挙げるなら絶縁する、とまで言い切った。加藤は「それも止むを得ない」と結婚式の準備に取り掛かった。結婚式の日取りが迫ると、叔父は彼が経営する東京・下谷の旅館に加藤を呼び、「結婚式は簡単にこの座敷でしよう。家庭を持ってやれるだけやって見よ」と言ってくれたのである。「目頭がジーンと熱くなった」

大正元（一九一二）年十二月三十日、叔父の旅館の一室で簡単な結婚式を挙げた。大晦日に荷車を引いて予め借りていた渋谷の借家に移り、新しい家庭を持った。「来たるべき悲劇への覚悟は出来ていた。妻も暗黙のうちに覚悟していたように思う」。懸念していたように妻の病状は日ごとに悪くなる。妻の実兄が経営する千葉・佐倉の病院に入院し、松本からは妻の母も看護に駆けつけた。「いい知れぬ寂しさと苦しさ」を完治の心に残して、彼女はこの世を去った。大正二（一九一三）年八月六日のことである。亡き妻の遺骨を抱きしめながら、人前もはばからず号泣した。

〈真に相愛する者の間では、すべて無言の中に相通ずるという事を学んだ。自己を他に全く捧げきっておるが故に、一言話せばその意志の全部が相手に通ずる。一方が喜べば他方も喜び、一方に悲しみがあれば、他方も同じ悲しみに沈む。真面目なる愛は武道の奥義『長短一味』の真髄を味わわせてくれる。時間も空間も全く忘れさせる境地に導く。（略）何もかも全く忘れ去ったその境地は清い愛の中に味わうことができる〉

加藤は短かった「純愛物語」を「自叙伝」でこう振り返っている。

農科大学と那須皓との出会い

話を加藤完治が東京帝大農科大学に転入学した明治四十一（一九〇八）年秋まで戻そう。当時、農科大学は現在、東京大学教養学部のある東京・駒場にあった。三年間もの長い療養生活で衰えた体力は回復したとはいえ、健康維持のために、東京郊外の広い実習農地に取り囲まれ自然豊かな農科大学で、農業実習に取り組みながら日本の農業問題に取り組もうと加藤は考えていた。新入生とはいえ既に二四歳。クラスでも〝最長老〟ですぐにボス的存在になる。

高校在学中にクリスチャンになった加藤だったが「大学に入ると、教授の多くが個人主義、物質主義の立場に立った講義をされるので、僕のキリスト教の愛の信念もいくらか穏和になった。それでも、クラスメートのため、気の毒な人の為に尽くさなければならないという気分は強かった」。二年次に進級する時に、クラスの中で何人かの落第生が出る。加藤は「自分のできないのはそっちのけで」試験の最中であるにもかかわらず、クラスの仲間から落第生が出ないよう教授たちに頼んで回った。「農業実習」の時間になると、他の学生がサボっていても、陰日向なく黙々と実習に取り組んだ。こうした加藤の世話好きと真面目さは、クラス一の秀才、

東京帝大農科大学在学の頃、生涯の友人となる那須皓（左）と加藤完治。

那須皓《なすしろし》の心を動かした。

二年生の夏休み、加藤は北海道旅行を計画した。これを聞きつけた那須は「君の言う通りにするからぜひ連れて行ってくれ」と頼み込む。二人連れの北海道、東北を回る「困苦欠乏に耐える貧乏旅行」だった。行く先々で議論を続けながらの旅は、加藤と那須の心を強く結びつける。東京に戻ると、裕福な家庭育ちの那須は本郷の自宅に一室を増築してもらい、加藤に引っ越しを勧めた。以後、卒業後の一年間も含めて、二人は三度の食事も一緒にし、共に学び、共に行動し、共に暮らす仲となる。「歳は四歳若かったが、頭の方は四つくらい上」で、いつも加藤のことを我が事のように心配してくれた。

那須皓は卒業後も大学に残り、後に東大教授となる。専攻は農業経済学と農政研究。「日本農業経済学会」を結成し、農業経済学の普及を図る一方で、〝農政の神様〟と呼ばれた元農林大臣・石黒忠篤《ただあつ》のブレーンとなり、石黒らとともに加藤完治が校長となった日本国民高等学校の創設に尽力した。また、完治を援けて「満蒙開拓」の推進役となる。戦後は元首相吉田茂の要請を受けて駐インド兼ネパール大使となり、農業を中心とした交流に尽力した。インドでハンセン病の深刻さを見て、帰国後「アジア救ライ協会」を設立、初代理事長に就任した。

那須の影響もあってか、高校時代に熱心なキリスト教信者となった加藤も経済学の書物を読むにつれ、思想的にも少しずつ変化が起き、貨幣経済や資本主義経済社会に対して疑義を持つようになってきた。同時にそれまで拘って来た「友愛の精神」についても、いろいろと考えるようになり、「何か心の落ち着きを得たい」と多くの先人を訪ね歩くようになる。その場合もほとんどが那須と一緒だった。加藤の生涯に大きな影響を与えた何人かに触れておきたい。

一人は社会主義思想家、木下尚江《なおえ》である。彼も洗礼を受けたクリスチャンだったが、廃娼運動、足尾銅山鉱毒問題、普通選挙運動などに論陣を張り、一方で幸徳秋水、堺利彦らの社会民主党の結成にも参加、日露戦争では非戦論者として活躍した。加藤と那須が訪れたのは東京・日暮里のあばら家を借りて、妻と貰い子の三人で暮し、自らを「乞食だ」と言っていた頃の木下尚江である。木下はこのあばら家で付近の農民に国漢文を講義し、妻も裁縫や茶の湯を教えていた。しかし、「頭や口や手で知識技能を教えて」お礼をとるのは「体のよい窃盗だ」といってお礼は一切受け取らない。木下は、若い二人にこう言った。

木下尚江（1869－1937）。キリスト教者で社会運動家。

「この世の中には、第一に労働者、第二に

乞食、第三に盗賊、この三種類の人間しかおらない。そして誰でもこのうちのどれかに属している。自分はどの仲間に属しているかというと、現在、科学的知識もなければ体力もないから労働者にはなれない。そうかといって、盗賊には良心がとがめてなれないので、仕方なく第二の乞食となって乞食暮らしをしているのだ」

教えを受けた付近の農民たちは、お礼を受け取らない木下のために、畑にできた甘諸や大豆、大根などの一部を収穫せずにわざと放置しておいた。夕方になると木下は、妻と子供をつれてその畑に行って、農民が掘り残しているものや、取り残したものを拾ってきては食物にしていた。「畑に落ちているものを拾ってくるのだから差支えない。そんな乞食生活を押し通している」というのである。

栃木県・足尾銅山の鉱毒事件で、時の政府や古河鉱業を相手取り、農民のための闘争の先頭に立ち、天皇にも直訴した田中正造翁も二人は訪ねた。議会で政府や役人を「あたかも泥棒の如く叱咤していた」田中正造だったが、二人が訪ねた彼は、そんな人とは思えないほど静かで謙虚だった。田中はこう言った。

「自分は昔、上に立つ役人が農民の実情を知らないことを非常に憤慨した。自分は農民のためにやっているつもりでいた。しかし、自分は大庄屋の家に生まれ、実は多数農民よりも上の地位にいた。政府の要路の人とか知事のような人が、障子の鴨居の上から畳の上にいる農民をみて、こういう風にやればよいではないか、と指導し、二階から目薬のようなことをやっている。それが自分には腹がたって仕様がなかったけれど、今になって考えてみると、自分も本当は畳の上にいなかった。障子の桟の下から二段目か三段目のところに居った。実は自分は五十歩を以って、百歩を笑って居たに過ぎなかった。自分自身がまだ本当の畳の上に立っていなかったのです」

二人は京都・山科の「一燈園」にその創始者である宗教家、西田天香も訪ねている。滋賀県・長浜生まれの天香は若い頃、長浜の小作農家を率いて北海道に渡り開拓事業に従事した。しかし、出資者と耕作者の間で生まれた利害の対立、争いに直面して苦悩し、開拓事業は人に委ね、人間として争いのない生き方を求めて求道に日々を重ねた。そして「争いの因となるものは食べない」と決意し、三日三晩の断食をして、「争わずに恵まれる食がある」ことを悟り、無一物、無所有、無尽蔵の「一燈園生活」を始める。

天香は「人間は生きんがために食べ、食わんがために働かねばならないという。生きること、食べることが目的だという人生観だが、しかし、この人生観を転換させて、人の生命は授かりものであり、生きようとしなくても生かされており、生かされているから感謝して働かせてもらうのだ。そのために必要な食は求めなくても与えられるのだ」と考え、托鉢の人生を送っていた。

那須皓は「田中正造翁などの影響を受けたりして、加藤君と私は一緒に道を求める巡礼をした」と後に述懐している。

「尚農会」の設立

大学三年になった頃、那須皓は農科大学に近い東京・駒場に農家の建物と土地を手に入れた。父か兄に頼んで買ってもらったという。那須と加藤は本郷の那須の自宅の部屋を引き払い、この一軒屋に住むことになった。加藤は卒業してからもしばらくはこの家で暮らす。この一軒家を本拠地にして二人は「尚農会」と名付けた学内組織を立ち上げた。「疲弊した農村を救済するため、外は外国移民、内は農村開発を進め、我等学生は自らその第一人者にならなければならない」というのが会設立の趣旨。趣旨実現のための準備として、体の鍛錬、人格の修養、学術研究に切磋琢磨しようという組織である。

学内での呼びかけに応えて十数人が会員となった。メンバーは厳寒でも朝暗いうちに起き、柔道の寒稽古に励み、冷水をかぶる。絶対禁酒。メンバー以外にもそれを強制した。読書会を開き、侃々諤々の議論をした。体力作りに定期的な山歩き。学内で講演会をしばしば開き「農村救済の急務」を呼号した。「議論より実行をせよ。我立たずんば、皇国の運命を如何にせん」などと「明治維新の志士気取り」でこの一軒屋で気焔を上げた。教授たちの中には「一種の過激思想連中だ」とメンバーを白眼視する者もいた。

「外国への植民問題」はメンバーの大きな関心事で、事あるごとに議論は白熱した。「植民政策」の重要性を常に力説したのが、宗《そう》光彦だった。年上の完治を「兄の如く、師の如く」尊敬する宗は、後に満蒙開拓移民の先頭に立ち、加藤完治と東宮鐵男が進めた第二次試験移民団の団長として、五〇〇人を率いて満州・佳木斯《ジャムス》南方の七虎力《チフリ》地区に入植、「千振《ちふり》村」と命名した移民村建設を成功させる。

「日本国民は海外に移住してもその国に同化しない者が多い。我ら同志は必ずその移住先に骨を埋めよう。満蒙の僻地、南米の曠野にも我らの骨を埋めるべきである。日本に帰るという女々しい考えを持つようでは、本当の植民政策は成功しない」

「いや、光輝ある日本国に生まれながら、どうして永久に他国民になることが出来よう。我らが行くところに日章旗を高く掲げ、帝国の領土を拡張しなければならない」

こうした議論をいつもまとめるのが那須や完治の役割だった。

那須は「植民地経営の究極は、必ず背後に帝国主義軍隊の威力を要することになるから、偏狭なる帝国主義に陥り、戦争と平和の矛盾に逢着することになる」と過激な意見をたしなめた。尚農会メンバーが最終的に一致した意見はこうである。

「キリストの愛は人類愛であり、神、我と共にあり、またあらゆる人の魂に住み給う。それを自ら信じ、周囲にも信ぜせしめ、これを植民同化の根本義としてこそ、偏狭な帝国主義的、侵略主義的な植民政策の欠陥を打破して、我らの使命は貫徹され、必ず人口過剰問題も解決できるのではあるまいか。また我らの関係は亡ぶとも、永久に我らの霊は亡びない。いずれにしても自己本来の面目を究めることが肝要である」

そして会のメンバーは鎌倉・円覚寺で参禅したり、高僧の講演を聞き、教会へ行って牧師の説教にも耳を傾けた。植民問題に関する彼らの結論は、多分にクリスチャンである加藤完治の意見に引きずられたとみても間違いないだろう。海外への「移住植民」は、加藤だけでなく農業政策を学ぶ当時の学生たちにとって、大きなテーマだったのである。

赤城山中での悟り

明治四十四（一九一一）年七月、東京帝大農科大学を卒業した加藤完治は「帝国農会」の嘱託として採用された。二八歳の時である。帝国農会はそれまであった大日本農会と全国農事会が合併、明治四十三年に設立された「中央農政機関」で、下部機関として道府県農会があった。農業の技術的、経済的発展、改良を目的とし、農業技術の指導、農業に関する調査研究、農産物価格の統制、農民の福利増進などに取り組んでいた。翌明治四十五年、加藤は内務省地方局にも採用され、内務省と帝国農会職員を兼務する。仕事の内容は、新刊の洋書を翻訳して上司に提出したり、雑誌に掲載することだった。

この年の七月三十日、明治天皇が崩御する。鎖国を解いた日本は明治天皇とともに近代国家建設に邁進し、日清、日露戦争を勝ち抜いた。日本人が「坂の上の雲」を仰ぎ見ながら歩んだ明治という時代が終わり、大正時代が始まる。時代の変転をよそに、加藤はこの頃、個人的な悩みを抱え、悩みに悩んでいた。前述したように、高校卒業と同時に婚約した許嫁は重い病にかかり、死の病床にあった。それでも加藤は周囲の反対を押し切って結婚式を挙げ、純愛を貫いた。

この頃の彼はロシアの文豪、トルストイの書を熟読し、「汝の額に汗して汝のパンを得よ」「汝の隣人を愛せよ」などの聖句に心を刺激され、熱烈なトルストイアンになっていた。トルストイはキリスト教的人道主義の立場から、封建的農奴制が支配していたロシアの劣悪な農民生活を改善しようとした。「明治後期のトルストイ像は、キリスト教の『愛の実現』を説く使徒であるとともに、土に耕し手にマメをつくる人間でなければならないと説く思想家でもあった」（松本健一「日本農本主義と大陸」）。それがこの時代の青年たちの共鳴を呼び、トルストイアンだった人は多い。文芸関係では徳富蘇峰《そほう》、蘆花《ろか》兄弟をはじめ有島武郎、武者小路実篤ら、社会運動家の黒岩涙香《るいこう》、片山潜、堺利彦、幸徳秋水、安倍磯雄などもトルストイの影響を強く受けていた。

加藤もトルストイを熟読することによって、彼のキリスト教的博愛主義の精神はますます強まっていく。そして事々に「愛の活動」を実践しなければ気が済まない、と感じるようになる。「苦しめる者の友となっての活動」を最高の善と考えていたが、しかし、精神の底には「いつも何か奥歯にものの挟まった感じ」が持続していた。「この時代の僕は生死の問題について疑念を抱いておった。苦しまぎれに〝愛の実現〟を徹底的にやって多少とも心の満足を得ようと焦っていた」。死の床にあった許嫁との結婚も、こんな精神状態の中で強行したのかも知れない。そんな加藤を親友の那須は「君は救世軍に投じるのが一番適当だ」と批評した。

この頃の加藤の〝愛の押し売り〟と、その挫折を紹介しておこう。

ある日、内務省からの帰り道、電車の中で、十七、八歳の少女と人相の良くない四十歳くらいの男が乗っているのに出会った。「汝、彼女を救うべし」とキリストが心のなかで叫んでいるような気がした。二人は途中、電車を降り、降り出した雨の中を相合傘で歩いて行く。後を追った。男はある銘酒店に入り、何事か交渉を始め、少女は外で待っている。加藤は少女に近づいて「こんな店に住み込むと、一生立つ瀬がない。旅費は僕が出すので早く両親の下に帰りなさい」。「失われんとする一つの霊を救うことは全世界を得るより尊い」と思い詰めている加藤は真剣だった。だが彼女の返事は「私はこういう所に入るのが好きなんです」。加藤は二の句が継げず、近所の交番に「彼女を親元に帰すよう骨折ってくれ」と頼んで帰宅した。

叔父が経営する旅館に、二人の子供を抱えながら女中として働く五十年配の女性がいた。「夫と離婚し、子供を育てるために働いている」とこの女性は、泣きながらその苦境を訴えた。同情した加藤は時々、小遣いなどを彼女に与えた。ところが後で聞くと、この女性は大酒呑みの博奕好き。彼女は加藤からもらった金を「シメタ」とばかりに酒と博奕に使っていたのである。「汝の隣人を愛せよ」を真面目に実行したと信じていた加藤は「何が愛なのかわからなくなった」。この女性を救済するにはどうすればよいのか。本当の慈善とは何なのか。「非常に煩悶し、ついにキリスト教というものがわからなくなっていた」

こうした精神状態にあった時に、純愛を貫いて結婚した妻が死んだのである。この日が来ることは結婚前からわかっていた。「この頃の僕は実に半ば狂人のように神経過敏だった。生きても死んでもどうでもよいと、ふと思うようなこともしばしばあった」

加藤完治が極めて不安定な精神状態にあることを、親友の那須皓は見抜いていたのだろう。那須は気分転換にと群馬県・赤城山の登山に加藤を誘った。予定は日曜日の朝早く上野を出発して群馬県・大間々《おおまま》から大洞《だいどう》に向かう約束をした。加藤は急に気が変って前夜、一人で上野を出た。一人で登山した方が真剣に修行できる、人生問題を考えるには独りの方がよい、と考えた。上野を出発し、高崎で下車し、前橋まで歩き、朝五時ごろ小暮に着いた。未明の澄んだ山の空気は、彼の神経を鎮め、那須との約束を思い出させた。彼は急に道を転じ、那須と約束した大間々駅で待とうと引き返し始めた。

ところが山中を歩く間に道を間違え、彷徨い歩くことになる。大間々駅に行っても、那須と会うのは時間的にも無理だ。再び山頂めざして登り始めた。雨が激しく降り始め、雷鳴が轟く。自分が何処にいるのかもわからなくなってしまった。時計を見ると午後三時。朝飯、昼飯も食べていない。残る食べ物はゆで卵二個。腹はへり寒さもつのる。「死んでも、生きてもどうでもよい」。ふらふらしながら方向もわからず彷徨った。

「死すべきか、生きるべきか」の問題が身に迫ってきたその時、「ここで死んでは祖母と母に申し訳ない」という思いが起きた。祖母と母は完治を加藤家の後継と思い詰め、立派に育てなければ祖先に申し訳ないと口癖のように言い、自分の身を犠牲にして完治を育てた。親友、那須の顔も浮かんだ。加藤の長所、短所を最もよく知る知己である。親友と堅い約束をしたのに、一人で山登りし、生と死の間を彷徨っている。「那須にも相すまぬ」という思いが電光のように心を刺した。加藤は「すまない、すまない」と声に出し、同時に「我は生きん」と大声で叫んだ。

風雨は一段と激しくなり、あちこちに落雷する。樫の大木の下で雨を避けながら、背負った荷物に油紙に包んでいれておいた冬シャツとズボンを取り出し、着替えをした。最後の食糧であるゆで卵二個を大切に腰につけた。見ると、山頂付近が時々、明るくなることがある。山頂まで辿り着けば下山する方向がわかるかもしれない。山頂まで這って登ると、霧の晴れ間から下山道が見えた。その道を下りながら声を限りに「オーイ、オーイ」と叫び続けた。すると不思議なことに「オーイ」という声が聞こえる。その声はだんだんと近づいてきた。声の主は那須だったのである。大洞についた那須が旅館の人に聞くと「加藤は来なかった」という。心配した那須は加藤を探しながら、山頂を目指していた。

加藤は赤城山上で死に直面して「我生きん」と大声を出した瞬間、暗い天地が明るくなった気がした。「我生きんと決した僕は、直ちに『衣食住の生産に努力するは善なり』とのモットーを心に持するに至った。僕は生を肯定して、初めて農の意義を明確に悟った」。東京に戻った加藤は、すぐに内務省と帝国農会に辞表を書いた。「食の生産」に努力する農民たらん、と決心したのである。大正二（一九一三）年春のことだった。しかし、彼には耕す土地もなければ資本もない。「農学士」という肩書があっても、米も作れぬ、麦も作れぬ、堆肥の作り方も知らない。どこかに農業労働者として住み込み、農業を一から学ぼうと決意した。

山崎延吉と安城農林学校

「一農民たらん」と決意した加藤完治だが、その決心を聞いた友人や先輩が心配し始めた。愛知県安城《あんじょう》市にある「愛知県立農林学校」（以下、安城農林学校）の校長・山崎延吉《のぶよし》がわざわざ東京に駆けつけてきた。石川県金沢市出身の山崎は四高、東京帝大農科大学と完治の大先輩であり、それまでも何度か「尚農会」に招いて議論したこともある知己である。若くして安城農林学校の初代校長に就任、一九年間、校長の任にあった。愛知県の農業改善に尽力し、安城市一帯を「日本のデンマーク」と呼ばれる農業先進地に育て上げ、後に衆院議員、貴族院議員となる。

山崎は宿泊する旅館に加藤を呼び出して、こう切り出した。

「君が内務省や帝国農会を辞することに異議はない。だが、直ちに農業労働者になるのは反対だ。君は今、農民となるというが、米も麦も作れないだろう。それを骨折り損のくたびれ儲けというのだ。君はまず、農業をやるに必要な活きた知識、技能を磨かねばだめではないか」

「大学で学んだ農学なるものが死んだ知識だ、くらいは言われるまでもなくよく知っています。だが、〃衣食住の生産は善なり〃という信念を実践するには、農業労働者になるしか方法はないのです」。思い詰めていた加藤はこう反論した。「一旦決心したことは止めるわけにはいかないのです」

山崎はこう諭した。

「それこそ骨折り損だ。農業労働者となったら、修行どころか雇い主に使って、使って、使い回されるぞ。それよりは僕の学校に来い、そうしたら自由に実地研究をさせてあげる。君に必要な時間と費用を与え、研究に要する農具も種子も、そして充分な土地も提供するよう取り計らう。そこで存分自由に修養してくれたまえ」

安城農林学校の初代校長・山崎延吉。のちに衆院議員、貴族院議員となった。

最初は「大きなお世話だ」と思っていた加藤だったが、山崎の真心に次第に動かされる。

「しかし、先生の学校に教師として赴任しても、私は何も生徒に教えられません。それでは先生も困るでしょう」

「君は糞真面目だから、その真面目を持ってきてくれれば、それでたくさんだ」

そう言ってくれた山崎の言葉に、加藤はもう逆らうことは出来なかった。

加藤が安城農林学校の教諭として愛知県安城市に赴任したのは大正二（一九一三）年の初夏である。この頃から彼はあごひげを蓄えていた。山崎延吉校長は、すでに学校の裏手に住むべき家と働くべき農地、肥料や農具などを用意していた。加藤は念願の実地の農業の知識、技能を習得できることになったのだ。「生きる」ということを肯定し、「衣食住の生産は善なり」という旗印の下に、新しい人生の第一歩を踏み出し、身も心も活き活きしていた。生徒も他の教諭も、農場で働く農夫たちも皆、〝農業の師〟である。農科大学卒の農学士が、実際的な知識、技能がゼロであることを、彼は自覚していた。

「何しろ堆肥の積み方もよく知らないし、腐熟した人糞尿がどれだか分からない。新規まき直しというわけで、ノートや書物と首っ引き。農場の農夫や生徒や誰彼の区別なく、いやしくも自分より少しでも農事の経験を有する者は、すべてこれ農業の先生と仰ぎ奉ってそれらの人々から教えを受ける。一生懸命に堆肥も積めば下肥も汲む、打ち起しもやるという状態だった」

植物生理や土壌肥料の書物は片っ端から読んだ。山崎校長に県内各地の老農を学校に呼んでもらい、一緒に寝泊まりしながら、鍬使いも、堆肥の積み方も、甘藷、馬鈴薯の植え方も教わった。秋になって麦の蒔き付けが始まる。安城農林学校の圃場は強い粘土層で、雨が降ると水はなかなか浸透せず、天気が続くとコチコチに固まる。このため覆土は薄い方がよいと教えられた。加藤は一〇センチを超す深い覆土にも種を蒔いてみた。ところが麦は、雨が降ったら浅い覆土と同じ日に一斉に発芽する。小さな麦の種が、厚さ十数センチもの強粘土を押し除けて発芽する力に驚いた加藤は「一粒の麦にも、神様は恐るべき力を与えておられる」と深く感じた。

最初の頃は「生徒に教える資格など自分にはない」と考えていた加藤だったが、ある時、学校を訪れた県の農業技師に「あなたが今、懸命に研究していることを、そのまま生徒たちに話せばいいではないか」と言われて講義を始めた。生徒たちはそれを喜んで聞いた。そして次第に「生徒と共に学ぶ、いや、生徒からも学ぶ」という心境になっていく。

加藤が担当した授業は、肥料学と植物生理だった。彼は教室よりも農場や屋外に行き、実物について講義するのが好きだった。そこでは加藤を囲むように生徒が輪を作る。肥料の時間には、人糞尿の腐熟加減を知るには目（色）や鼻（臭い）も必要だが、味を知ることも必要だと、人糞尿を指先ですくって舐めてみせた。「舐めてみれば腐熟度は正確にわかる」というのが持論だった。

堆肥作りにも全力を上げた。安城農林には当時としては極めて大きな堆肥舎があった。ここが加藤には体当たりの〝精神道場〟となった。生徒に教えるというよりは、「堆肥の中に自分を置いて、自らを鍛え、自らを磨くこと」を生徒たちにやってみせた。「加藤先生の堆肥舎での作業は〝神がかり〟的だった。堆肥作りに身も心も打ちこみ、堆肥が吐き出す息の中に、先生の姿が浮き上がる感じがした」と生徒の一人は述懐する。農場で使う堆肥はすべて加藤が〝製造〟した。教え子たちの記憶に残る加藤は「堆肥の加藤、人糞尿の先生」である。

安城農林には二〇年以上も農場で働き、教師からも生徒からも全幅の信頼を得ていた岡田仙松という農夫がいた。加藤はこの岡田にいつも実地指導を頼んだ。ある日の夕、彼は岡田の自宅を訪ね、「農民の夜なべを教えてくれ」と頼む。岡田は夕食に準備したおじや（雑炊）の鍋蓋をとり「百姓の晩飯はこれです」と一緒に食べ、終わると藁打ちをした。加藤も並んで藁を打った。それから「縄綯《な》い」が始まる。加藤の手付きは全くの不器用。縄綯いを続けるうちに手から血が滲みだす。岡田がスラスラと四〇尋《ひろ》（一尋は約一・八メートル）綯う間に加藤は五尋がやっとだったが、それでも彼は縄を綯い続けた。

麦の種蒔きも教わった。夕方になっても加藤が受け持った畑の種蒔きは終わらない。畑の両側にローソクを立て、夜遅くまで種を蒔き続けた。岡田は加藤の作業が終わるまで何時間でもじっと見守った。麦が芽を出すと、加藤は一日一回は必ず鍬鎌を握り締め、畑の手入れをし、麦の様子を眺めた。麦は立派な穂を出し、付近の畑では見られないほどの収穫があった。「生涯一農夫」を貫いた岡田との交友は終世続く。加藤は安城農林を去った後も、愛知県を訪ねる機会があると、酒好きの岡田に酒を届けた。

赤城山中で死に直面し「我は生きん」と決めた加藤完治は、安城の愛知県立農林学校での体験を通して、「農こそすべての源」という「農本主義」の強い信念を持つようになったのである。彼はその著『日本農村教育』（「加藤完治全集」第一巻）でこう述べている。

〈農業と云うものは人間の生命とはっきりした連絡がある、されば人々が生きると極めた以上は、農業と云うものを尊重しなければならぬ。農業を尊重しないことは、要するに生を否定することである。（略）農業の意義の分らない人間は、自己の生を否定している。農業の意義がはっきり分りますならば、続いて農産物に対する感謝の念、農産物の生産に汗を絞る農民に対する感謝の念と云うものが当然起こって来ると思います。（略）自分の生を徹底するに欠くべからざる衣食住の生産に汗を絞る農民に対して、その業務を尊重し、その業務に携わる農民と云うものに尊敬の念を持つと云うのでなければ、教育も政治もすべて失敗であります〉

筧克彦教授と古神道

そんな「農本主義思想」をさらに大きく〝展開〟させる出来事が、加藤の心を襲ったのは大正三（一九一四）年秋のことだった。東京帝大法科大学（現・東京大学法学部）で憲法学を講義する筧《かけい》克彦教授が山崎延吉校長の招きで安城農林学校を訪れ、長時間の講演をした。山崎は筧克彦の古神道の忠実な実践者でもあった。この講演が、トルストイの著作を愛読し、「愛とは何か」と煩悶し、四高時代に「懺悔によって、罪けがれは贖《あがな》われ、神の御許《みもと》に行ける」との教えを受けて、キリスト教に帰依していた加藤の宗教観を、一変させることになったのである。

東京帝大法科大学教授・筧克彦。筧の影響によって加藤完治は古神道を信奉するに至る。

　大学時代に「汝の隣人を愛せよ」というキリストの教えを真面目に実践しようとして、何度も裏切られ、信仰に迷いが生じ煩悶を繰り返してきたことは前述した。「悩める者の友となり、隣人のために愛を施す」ということは彼の場合、「貧困や逆境にある者を経済的に救済する」ということに直結していた。しかし、彼の愛は恵みを受けた者によって裏切られ、キリスト教に対してある種の懐疑が起きていた。そんな加藤の心の中に、筧教授の説く古神道「惟神道《かんながらのみち》」がどっかりと占拠した。筧の思想的影響で加藤の「農本主義」は、「古神道的日本精神」に染められることになる。

筧克彦は明治三十（一八九七）年に東京帝大法科大学を卒業、ドイツに留学する。ドイツを理解するにはドイツの文化を理解しなければならない。彼は、毎日、教会に通って熱心に祈り、哲学を学ぶために解釈学の泰斗、ウィルヘルム・ディルタイに師事する。留学中、ドイツ精神にどっぷりと浸かった筧だが、帰国後、〝ドイツかぶれ〟にはならなかった。「日本の本質を把むことで、日本法学の哲学的基盤を作ろうと試み、祖国の思想、宗教を研究する過程で、古神道へと行きあたった」（福田和也『昭和天皇』第三部）。

大正初期、東京帝大法科大学では有名な「上杉・美濃部論争」が繰り広げられていた。美濃部達吉教授が「天皇機関説」に立つ『憲法講話』を刊行する。これを「天皇主権説」に立つ上杉慎吉が強く批判し、論争が続いていた。美濃部が「天皇は国家人民のために統治する者で、天皇自身のために統治するのではない」と説いたのに対し、上杉は「天皇は天皇自身のために統治し、国務大臣の輔弼《ほひつ》なしに統治権を行使できる」と反論していた。この論争に対し筧克彦は「国家、天皇、臣民は本来一心同体。国家と天皇は相対立するものではなく、神代ながらに不二である」とし、「国家、天皇、国民に対立が生じるはずはない」とこの論争を暗に批判した。

「惟神道」とは何か。国際基督教大学教授・武田清子の「加藤完治の農民教育思想」によると、古神道には大別して二種類の神がある。第一種の天之御中主神《あめのみなかぬしのかみ》は世界の中央にいる根柢《こんてい》たる神で、宇宙一切の真の大生命であり、一物とてその顕現でないものはない。第二種の神である八百万神（無数の神々）は唯一神である天之御中主神の表現者で、互いに相対立しながら天之御中主神に帰一する神々である。「神社にまつられている神々に限らず、大多数の万物もまたその根柢に存する生命において神である。祖先宗教、英雄崇拝、天体崇拝、自然物崇拝等の材料はすべて大精神によって統一せられ、お互に他の権限を尊重しあい、その神性を発揮する」

筧の説く古神道は、神々も人間も万物も何ら差別なく、天之御中主神を顕現するもので、神々と人間との区別、万物と区別しての人間性の問題などは何ら問題にならない。古神道は仏教も同化する。日本人が神道の精神によって救済したのが日本仏教であり、キリスト教が古神道と融合すれば雄大な日本的キリスト教が生まれるだろう。天之御中主神は天照大神と、その延長としての天皇に顕現している。「筧の『古神道』はひと口に云えば、神道のヘーゲル化であって、ヘーゲルの法哲学を借用して神道の神観を解釈しなおし、（略）近代的に武装して、当時、インテリゲンチァをも説得する力をもった理論だった」というのである。

内村鑑三の影響下でキリスト教に入信し、戦後、東大総長となった南原繁も筧克彦に師事した。敬神の念の篤かった昭和天皇の母、貞明皇后も筧教授をしばしば呼び、進講を受けられている。

〈「神とは、純真なるがうえにも純真なる心のまこと」とする筧は、その奉ずるものがキリストであろうと、阿弥陀仏であろうと、その祈りのなかで「純真なる心のまこと」に至るのであれば、それはそれでよいのだとしており、他の宗教を批判したり、排除したり、貶《おとし》めたりすることがなかった。同様に他国の人々についても、その価値を認め、敬意をもつべしとしていたので、多様化する国内社会と、国際社会での行き方を考えざるを得ない皇室にとって、きわめて好適だったのである〉（前掲『昭和天皇』第三部）

筧克彦の講演を聞いた加藤完治は深く共鳴し、古神道信者となった。万物は神の顕現であり、農作物も土の神の現れである。それに献身して一心に農業に励む農民の在り方が「農民魂」である。日本国も一つの大生命であり、国民と国家は別物ではなく二者一如である。「国民は天皇の大御心を奉じて各自の受持分担を果たす」。加藤は筧に出会ってから「日本人」や「日本精神」というものが、やっと理解できた気がした。そして「一心同体、受持分担」を信条とし、彼の生き様の中心に置くようになっていく。この頃、加藤はこんな歌を詠んだ。

敷島の大和心を人問わば　受持分担一心同体

加藤には信仰してきたキリスト教を捨てるという〝背教者〟の自覚はなかった。むしろ古神道においてキリスト教の真の精神は生かされると考えていた。後の山形県立自治講習所所長時代に、彼は学生や農民向けに機関紙「弥栄《いやさか》」を発行する。その創刊号（大正十一年二月発行）で、門下生の松田時郎は「トルストイの思想と古神道の精神」について加藤は概略、こう述べたと記している。

「トルストイは『キリスト教においてもその真髄は神に帰一することである。それは神の御旨に従って行動することで、それには欲望を抑えねばならない。信仰生活の第一歩は克己である。

だがいわゆるクリスチャンには人間の弱点が現れてきて、克己を善に達する尊い道徳と思うどころか罪悪と考えるようになっている。真のキリスト教は神の御旨を体して行う事であって、克己は最高の道徳ではなくその一手段にすぎない。神は無限である。要するに神に無限に近づかんと終始努力するのが価値ある人で、真のクリスチャンである』と言っている。トルストイの胸奥からほとばしり出たこの言葉を聞く時に、偉人の思想が我が古神道に合致するのを、驚嘆せざるを得ないのである」

大正4（1915）年、加藤完治は山崎美代と結婚する。

新しい伴侶

安城農林学校時代にはもう一つ、加藤の生涯に大きな影響をもたらす出来事があった。生涯を共にする新しい伴侶ができたのである。農作業に打ち込みながら古神道への信仰が深まり、精神的にも安定してきた加藤は、二歳年下の山崎美代と結婚する。大正四（一九一五）年春、三〇歳を迎えていた。

後に成城大学学長となる美代の兄、山崎匡輔《きょうすけ》の親友だった石本恵吉男爵の紹介によって、二人は東京で見合いし、お互いに気が合って結婚に踏み切った。大学時代に結婚した前妻の死の痛手から、加藤の心はようやく立ち直っていた。結婚式は東京・神田の学士会館で挙げた。美代は嫁いで来る時、密かにタンスの底に白鞘の短刀を持参しており、加藤はこの結婚に対する美代の覚悟を知った。

新婚旅行は徒歩で箱根の山を越え、三島に向かう。当時の箱根越えの山道は人通りも少なく、まさに「箱根の山は天下の嶮」であった。加藤には、これからの人生の途中で困難があっても、美代がくじけないように鍛えてやろうという魂胆があった。美代の服装は和服に白足袋で草履ばき。かなり大きな荷物を担ぐ。この旅の途中で二人は三人組の強盗に襲われるという事件に遭遇する。

箱根の山の頂上近くに辿り着いた時、三人の人相の良くない男が前を塞ぐ。一人が仕込杖を持っており、その仕込杖を突きだして「待て、金を出せ」と脅した。子供の頃から剣道、柔道の猛練習を重ねてきた加藤である。腕には自信があった。少しも恐れず先手を打って「ここは往来もあるから向こうに見える原っぱで話そうではないか。話によっては金もやろう」。驚いた三人は静かに二人の後についてきた。原っぱに着くと加藤は「いきなり脅かしたりしないで、静かに話したらどうか」と微笑を浮かべながら話しかけた。

度胆を抜かれたのは三人組の方である。失業して小遣い銭が欲しいのだ、と白状した。話しているうちに三人は次第に打ち解け、一緒に三島まで下山することになる。彼らは加藤夫婦の荷物を担いだ。三島駅に着いたとき、荷物を持ってくれたお礼に食事をとらせ、なにがしかの小遣いを渡した。そして、「困ったことがあったら悪いことはしないで、相談に来い」と住所、氏名を教えてやった。後でその中の一人が安城農林学校を訪ねてきた。加藤はその男に「明日から名古屋に行って〝馬糞拾い〟をやれ。そうすれば結構食っていける」と、名古屋までの汽車賃と小遣いを与えた。当時、馬糞は肥料としてよい値で売れた。

美代はこの事件について「あの時は恐ろしくもなんともなかった。完治が柔道の強いことは、山崎の兄から十分に聞いていた。絶対に信用していたので追いはぎの一人や二人簡単に投げ飛ばしてくれると思っていました」と語っている。加藤も「妻は僕と一心同体で生涯を貫いてくれた。いろいろな困難を突破できたのも美代のおかげである」と晩年に語っている。

第二章　軍人・東宮鐵男と中国大陸

赤城山南麓の名家の末っ子

加藤完治と共に後に「満蒙開拓の父」と呼ばれる東宮鐵男《とうみやかねお》は、明治二十五（一八九二）年八月十七日、赤城山南麓の群馬県勢多郡宮城村大字苗ケ島（現・前橋市）で産声をあげた。父・吉勝は四二歳、母・とみも四十一歳と高齢出産であり、九人兄姉の末っ子だった。といっても、次男と六女は生後間もなく、四女の姉も六歳の時、亡くなっているので、長男と四人の姉と共に育った。三人の子供と死別した両親は「とにかく丈夫に育ってほしい」との願いを込めて「鐵男」と名付けたという。

赤城山南麓の群馬県中央部よりやや東寄り、赤城山の麓の海抜三五〇メートルの高原地帯にある生家は、古くから「草分屋敷」と呼ばれ、三百数十年にわたって続く旧家である。草分屋敷には、生垣と小川を境にして、本家の「島屋」と分家の「東屋」の古風で豪壮な二棟の木造屋敷が、今でも広い庭に囲まれ並んで建っている。二軒とも江戸時代の末期に建てられたという。「島屋」に生まれたのが鐵男であり、彼の戦死後、『東宮鐵男傳』を編集する五歳年下の従弟、七男《かずお》は、隣の「東屋」で育った。両家の当主は現在、赤城山中の赤城温泉で二軒の旅館を営んでおり、この屋敷は今、空き家同然となっている。

父・吉勝は東宮本家の十二代目。剣道は念流、荒木流の居合術を修めた武芸の達人である。明治元年には藩主堀田家から苗字帯刀を許され、赤城村の初代村長を務めた。分家の東屋の門前には「雲をりをり人をやすむる月見かな」という芭蕉の句碑が建っている。「草寿」と号して近隣の俳諧の指導者だった十一代目当主の弟・平作が、万延年間に建立したものだという。平作は分家である東屋の養子となり、東屋の五代目を継ぐ。代々、本家の島屋は武術修業に努め、分家の東屋は風流を好んだ、と言われている。

歳の離れた長男は別にして、四人の姉に可愛がられ、甘やかされて育った鐵男は、幼い頃から我が儘で癇癪持ちのところがあった。その上、虚弱体質でよく病気をした。それを気にした武人の父、吉勝は鐵男が物心が付いたころから、厳格に育てようとし、幼いころから剣道を教え込んだ。東宮家の前庭に近所の剣道の心得のある若者を集めて鐵男とよく試合をさせた。大人にまじって鐵男が唯一人、掛声もろとも竹刀を振り、泣きながら竹刀をもった吉勝を追い回して打ち込んだり、吉勝が巧みに身をかわしながら鐵男をあしらっていた姿を、隣家の七男はよく覚えている。

母親のとみは明治三十二（一八九九）年四月七日、鐵男が尋常小学校に入学する前日に病死した。母四八歳、鐵男は六歳だった。臨終の前日、とみは枕辺に鐵男を呼び、こう言い遺した。「お母さんが死んだ後は兄さんや姉さんの言うことをよく聞いて、良い子になってお父さんに心配をかけてはいけない。明日から入学するが、母さんの言うことを忘れないでおくれ」。母に似て色白。勝気で乱暴者の鐵男だったが、小学校の校庭の隅で一人、物思いに耽ることもしばしばあったという。

母の死もあってか、他の子供と違っていたのは、どこに行っても神社、仏閣の前を通ると必ず頭を下げ、礼拝をするようになったことである。それは終世、変らなかった。小学校時代、学科の方は余り目立たなかったが、上品で無口、どこか超然としたところがあったという。「いつも絹の着物に角帯をしめ前掛をかけて、他の子供ら（近所などの）とは全く別世界の人間のようにキチンとしていたのを最も印象深く覚えている」（東宮七男「少年時代の東宮大佐」、『七男と不二夫の満洲』所収）。その頃から吉勝は体力作りに朝夕の冷水摩擦と、上半身裸で両手に持った重い鉄亜鈴を上下させる筋力訓練を命じた。冷水摩擦は晩年まで欠かさなかった。

小学校時代のあだ名は「とんび」。眸がやや鳶色をしていたためである。「とんび、とんび」と子供仲間に囃したてられると、鐵男は追っかけて竹刀で突くように「オツキ！」と叫びながら、手で相手の胸や腹を突き、「俺はとんびじゃないぞ。鉄の玉だぞ」。彼は「鐵男」という名前が気に入っていた。喧嘩をすると激しかった。時々、同じ年頃の相手と組んずほぐれつの取っ組み合いの喧嘩になった。

冬になると、赤城下ろしが吹きすさぶ南麓の高原地帯には雪が降り積もる。子供たちの遊びは雪合戦だった。悪童たちの中には、雪の中に小石や土を入れて〝弾〟にする者も多い。これがまともに当たると危険極まりない。高等科になると、鐵男は同級生や下級生を説得して、こうした行為を絶対にしないよう誓わせた。石入りの雪玉に苦しめられてきた下級生たちは「島屋の鐵ちゃん」と敬意をこめて呼ぶようになった。

日本が日露戦争に勝利し、ポーツマス条約が結ばれた翌年の明治三十九（一九〇六）年、鐵男は前橋中学沼田分校に入学する。この頃から彼は毎日、毛筆で日誌をつけるようになる。日誌は終世、変らずにつけ続けた。剣道部に入って毎日、激しい練習に励む鐵男の腕はめきめき上達する。指導に当たった中山校長は「人に勝つのは能力ではない。人間の徳の力だ」と諭した。三年間をこの分校で過ごした鐵男は明治四十二（一九〇九）年春、前橋中学本校（現・群馬県立前橋高校）四年に編入する。自宅からは通えないため寄宿舎に入った。前橋中学は歴史も古く、利根川河畔にあり、バンカラとストライキが名物だった。

本校でもすぐに剣道部に入った。得意手は諸手突き。主将に選ばれ、剛直不敵は校内に鳴り響いた。信条として徒歩主義、剛健旅行、ハイカラ排撃を掲げた。長期休暇になると菅笠に合羽を羽織って杖を手に、一日一〇里（約四〇キロ）を目標に徒歩旅行に出た。何事にも食らいつくと容易に離さない彼に、級友たちは「スダニ」（ダニの一種）とあだ名を付けた。当時の彼のあこがれは、日本海海戦でロシア・バルチック艦隊を破った海軍軍人だった。

明治四十三（一九一〇）年七月二十日、海軍兵学校を受験する。一八歳だった。同日の日誌によると、上野駅近くに宿を取り、朝五時に宿を出て築地にあった試験会場の海軍経理学校に向かった。一人で東京の電車に乗るのは初めてだったので、七時までに築地に着こうと早く出たのだが、四〇分で築地に着いた。午前七時半から面接官による口頭試問。家族や祖先のことを聞かれる。八時半から身体検査。視力、色盲検査などは異常なし。最後は軍医官の検診である。胸は無事、眼も脳もその他の病気もなし。いよいよ「甲」とホッとしたところ最後にこう宣告された。「君は痔瘻なので明年まで待ちたるがよからん」。海軍兵学校の夢は無残に散った。やけまぎれに上野に出て「動物園と、博物館と、彰慶館を見て帰れり」。

明治四十四（一九一一）年三月、前橋中学を卒業し、赤城村の自宅に戻った。中学卒業時の人物評は「資性―質実剛健、刻苦勉励せる努力家なり。趣味―博物にして自然を愛好せり。テニス、剣道―衆に秀ず」だった。父吉勝は医者になることをすすめたが、「軍人志望は捨てきれず、起床時間、勉強時間、運動時間を定めて規則正しい生活を始めた」。この年、鐵男は陸軍士官学校を受験する。しかしこれも失敗した。

陸軍士官学校と近衛第三連隊

自宅でブラブラされても困ると思ったのか、長兄の徳次郎はこの年の秋、前橋で病院を開業している友人の斎藤玉男を訪ね、鐵男を当時、近衛歩兵第三連隊の少佐参謀だった渡辺金造（後に中将）に紹介してくれるよう依頼した。斎藤は前橋中学の先輩で精神科の医学博士。鐵男の母とみも生前、彼の病院に入院治療している。斎藤は鐵男を連れて東京・四谷の渡辺の官舎を訪ねた。「この青年はあなたの旧友東宮徳次郎の弟で、前橋中学を卒業して陸軍士官学校の入学を希望している。どうか書生としてあなたの家に住み込ませ、目的を遂げさせていただきたい」

渡辺の家族は身重の妻に子供二人。両親も同居しており、家は狭い。当惑した渡辺は一旦はこの申し出を断った。斎藤は「この鐵男は上毛《じょうもう》男児の真骨頂を有する好青年だ」とさらに頭を低くして頼んだ。渡辺は鐵男の澄んだ目を覗きこむようにして言った。「窮屈でも玄関に寝起きして、一つ鍋の飯を食おうか」。東宮鐵男はこうして渡辺家の一員となり、士官学校の入試準備に没頭する。

明治43（1910）年7月、右より東宮鐵男（18歳）、父・吉勝（59歳）、長兄・徳次郎（35歳）。

その頃、時代は大きく動いていた。受験勉強に取り組んでいる最中の明治四十五（一九一二）年七月三十日、明治天皇が崩御する。日本は明治天皇とともに近代国家建設に邁進し、日清、日露の二つの戦争を勝ち抜いてきた。元号が「大正」と代わって年が明けた大正二年十二月、東宮は陸軍士官学校の入試に合格、同時に渡辺金造が参謀を務める近衛歩兵第三連隊の士官候補生となった。天皇を守護する近衛師団への配属は、彼の強い願いでもあった。

渡辺金造はこの年、陸軍大学校の兵学教官となり、官舎も九段坂上に引っ越した。東宮は近衛第三師団に入営してからも、休日になると必ず渡辺宅を訪れ、長男進、長女木綿子をわが子のように可愛がって一緒に楽しそうに遊び、生まれたばかりの次女小枝子に目を細めた。進も木綿子も鐵男によく懐き「東宮ちゃん、東宮ちゃん」と後を追い、彼が訪れるのを楽しみにした。

冬の日の夜半のことである。休日を夜まで渡辺家で過ごし、二人の子供たちと楽しく遊んだ。皆が寝入った頃、鐵男は隣家の二階から激しい炎が噴き出しているのに気付いた。真っ先に衣服を身に着けた東宮は、皆を叩き起こして退避させ、自らバケツを手に炎に立ち向かった。風向きは悪く、火は渡辺家の方へ吹きつける。しばらくして消防隊が駆けつけた。風向きも変わり、類焼は免れた。「彼の目覚ましい働きがなければ丸焼けになっていた」。渡辺家の家族は、火に立ち向かう東宮の姿を終世、忘れなかった。

陸軍士官学校の同期生たちも『東宮鐵男傳』で、彼の想い出を様々に語っている。一致するのが彼の「不屈の頑張り」である。士官候補生になると、同期が交代で書く「候補生日誌」に「鐵　生来頑健　未だかつて就床せしことなし」と記し、皆の話題となった。ひ弱だった幼少時代から父吉勝に厳しく剣道を教え込まれ、中学時代には長距離歩行などによって、頑健な体となった彼は、行軍などで弱った兵卒の銃や背嚢《はいのう》を代わりに背負ってやった。陸士に入って剣道の腕は一段と上がった。相手に接身肉薄し、つばぜり合いをしてからの喉元めがけての片手突き。東宮の得意技だった。「相手の懐に深く飛び込んで止めを刺す」。剣道だけでなく、彼が生涯、あらゆる戦場や交渉事の場で使った戦法である。

大正四（一九一五）年五月二十日、東宮鐵男は陸軍士官学校を卒業し、半年間の見習士官を経て、歩兵少尉に任官する。前年の大正三年七月にはボスニア・サラエボで、オーストリアの皇太子夫妻（帝位継承者）暗殺事件がきっかけとなって第一次世界大戦が始まっていた。日本は日英同盟を理由に同年八月、ドイツに宣戦し、中国・山東半島の青島にあったドイツの軍事基地などを占領する。中国大陸では辛亥革命で臨時大総統となった孫文を、軍閥の袁世凱《えんせいがい》が退けて、北京で政権を樹立した。日本はこの混乱に乗じて袁世凱政府に、日本の中国における権益を大幅に拡大する二十一ヶ条の要求を認めさせる。中国国内ではこれに反発して反日機運が高まっていた。

中央は、大正４（1915）年12月、渡辺金造より贈られた備前長船祐定を手にした東宮鐵男（23歳）、隣は渡辺の長男・進。左上は陸士時代（21歳）、右下は中学時代（19歳）（東宮大佐記念事業委員会編『東宮鐵男傳』より）。

陸士卒業の挨拶に訪れた東宮に陸大教官の渡辺金造は、卒業祝いとして愛用していた「備前長船祐定《びぜんおさふねすけさだ》」作の日本刀を贈ってこう諭した。

「士官学校を卒業したからといって油断してはいけない。引き続き士官学校にいるつもりで日課表を作って既得の教科書を復習しなさい。そして二年勉強を続けたら、陸軍大学校を受験しなさい。君なら楽々と合格できるはずだ」

陸軍軍人のエリートコースは陸軍士官学校を経て陸軍大学校を卒業することである。作戦専門の参謀幕僚を養成するため明治十五（一八八二）年に設立された陸軍大学校は、日露戦争後、大将、中将などの高級幹部養成機関となる。卒業生は〝天保銭組〟（卒業徽章が「天保通宝」に似ているため）と呼ばれるエリートとされ、陸士だけでは第一線の前線司令官止まり、と言われていた。将官まで出世するには陸大を卒業しなければならない。東宮を家族の一人だと思って世話してきた渡辺にしてみれば、彼の陸大入学を切望していた。渡辺はその後も何度か陸大受験を勧めた。彼はそれにはいつも笑って答えなかった。

東宮には陸軍大学校を受験する気はなかった。一線の兵士たちと共に時間を過ごし、苦楽を共にすることに強い愛着を感じていた。陸大に行けば、故郷赤城の大地からも、兵士たちからも、遠く離れた存在になってしまう。この頃から東宮には中国大陸へ雄飛する夢がちらつき始めていた。「軍人として少佐まで昇進すれば退役して帰農し、満州で暮らしたい」。口には出さなかったがそうした思いが日々強まってくる。後に渡辺は「私は陸軍大学校が青年将校唯一の目標と説いたのは、今になって見ると東宮君に関する限り認識不足だったたと思う。彼は心の底では『燕雀《えんじゃく》いずくんぞ鴻鵠《こうこく》の志を知らんや』と嘆いていたのではないか。私の不明を慚愧《ざんき》する」と悔やんでいる。

「尼港の惨劇」とシベリア出征

東宮鐵男は大正八（一九一九）年四月、歩兵中尉に昇進する。翌大正九年四月、彼は、「シベリア出征」を志願した。シベリアに出兵する「歩兵第五十連隊付」の辞令が下りたのは同六月七日。「年来の宿望叶い本懐々々」（同日の日誌）。敦賀港からウラジオストック（浦塩）に向けて出港したのは同十七日だった。「志願理由書」に彼はこう記した。

〈人生の半ばを過ぐる数年、未だ戦場を知らず、熱血の男子如何か安閑と都に老朽せん。「西伯利亜《シベリア》の軍は無意義なり」と功あるも知られず、死すとも惜むものなし、而も困苦多しと聞く。笑って君国のため氷原に屍を晒す、之《これ》真の犠牲ならずや。年来の修道、白刃の下烈氷の間に果して何等の光明を発するや試み、且つ更に竿頭《かんとう》一歩を進めん哉《かな》〉

「笑って氷原に屍を晒す」。なぜ東宮は、ここまでの悲壮な決意をしてシベリアに赴くことにしたのか。彼が志願書を提出し、出港したこの年の四月から六月にかけて、日本国内では、ロシアで革命を成し遂げた過激派（赤軍）の尼港（ニコラエフスク）での〝非人道的残虐性〟に、激しい怒りと恐怖が渦巻いていたのである。騒ぎは同年四月二十日付の「大阪毎日新聞」のスクープ記事で始まった。

「兇猛獰悪《どうあく》、言語に絶せり」「我同胞は斬くして赤軍に屠《ほふ》らる」「血と火を以て彩られたるこの手記」「尼港惨戦の顛末」との主見出しで、社会面の半分を埋め尽くした「十五日浦塩にて名村従軍記者発電」の特報記事である。名村記者はウラジオストックに停泊中の軍艦「肥前」を訪れた際、司令官の川原少将に「尼港から変装しながら苦心して脱出してきた一海軍士官の手記を公表してほしい」と頼まれた。

ニコラエフスクは、ウラジオストックの北方、アムール河（黒竜江）が樺太の対岸のオホーツク海にそそぐ河口に位置する人口約一万三〇〇〇人の港町である。当時、革命に抵抗するロシア人だけでなく、日本人居留民約三八〇人と陸軍守備隊、海軍通信隊など日本軍約三五〇人が居留していた。この町を包囲した約四〇〇〇人のパルチザン（赤軍）は、市内に進入すると反革命ロシア人将校や市民を投獄、略奪を繰り返し、駐屯する日本軍との激戦が続いていた。日本軍は雪解けを待って救援軍を派遣したが、赤軍は日本軍到着前に日本人七三〇人余を惨殺したうえ、革命に同調しないロシア人市民約六〇〇〇人を虐殺し、町に火を放って撤退した。

前記の記事には、以下のような小見出しが並ぶ。「手記を開けば　文字悉く惨　一読毛髪堅《た》つ」「辱められて斬り刻まる　同胞婦人の悲惨なる最期」「鞍劈《くらざ》きの残虐　同胞八裂きとなって死す」「領事館猛火に包まる　居住民結束して敵に当る」「戦死者の銃を執って婦人までも射ち続けた」「凄愴とも惨烈とも言語に絶せる同胞最期戦が五昼夜続く」。小見出しを読むだけで、その内容は容易に想像できるだろう。この特報に続いて、各紙とも現地からの情報や被害者の遺族たちの悲しみを報じ続けた。六月に入ると従軍記者団が現地に入る。「今は同胞の影も無き尼港に上陸し　パルチザン残虐の跡を視る」として「悪臭鼻を突く監獄に入れば同胞の呻吟を語る落書曰く『大正九年五月二十四日午後十二時を忘るな』‼」（「時事新報」六月十三日付夕刊）など、〝尼港の惨劇〟を報じ続けていた。

東宮の「シベリア出征」は、こうしたロシア革命に対する脅威と危機意識が極度に高まった雰囲気の中でのことだった。シベリア体験は脳裡に終世焼き付き、後にソ連の南下を防ぐために、シベリアと満州の国境であるアムール河対岸に、革命で祖国を追われたロシア人の生き残りたちと協力して、日本人の開拓移民村を作り、「理想の共和国」建設を目指すという大きな夢に結びついていった。彼は満州との国境、興凱湖《ハンカ》に近いスパスカヤ地方の警備に従事し、兵卒たちやロシア人の人夫を使って各地の要塞建設などに取り組んだほか、赤軍派の摘発や治安維持に当たる。暇な時間が出来ると、自慢のカメラを手に、広大なシベリアの原野やロシア人の生活を撮影して回った。

「西都スパスカヤ及その南方高地を散歩す。ハンカ湖の方面一望千里、我国の殖民地にせばやと食指動く」（九月二十八日の日誌）。広大なシベリアの大地を眺めながら、東宮は「この土地に日本人の植民が出来ないものか」と考えていたのだ。大きな戦闘にも遭遇せず、革命で追われた旧ロシア軍の軍人たちとの交流も増えた。時々彼らの自宅を訪問、子供たちと友達になり、一緒に遊んだ。革命後のロシアの実情を探ることも彼の任務の一つだったのだろう。戦死の覚悟までしていた東宮にとって、予想以上の平穏な日々が続いた。

東宮が毎日欠かさず付けた「シベリア日誌」の中で、心の動揺を最も隠し切れないのは、同年十一月二十一日の旧ロシア軍（白軍）中尉、スミルノフの拳銃自殺である。「憂国の士、露国の現況、終《つい》に救うべからざるを知り憤死せるものなり。聞くに氏は最近、過激派の睨む所となり二回狙撃せられたりと（一回は居室、一回は市街）、而《しこう》して三回目は自ら発射せるなり、行年二十九歳」。彼は二十四日に行われた葬儀にも参列した。会葬者は六〇人余、儀仗兵一〇人、飛行機二機が弔意を表して上空を飛んだ。「憂国の士スミルノフを弔う」と題する詩を書いた。

スパスカヤの南部淋しい所　雪風荒《すさ》びて暗い野辺に
君の棺を送った時に　私は翼を失った小鳥の様になった
私は君を生前に全く知らぬ　其の声も其の容貌其の家も
然し君の心！　国を愛する心！は　君の自殺と共に私の心と非常な知己となった（略）
君の墓は時と共に荒れ果てて　顧りみる人もなくなるだろう
然し君喜んでくれ給え　君の心は海を越えた東の国で生え立つから

「君の心は東の国で生え立つから」という最後の一行は、東宮鐵男のその後の人生への決意表明でもあろう。ロシア革命で祖国を追われた「憂国の士」への思いを、彼はしっかりと心に刻んだのである。

東宮のシベリア滞在は約一〇か月間。大正十（一九二一）年四月二十六日、軍楽隊の見送りの中、ウラジオストックで乗船し、敦賀に入港したのは同月二十九日だった。帰還の「所感」としてこう記した。「日本の山、ごつごつにて樹木多く美しき事。人家小にして恰《あたか》も箱庭の如き事。町の家屋のこせこせして貧弱なる事」。東宮の目に映った日本の風景は、シベリアと違って、狭い土地に、ごちゃごちゃと多くの人間がひしめきあう姿だった。近衛歩兵第三連隊に復帰した東宮は部下たちに「こんな狭い日本ではダメだ。貴様、次男坊だろう。俺がシベリアに行って百姓をやる時は、必ず一緒に来い」というのが口癖となった。

東宮が体験した日本のシベリア出兵は、どんな世界情勢の中で行われたのか。それは単なるロシア革命への「干渉戦争」だったのだろうか。

一九一四（大正三）年、ロシア、フランス、イギリスの連合国側と、ドイツ、オーストリア、イタリアの同盟国側との間で始まった第一次世界大戦は、三年後の一九一七（大正六）年四月のアメリカの参戦によって最終段階に入る。この直前の二月（グレゴリオ暦の三月）、連合国側である帝政ロシアの首都ペトログラード（現・サンクトペテルブルク）で、戦争の重圧に耐えかねた労働者や兵士がストライキや反乱に立ち上がり、帝政ロシアはあっけなく崩壊し臨時政府が発足した（二月革命）。多数派であるボリシェビキの指導者、レーニンが亡命先から帰国し、臨時政府を批判し、ボリシェビキの勢力は急速に伸びた。十月（グレゴリオ暦の十一月）、ボリシェビキは首都で武装蜂起し、ソビエト政権を樹立しプロレタリアート独裁体制を確立した。いわゆる十月革命である。革命政府は、翌一九一八（大正七）年三月、ドイツおよびその同盟国とブレスト・リトフスク条約を結んで戦争から離脱した。これによってドイツは東部戦線の兵力を西部戦線に集中、英、仏は苦境に陥っていた。

こうした状況の中で、シベリアで新しい事態が発生する。約四万人のチェコスロヴァキア軍は連合国側の旧ロシア軍の中に入って戦っていた。ところが革命が起き、ロシア革命軍（赤軍）がドイツと講和して戦線から離脱すると、チェコ軍はドイツとの戦いを継続するため、フランス軍の指揮下に入ることになった。しかし、チェコ兵がいたのは東部戦線（ロシア側）であり、これを西部戦線（フランス側）に送り込まなければならない。連合国側はチェコ兵をシベリア鉄道でウラジオストックまで輸送し、海路でヨーロッパに送り込むことになった。

ところが東進を始めたチェコ軍とソ連革命軍が衝突し、シベリア鉄道沿線一帯で戦闘が始まった。一方、ロシア各地では、革命で首都を追われた反共産主義のロシア人（白軍）と、革命支持派（赤軍）の間で内戦状態が続いていた。チェコ軍とソ連革命軍の衝突は連合国にとっては大歓迎だった。西部戦線で手一杯の英仏は「チェコ軍救出」を名目に、日米共同のシベリア出兵を要請する。米国は同年八月、出兵を決定した。米国と共同歩調を取ると明言していた日本も、同年八月二日、シベリア出兵を決める。

ウラジオストック派遣の連合軍は、日本の大谷喜久蔵大将を総司令官として日本の第十二師団、米軍二個連隊、英軍一個大隊などだった。日本軍は全面撤退するまでに総数七万三〇〇〇人の兵力を送り込んだが、米国は約八〇〇〇人、英国一五〇〇人、カナダ四〇〇〇人、イタリア一四〇〇人などで日本が圧倒的に多かった。

ソビエト政権と講和条約を結んだドイツも、西部戦線での最後の大攻勢で力尽き、同年十一月には降伏、五年にわたる第一次世界大戦はドイツ、オーストリアなど同盟国側の敗北で終わった。一九一九（大正八）年一月、パリで連合国の講和会議が開かれ、六月にはヴェルサイユ条約が結ばれる。これを機にシベリアに出兵していた米国は翌一九二〇年四月には全部隊の撤収を完了するなど、各国は次々と撤兵を完了した。だが、日本軍は他国が撤退する中でその後、二年近くシベリアに留まった。

欧米各国と違ってシベリアのすぐ隣に位置する日本は、日ごとに勢力を拡大し、東進してくるソ連革命軍を無視することは出来なかった。ソ連革命政府は一九一九年三月に世界の共産党が参加する第三インターナショナル（コミンテルン）を設立し、世界革命を推進しようとしていた。極東のシベリアが共産主義化することは、日本にとって満州、朝鮮への重大脅威を意味する。米国にとっては太平洋を挟んだ〝対岸の火事〟だったが、極東に位置する日本はソ連の共産主義に強い脅威を感じていた。日本軍はシベリア出兵の目的を当初の「チェコ軍救援」から、東進するソ連革命軍に対する「国防自衛、居留民の生命財産の保護」に変更する。そんな中で起きたのが「尼港（ニコラエフスク）事件」だったのである。

「愛さん、愛さるるべからず」

シベリアから帰国した東宮鐵男は、再び近衛歩兵第三連隊に復帰、出征前と同じように東京・九段坂の渡辺金造（当時大佐）宅に〝居候〟することになった。渡辺夫人の兄に宗教家・加藤直良（子敬）という人物がいた。宗教に関心を深めていた東宮は、小石川区（現・文京区）小《こ》日向《ひなた》にあった加藤家を訪れ、彼の話を聞くうちに、強く心を惹かれ、休日の度に訪ねるようになる。加藤家には小学校に上がる前の兄妹がいた。子供好きの東宮はこの兄妹とも直ぐに仲良くなる。彼は当時、童話童謡に興味を持ち、幼い二人と雑誌「赤い鳥」を読み、シベリアで撮影した雄大な風景写真を子供たちに見せ、一緒に無邪気に遊んだ。

軍人らしからぬ気さくで飾り気のない東宮を、加藤夫妻はすっかり気に入り、「東宮の嫁には、ぜひ加藤家の親戚の娘を世話したい」と決める。東宮に話を持ちかけると、あまりイヤな顔はしなかった。「脈あり」と見た二人は、親戚中の適齢期の娘を探した。白羽の矢が立ったのが群馬県富岡の教育家で当時、県立富岡高等女学校の国漢の教諭をしていた小野里萬蔵の長女、操だった。「生来謙譲にして寡黙、確固たる気性の持ち主」だった操は、「結婚については一切、

上は、大正11（1922）年、東宮鐵男（29歳）、下は同年4月5日、九段の偕行社で行われた小野里操（20歳）との結婚式。

両親に任せていたが、軍人の妻となることは本望だった」。東宮は大正十一（一九二二）年の正月、年始の挨拶に加藤家を訪れ、操との結婚承諾を伝えた。

操が両親に連れられて上京、加藤家で見合いをしたのは同年一月十七日。東宮はこの日の日誌に「彼女を見たる最初は加藤様の二階にて、型の如く彼女が茶を運搬し来《きた》れる時なりき。その横顔予期せる如く、あまり美しからざりしも、案外体格の発育良好にて、いやみの無き容姿なりき。性質は元より知る由なけれども、何れかと言えば落ち着きたる方ならん」と第一印象を記し「かくて余の妻は定まれるなり。生涯を託し、全力を挙げて相愛すべき妻は斯く簡単に定まりぬ。（略）余は彼女を愛さん、愛さるるべからず」と結婚への決意を述べている。

見合い二日後の同十九日夕、加藤家の二人の子供たちから「ぜひ遊びに来て！」と電話がかかった。雪が激しく降る夜だった。東宮は「操の様子を今一度見たくて、ふらふらと営門を出て」加藤家を訪ねる。操も待っていた。「一層嬉しき心地せり。余は彼女を愛さん、愛さるるべからず」とこの日の日誌にも書いた。

操は東宮の戦死後の昭和十七年夏、彼との想い出をまとめた『夫は生きてゐる』を出版しているが、その中で東宮の「余は彼女を愛さん、愛さるるべからず」との表現についてこう述べている。

「これは東宮の女性観もしくは夫婦観として、夫は妻の愛を受動的に亨《う》けるものではなく、愛は能動的に与えるものという考え方を示しているものと思われます。東宮は男として（殊に軍人として）愛を能動的なるものと考えていたのだと思いますが、それは決して愛に溺れてだらしなくなるような事のない、真面目な考え方から出た言葉と信じ、今の私は尊敬の念をもってこの一句に対することが出来ます。『愛さるるべからず』というのは、あくまでも男として（軍人として）受動的な女々しさを戒めている言葉と信じます」

結婚式は桜の盛りの同年四月五日、東京・九段の偕行社で行われた。媒酌人は加藤直良夫妻。両家や陸士の同期生など約三〇人が出席した。二人は東京・渋谷の桜ヶ岡に新居を構える。東宮鐵男二九歳、操が二〇歳だった。

中国・広東への私費留学

シベリアからの帰国後、東宮鐵男の目は中国大陸に向いていた。「中国事情をこの目で観察し、中国語を習得する」ために、自分の貯金をはたいてでも留学しようと決意し、一年間の休暇願を出していた。近衛歩兵第三連隊からその許可が下りたのは大正十一年の暮れのことである。結婚して半年余、彼は妻、操を連れてこの年の夏、朝鮮・龍山の歩兵第四十師団長に就任したばかりの渡辺金蔵（当時大佐）を訪ね、「留学中、妻を預かってほしい」と頼んだ。以前から東宮の中国留学希望を聞かされていた渡辺は、彼の念願がようやくかなったことを喜び、友人の広東駐在武官、佐々木到一《とういつ》（当時少佐、のち中将）に詳細な紹介と依頼状を書いた。新婚早々の操は、渡辺の官舎で生活することになった。

東宮は大正十二年一月十五日、渡辺の紹介状を持って広東の佐々木を訪ねる。即座に佐々木は聞いた。「語学修業をするのに、なぜ華南の広東如き地方語を選ぶのか」。東宮はこう答えた。「北京は猫も杓子も行くところであるから、自分は特異地方語の研究がしたいのだ。北京語の修得は、広東でもできないことはない」。当時、華南の広東は日本ではあまり注目されておらず、東宮が留学先に、他人が問題にしていない広東を選んだことに、佐々木は「この男、若いに似合わず、何か変わった考えを持っているのだと、心密かに敬服した」。

佐々木も大正八（一九一九）年十月から一年半にわたってウラジオストック派遣軍司令部付としてシベリアに出征、哈爾浜《ハルビン》や海拉爾《ハイラル》などを中心にソ満国境での情報収集に当たっていた。シベリアでは東宮との接点はなかったが、東京で二、三度顔を合わせたことがある。佐々木の逗留する部屋はわずか二間。東宮と同居する余裕はない。東宮も市内に小さな部屋を間借りする。毎日、広東人から北京語の指導をうけ、日に日に中国語は上達した。暇さえあれば広東の茶館、公園、芝居などをめぐって、下層社会や学生たちの間まで潜り込み、広東の人情風俗の機微まで肌で感じ取ろうとした。彼が時々、佐々木に報告する広東の実情は「私にも珍しいほどで、すぐにいわゆる〝支那通〟になっていた。彼は他の日本人とは違った目で中国社会と中国人を理解する特別の素養を持っていた」。

私費留学の東宮には、金の余裕はない。いつも薄汚れた中国服を着て、大きな扇子をもち、酒も飲まず、清貧に甘んじていた。佐々木はこの当時から「すでにその憂国の熱情は常にその雑話の片鱗にも表れていた」と東宮を高く評価している。満州建国後、佐々木は満州国軍最高顧問に就任、東宮は満州国軍顧問となり「多年の盟友」は初めて同じ勤務につき、「満州国軍」の建設、育成に協力して力を尽くすことになる。

佐々木到一は愛媛県松山出身。陸軍随一の中国通で、孫文を知り、彼を敬愛した最後の日本軍人だったともいわれる。広東駐在武官から帰国すると参謀本部第二部地誌班長と陸大教官を兼務、傾倒する孫文と国民党の将来性に着目し『支那陸軍改造論』など国民党の将来を予見する多くの論文や著作を発表した。しかし「喧嘩到一」と呼ばれるほど、小磯国昭や東条英機らに反発、いわゆる皇道派や統制派にも属さず、陸軍内部では中枢を外され不遇な人生を歩んだ。満州事変後は「満州国軍」の建設に心血をそそぎ、「その最後の希望を『満州国』という仮構の幻影に託さざるをえなかった」（橋川文三、後出）。

佐々木到一、満州国軍最高顧問の頃。

佐々木は終戦時、満州でソ連軍に捕えられ、シベリアでの長い抑留生活を送り、中国、撫順《ぶじゅん》の収容所（戦犯管理所）に移され帰国間際に病死する。彼の遠縁にあたる橋川文三（政治思想史家）は、佐々木家に所蔵されていた彼の原稿を昭和三十八年六月、『ある軍人の自伝』として出版する。その「解説」で橋川は「佐々木ほど硬骨に軍内派閥のいずれにも反噬《はんぜい》した人物が少なかった」とし、「その点では、石原莞爾が佐々木に似ている。ただし、佐々木が石原の『満州国』に関する思想をいかに評価したかは私には明白でない。ただ、両者を結びつけるものとして、本文にもしばしばあらわれる東宮鉄男への共通の愛惜が思い合わされるだけである」と記している。

東宮鐵男はこの広東で、その後の人生を大きく左右するもう一人の人物に出会っている。留学して半年が過ぎた七月中旬、北京公使館付武官だった河本大作《こうもとだいさく》（当時中佐）が広東視察にやって来た。広東観光の案内役を頼まれたのが留学中の東宮だった。多分、佐々木到一が画策して、河本と東宮を引き合わせたのだろう。ある一日、河本と東宮はモータボートを借りて珠江を遡り茘枝《れいし》湾まで遊覧を楽しんだ。二人は船中で向かい合って座り、数時間にわたって「種々の話」を交わした。この時、河本は「東宮君が不撓不屈な鞏固なる意志を持ち、且つその着眼もまた非凡であることを知り、この人は将来、国家のために大いに使える人であることを確認した」と語っている。

二人が交わした「種々の話」とは、どんなことだったのだろうか。河本もシベリア出兵が始まるとウラジオストック派遣軍の支那関係部門担当の参謀としてウラジオストックに進駐する。駐留一年半の間にザバイカル付近まで足をのばし、反革命派（白軍）と革命派（赤軍）の激しい戦闘を目撃している。その体験は、中国通として知られていた河本に、「ロシアを支配する新しい革命政権こそ、これからの日本が見守らねばならない相手である」との目を開かせたのである。当時のソビエト・ロシアは〝鉄のカーテン〟をひき、内部の指導者たちの凄惨な粛清劇はまだ外部には伝わってはいなかったが、河本は以後、「シベリア戦史」の研究に没頭し「ロシアの野望、恐るべし」との確信を持つようになっていた。短かったとはいえ東宮も同じような思いを抱いてシベリアから帰還した。

二人の話はシベリアを支配するソ連軍の脅威で一致し、「ソ連の南下を防ぐための満州の防衛強化の必要性」を論じあったことは間違いない。二人が再び出会ったのは昭和三年、満州の奉天（現・瀋陽）である。河本は関東軍高級参謀、東宮は独立守備隊の中隊長だった。後述するが広東での佐々木到一、河本大作と東宮鐵男の出会いは、張作霖爆殺事件につながり、日本の満州政策に一大転機をもたらすことになる。

あっという間に一年の留学期間は終りに近づく。東宮は帰国を前に上海、漢口、北京と北上し、最後に満州・奉天までの中国視察旅行を計画した。所持する金は合わせて一〇〇ドル余。佐々木は各地に駐在する友人たちに紹介状を書いた。なりふり構わずの〝乞食旅行〟である。上海ではスリにもあったが、どんな汚い宿も東宮は平気で渡り歩いた。彼の中国語の力は、北京語でも広東語でも完璧に近いほど上達していた。帰国したのは大正十三（一九二四）年一月七日だった。

奉天独立守備隊中隊長

帰国して近衛歩兵第三連隊に復帰した東宮鐵男はその年の暮れ、千葉市内に設立された陸軍歩兵学校の乙種学生として入校する。乙種学生とは陸軍士官学校の卒業生を対象とする教育機関である。帰国後、東京・麻布霞町の借家で妻、操と暮らしていた東宮は操とともに学校に近い千葉市内に引っ越す。翌大正十四年四月八日、操が双子の女児を出産した。長女は久子、二女は佳子と名付けた。名付け親は媒酌人の加藤直良。東宮は一度に二人の女の子の父親となったのである。八月には歩兵大尉に昇進する。

この時期、彼は密かに、満州の気象、風土、土壌、水利法、耕作法や農家経営の実情などの資料を集め、猛勉強を始めていた。シベリア出征で広大な大陸を見た東宮は「狭い日本に住む大和民族は〝鉢植えの竹〟の如きであり、放置すれば繁茂せず老衰するばかりだ。この竹を大陸に移し植えれば新たな生命が復活し益々繁茂する」と考えていた。事あるごとに満州勤務を上司に訴えた。

「奉天独立守備歩兵第二大隊　第四中隊長」を命じられたのは大正十五（一九二六）年十二月二十二日。シベリア以来、二度目の外地勤務である。念願かなって大喜びの東宮が出発準備に取り組んでいた同二十五日午前一時二五分、葉山の御用邸で療養中だった大正天皇が崩御する。四七歳だった。崩御と同時に摂政宮だった皇太子裕仁親王が即位し、元号は「昭和」となる。二五歳の若き天皇の誕生であり、波乱の昭和時代の幕開きだった。昭和元年は六日間で終り、年が明けた昭和二年一月八日、東宮は操と生後九か月の幼い久子、佳子を同行して下関を出港、新任地の奉天に向かった。因みに広東で意気投合した河本大作が大佐に進級し、関東軍高級参謀として旅順に赴任したのは一〇か月前の大正十五年三月である。


この頃から昭和史の〝主役〟を演じるようになる「関東軍」とはどんな軍隊だったのか。

日本は日露戦争の勝利によって、ポーツマス条約を結び、ロシアが租借権を持っていた満州鉄道の南半分とその付属地、さらに遼東半島の南端部分を割譲させる。埼玉県ほどの広さのこの南端部分を「関東州」と名付け、関東総督府をおいた。総督府は南満州鉄道（満鉄）の監督権を持ち、在留邦人を保護し、鉄道付属地を守る目的でその指揮下に陸軍二個師団を駐留させた。関東総督府はその後、関東都督府に改められるが、大正八（一九一九）年の改革で都督府は「関東庁」となり、その指揮下にあった陸軍は独立して「関東軍」となった。司令部は旅順に置かれ、作戦と行動は陸軍参謀総長の指揮下に入る。昭和の初期には駐留一個師団と満鉄の沿線警備や、二〇万人に膨れ上がった在留邦人の保護のために独立守備隊六個大隊計約一万人が満鉄沿線に駐屯していた。東宮鐵男が中隊長となった奉天独立守備歩兵第二大隊もその一つである。駐留目的はあくまで満鉄警備と在留邦人保護だったが、一貫してソ連を仮想敵国とし、ソ満国境への睨みをきかせていた。

奉天独立守備歩兵第二大隊の中隊長として着任した東宮の部下に対する挨拶は「俺は少し気短である。中隊長として怒ってはならないことまで、怒るかもしれない。これも独立守備中隊の重大責務からと思ってもらいたい。終り」というあっさりしたものだった。「部下は張り合い抜けのしたような、また何か親しめそうなものを感じた」。着任以来、〝頑鐵〟と部下に呼ばれるほど、任務遂行には厳しい隊長だったが、「部下には実に親密で、演習中の食事などはいつも部下の中に割り込み」談笑しながら一緒に食べた、と当時の部下の一人、柴田養助は『東宮鐵男傳』に書いている。

奉天独立守備隊の任務は満鉄沿線の治安確保である。着任早々の一月末、奉天南方で満鉄の電話線が切断されるという事件が起こった。東宮は中隊の主力を率いて現場に出動する。重要電話線三十数本を入れたケーブル線が一区間盗み取られていた。東宮中隊は数十人の潜伏斥候を出して沿線両側の集落の捜索を続け、ケーブル線の隠し場所を発見する。「犯人グループは必ず深夜にこれを回収に来るはずだ」。部下の神田泰之助中尉以下数十人が変装して連日張り込んだ。東宮も近くの工場で待機を続けたが、犯人グループは諦めたのかついに盗品を取りに現れなかった。

任務には厳しいが部下思いの中隊長だった。五月のある日、病気で入院中だった二年兵が危篤状態になった。東宮は部下全員を引き連れて奉天神社で快癒祈願を行い、郷里の父親宛てに電報を打った。「スグユク」との返電。この返電を手に東宮は二年兵のベッドを離れず、励まし続けた。両親は臨終に間に合わなかったが、二年兵は東宮の手を握り締め、息を引き取った。「父兄から預かった大切な子供を死なせてしまった」。東宮はベッドの脇で泣き崩れた。その二か月後、今度は演習中に赤痢で入院していた初年兵が危篤に陥った、との連絡が入る。東宮は休む暇もなく馬をとばして病院に駆けつけた。伝染病とあって看病する同僚は少なかったが、東宮は毎日のように彼を見舞う。初年兵は「中隊長がよくわかった」と微笑みながら亡くなった。

奉天に着任して仕事が一段落した頃、東宮は「わしは満州に来たからには夜も勉強しなければならない」と妻の操に告げ、夜学に通い始めた。操は何の夜学に通うのか怪訝だった。奉天で大尉が通う学校などないはずだ。拒否し続けた陸大を受験する気になったのかと一瞬思ったが、彼が通い始めたのは満鉄の「実業補習学校」だった。「満州で働くには、やはり満州語ができなくては不便だ。広東で北京語や広東語は習得したが、北と南では発音は違うし、満州語は別のものだ」

毎日の仕事を終えた午後七時から九時まで、彼は出張や止むを得ない会合がない限り、熱心に通った。子供のような若い生徒たちに混じっての髭を生やした軍人生徒である。勤務の関係で午後七時登校が難しくなると、夜遅く官舎へ出張教授を頼んだ。満州語の修得に熱心にはげむ東宮に、部下がその目的を尋ねると「満州に住むには満州語が必要だよ。現役を辞めたら満州の百姓じゃないか。百姓の子は百姓がいい。狭い内地では大百姓にはなれんからな」と答えた。「おれは予備役になったら、満州で十町《ちょうぶ》歩の耕作と綿羊の飼育をやる」というのが東宮の口癖だった。「お前たちも満州で百姓になれ、家庭で用のない者は俺と一緒に百姓になれ。準備は俺がするからついてこい」と部下たちに真顔で話しかけた。「そら、また〝移民狂〟が始まった」と隊内で評判となる。東宮は部下たちにいつもこう話した。「我々の先輩は日清、日露の両戦役に血を流して民族の将来を築いてくれたにも拘らず、日本人の多くは皆、官僚や商人となり、土着して大先輩の霊を慰めようとする者が実に少ないのは残念である。我々はぜひこの土地に土着しなければならぬ」

この頃、奉天で東宮鐵男と知り合って〝東宮信者〟となり、終世にわたって彼を師と仰ぎ続け、彼の遺志を継ごうとした満州浪人、山田與四郎《よしろう》は「奉天独立守備隊長時代の先生はすでに素人の域を脱しておられ、満州農業の調査を完了しておられた」と語る。山田については後述するが、彼によると、当時、東宮はすでに満州移民の第一計画として①部下の除隊兵（在郷軍人）を動員、二〇〇名は集められる②日本将校で退役し、満蒙に理解を持つ同志、二〇名位は確実――と述べ、「すでに内々、部内の有力者に諮《はか》って賛意を得ており、必ず実行する」という固い決意を漏らしていた。

奉天市内の奉天神社の前に勧業公司という会社があった。朝鮮から移住してきた農民を指導し、彼らの農場を管理していた会社である。東宮は暇を見つけてはここを訪れ、朝鮮人農民の移民状況を研究し、彼らの満州での農業法を調査していた。この勧業公司の農場は奉天から約二〇キロ離れた公太堡にあった。九月の終り、稲の刈り入れの時期の頃である。現地の張作霖配下の官吏が地主の中国人に圧力をかけ、農地への立ち入りを禁止し、朝鮮人農民は刈り入れを放棄しなければならない事態となった。

公太堡だけではない。満州各地で入植してきた朝鮮人農民と中国農民の衝突が続いていた。中国人農民のほとんどは山東半島などから入植してきた漢民族である。水田経営には朝鮮人農民が熟達しており、技術的にも数段上だった。劣勢になった中国人農民は、朝鮮人農民を圧迫して追い出そうとしていたのである。当時、日本に併合された朝鮮は日本領であり、朝鮮人は準日本人だった。公太堡での朝鮮農民圧迫の状態をみて東宮は激怒した。

「よし、わしが解決してやる」。東宮は神田泰之助中尉らとともに一個中隊を率いて公太堡まで演習をしながら行軍した。公太堡の四キロ手前でも演習をし、行軍を続けた。張作霖軍閥への示威行為である。沿道には朝鮮人農民や子供たちが日の丸を打ち振って歓迎した。公太堡に着くと現地の中国人有力者を集めて、食事をしながらこうぶった。

「公太堡は奉天より七里、鳩で通信すれば二十分、馬でも四時間を要さず、日本軍の強行軍をもってすれば四時間で到着できる。我が守備隊が奉天に駐屯することは公太堡の安寧を保つ上に意義深いものがある」。その峻烈な語調は張作霖軍閥への脅しでもあった。公太堡一帯には、朝鮮人農民が開墾した広大な水田に、羨ましいほど稲がたわわに実っていた。

「満鉄沿線の満州における種々の権益は、日清・日露戦役の後、幾多の犠牲を払って築いたものである。彼ら一介の軍閥のために蹂躙されるのを、手を拱《こまね》いて傍観しておれば、日本の勢力は大陸から一掃されてしまう。我々守備隊は、この日本の権益を擁護にきたのである。如何なることがあっても、一歩も彼ら軍閥に遠慮すべき筋合いはない」。東宮は常にこう言って部下たちを激励した。

奉天の北陵に榊原政吉という老日本人が経営する「榊原農場」という広大な農場があった。山形出身の榊原は明治の末、満州日日新聞の記者となって渡満し、大正時代の初めに経営困難となった農場を買い取り、苦労しながら水田や畑を開墾した。当時、水田約一〇〇ヘクタール、畑六〇〇ヘクタールを所有し、朝鮮人や中国人の小作人を一〇〇人近く抱える大農場となっていた。農場経営をしながらも、天下国家を論じれば、下手な政治家もたじたじとするほど。東宮は休日の度にこの榊原農場へ通って榊原と意気投合し、彼と議論することが楽しみになった。二人の間でいつも交わされる議論は「日本人は北満の極寒地帯まで移民し開墾ができるか」ということだった。

東宮はいずれ自らが退役する部下たちを引き連れて、北満の未墾地に入植する夢を持っていた。榊原はこの東宮構想を言下に否定した。「日本人には満鉄沿線の空気が浸みこんでいて、奥地を毛嫌いする。日本人は場所の選り好みをする。それに比べて朝鮮民族はよく働き、北満であろうがどこにでも行く勇気がある。開墾をするなら朝鮮人を使う方がよい。支那人も日本人もダメだ」。付け加えて榊原老はこうも指摘した。

「満州にやって来る日本人の多くは永住の目的ではない。己の功利心の対象として満州を選んで来る。土を耕す者にとって功利を追うことは何より禁物である。それにもう一つ、土に鍬を入れたその時から収穫を算用していることだ。三年や五年は不作を予想して土と取組む辛抱がない。そういう人間に満州を耕せというのは無理である。その上、南米あたりと違って満州は平和な土地ではない。匪賊の出没はもちろんだが、軍閥に禍いされることも多いのだ」

ソ満国境沿いの北満への日本人開拓移民を考えていた東宮にとって、榊原老の話は大いに参考になった。榊原が生涯をかけて開墾した榊原農場だが、この頃「張作霖軍閥に禍いされ」存続できるかどうかの危機的状況に追い込まれつつあった。張作霖政権は榊原が農地を取得した時の契約が不備である、などと難癖をつけ、榊原の持つ永代借地権を破棄させようとする。しかし契約書には不備はなかった。榊原はこうした圧力を何度も撥ね返してきた。


中国大陸ではもともと馬賊の頭目だった張作霖が、満州・奉天を拠点に「奉天軍」を手中に収めていた。張作霖は第一次奉直戦争（一九二二年）で呉佩孚《ごはいふ》を中心とする直隷軍に敗れたが、二年後の第二次奉直戦争では、直隷派の馮玉祥《ふうぎょくしょう》のクーデターによって、呉佩孚が北京を追われ、奉天派の張作霖が実権を握る。東宮が奉天に赴任した昭和二（一九二七）年の六月二十二日、張作霖はライバルが次々と倒れたことによって、奉天派の部隊を率いて「万里の長城」を越え、北京に入城する。そして「自らが中華民国の主権者になる」と大元帥への就任を宣言、反日的な欧米寄りの政策を展開し始めていた。

中でも欧米資本を巻き込んで、満鉄路線に対抗して平行線を敷設、満鉄包囲網を敷こうとする。その一環として、奉天郊外では北陵引き込み線を鄭家屯《ていかとん》へ延長しようとし、その通路にあたる榊原農場の水田中央に線路を敷設しようとしていたのである。これを黙認すれば日本の権益は侵され、満鉄にとっても死活問題である。東宮は昭和四年四月、独断で奉天守備隊を率いて榊原農場に乗り込む。水田に敷かれた線路を次々と破壊し、貨車で引き込み線を封鎖した。

榊原老とは事前に十分に打ち合わせていたのだろう。「日本の権益蹂躙だけではない。榊原老が苦心して開墾した水田を潰すなどもっての外だ」。張作霖の奉天軍との間で一触即発の事態となり、関東軍も放ってはおけず救援軍を出動させた。にらみ合いの状態がしばらく続いたが、張作霖はついにこの引き込み線の敷設をあきらめた。この時、関東軍参謀として事件処理に当たったのが石原莞爾である。石原と東宮の初めての出会いだった。

山田與四郎との出会い

二年八か月にわたる奉天独立守備隊勤務で東宮が得た最高の〝財産〟は、満州浪人、山田與《よ》四郎《しろう》との交友だった、と言えるだろう。山田はこの地で知り合った東宮に〝東宮信者〟といわれるほど惚れ込み、その後の半生を東宮の「満蒙開拓の夢」の実現に懸けることになる。山田は終戦直後の混乱の中で病死するが、その時、四四歳だったことから逆算すると、東宮との出会いは二五歳頃だったことになる。この時、彼は「田雨新《テンシンユイ》という中国名で張作霖の通訳をしていた」。これが事実だとすると、彼は如何にして張作霖の懐に飛び込むことが出来たのか。また彼はそれまでどんな人生を送って来たのか。

序章で述べたように、それは長女の財部鳥子《たからべとりこ》（山田雅子）にとっても、大きな〝ナゾ〟だった。財部が父與四郎と死別したのは一二歳の時。北満の佳木斯《ジャムス》での父を取り巻く人物については、断片的な記憶はある。しかし、彼は自分の人生を娘に語ることはなかった。妻、与喜緒にもほとんど語らなかったという。戦後、財部が母や親戚、友人たちから聞き出した、極めて断片的な彼の半生は、次のようなものだった。

明治三十四（一九〇一）年、新潟市沼垂《ぬったり》の西龍ヶ島で生まれる。父親は信濃川を上り下りする小さな輸送用艀《はしけ》を二隻持ち、小荷物の輸送を行っていた。山田は子供の頃から手の付けられないほどの暴れん坊。一二歳の頃、近くの銭湯でヤクザ風の男にバカにされ、怒った山田は彼を待ち伏せ、ナイフで刺し、すぐに警察に捕まった。未成年ということで、父親が引き取りにきた。父の警官への平身低頭ぶりが情けなくて、山田は決して父に謝ろうとせず、土蔵にあった風呂桶に閉じこもったきり出て来ない。父が彼に与えた罰は、家からの〝追放〟だった。「ひっぱたいてもいいので、こき使ってくれ」との手紙を持たせて、北海道の開拓地にいた弟の下に與四郎を送った。この叔父に彼は文字通りこき使われた。
一六、七歳の頃、叔父の開墾地を逃げ出し、当時、日本領だった樺太へ渡る。どこの町かははっきりしないが、山田は飯場などを渡り歩き、その間に三〇歳過ぎのロシア人女性と恋に落ち、同棲生活を始めた。財部鳥子が訪ねた山田の友人の手元には、父の同棲相手の写真があった。帽子をかぶりロングスカートをはいた姿で、卓上にはチワワがいた。ほかにもスナップ写真があり、子供もいた。「未亡人だったのかもしれない」と財部はいう。山田には元々、語学の才能があったのだろう。この同棲生活でロシア語の日常会話には不自由しないようになり、しばしばシベリアにも渡った。彼女が付けてくれたロシア名が「ニコライ・アレキサンドロヴィチ・ヤマダ」だった。

二〇歳になると徴兵で新潟の新発田《しばた》歩兵第十六連隊に入隊、一兵卒として満州に渡った。ここで除隊となった山田は、故郷・新潟に帰還するつもりはない。もともと故郷を追われた人間である。中国人「田雨新」として、「張作霖が創設した軍幹部養成学校の東三省講武学堂で北京官話や軍事を学び、日本語通訳になったのではないか」と財部は推測する。講武学堂を卒業すると張作霖軍の「中校（中尉）」に任官し、張作霖の叔父、張作相が指揮する山西省山陰県に駐屯していた吉林《きつりん》軍に入隊する。友人のアルバムには吉林軍の正装をした山田の写真も残っていた。山田は吉林軍の奉天移動に伴い奉天にやってきた。この頃には中国語にも精通し、完璧な北京語を話したという。

吉林軍の参謀長に楊玉書《ようぎょくしょ》という人物がいた。第二次奉直戦争で負傷、片腕を失っていたが、彼は山田の語学力と度胸とを高く評価し、昭和二年に北京入りした張作霖の通訳として、山田を北京に送り込んだ。楊玉書は満州事変後、張作相と袂を分かって「満州国」建国に協力し、吉林省臨時政府を組織した熙洽《きこうきか》麾下の吉林軍（于琛澂《うちんちょう》司令官）の参謀長となる。東宮鐵男や加藤完治が推し進めた北満への日本人移民団の受け入れに、全面的に協力したのがこの楊玉書だった。退役後は佳木斯で「協和飯店」を経営、山田はその総支配人となり、生涯行動を共にすることになる。

奉天の張作霖軍と東宮が中隊長を務める奉天独立守備隊とはイザコザが絶えなかった。様々な局面での交渉ごとの場で通訳をしていた山田は、東宮の豪快さと気魄に魅せられる。彼を訪ねて「日本人の開拓移民論」を聞くうちに、「自らの心を打ち震わせる何かを感じた」という。故郷を捨て樺太、満州と渡り歩いてきた彼自身の心の中の何処かに、永住の地を求める願望があったのではないか。

「東宮先生ならば生涯を任せてもよい。俺は先生を得て初めて、大陸に志を立ててきた甲斐があった」。東宮の戦死後の昭和十七（一九四二）年四月に発行された『東宮大佐伝』を書いた梁瀬《やなせ》春雄は、山田が東宮の門下生になった時の感慨をこう表現する。東宮の戦死後、山田が佳木斯で東宮の遺志を継ぎ、日本人開拓団の団長などを引き受けて活躍していた時期に上梓された本である。内容から見ても、梁瀬は山田に直接取材したものだろう。東宮は山田にこう語ったという。

「大陸で仕事をするには青年が中心でなければ駄目だ。君に嘱望するのはそこだ。俺はこれから青年を集める。なまじっか温順《おとな》しい青年より、むしろ粗野でも乱暴でも元気のあるのがいい。服装《なり》ふりに構うような男は問題でない。大陸で仕事をするには一風変った人間で差支えない」

「俺はこれならと思う青年は何処までも信じて行く。見捨てるような不甲斐ない真似はせん。ただ前途には困難がある。捨て石になってくれ。俺の計画は必ず成功する。この事業（開拓移民）については内々部内の有力者にも諮《はか》ってある。大陸を思う者は賛意を表してくれた。ただ準備を整えなければならぬ。始めたからには一歩たりとも後退を許さない。全生涯をかけるだけの準備を整えるつもりだ」

東宮は山田を全面的に信用し、山田もまた「心底から東宮に畏敬の念を覚え」、東宮の一兵卒として「大陸に死に場所を作る覚悟」をした。後に東宮が満州国軍顧問に就任すると、山田は東宮の推挙によって満州国軍日系軍官となり、共に満蒙への日本人移民推進に取り組むことになる。

満州某重大事件

東宮鐵男が奉天独立守備隊の中隊長だった期間に起きた最大の事件が「満州某重大事件」である。昭和三（一九二八）年六月五日付「東京朝日新聞」夕刊はこう伝える。

〈（奉天特派員四日発）四日午前五時半頃、張作霖氏の乗った特別列車が満鉄奉天駅を距《へだた》る一キロの満鉄線の陸橋下の京奉線をばく進中、突然ごう然と爆弾が破裂し、満鉄の陸橋は爆破され、進行中の特別列車の貴賓車および客車三台破壊され、一台は火災を起こし焼滅し、陸橋も目下燃えつつあり、我守備隊および警官出張中である〉

同紙はさらに〈張作霖氏顔面に微傷、一時は人事不省に陥る〉〈恐るべき破壊力を有する強力な爆弾を埋設、南軍便衣隊の仕業か、怪しき支那人捕らわる〉などと報じている。

重傷を負った張作霖は、トラックで奉天城内の元帥府に運び込まれ応急措置が取られたが一時間後には絶命していた。奉天軍は彼の死を二週間にわたって秘匿し、「元帥は漸次快方に向かいつつある」などと虚偽の発表を続ける。この事件の続報は日本でも伏せられ、「満州某重大事件」と呼ばれた。事件はまさに東宮鐵男の〝守備範囲内〟で起きたのである。この事件に東宮たち奉天独立守備隊はどう関与したのか。

前掲の『東宮鐵男傳』が「奉天独立守備中隊長時代」に割いたスペースはわずか四ページ半。部下の「柴田養助氏談」は「東宮中隊長はこの状態（日本の権益に対する張作霖の迫害）を目撃して憤慨し、日本の権益擁護を主張された」と前置きして、次のように書いたところで中断されている。

〈（東宮中隊長は）「満鉄沿線の満州に於ける種々の権益は、日清・日露戦役の後、幾多の犠牲を払って築いたものである。（略）その権益を、彼等一介の軍閥の為に蹂躙されるのを、手を拱《こまね》いて傍観していれば、日本の勢力は大陸から一掃されてしまう。我々守備隊は、この日本の権益を擁護に来たのである。如何なることがあっても、一歩も彼等軍閥に遠慮すべき筋合はない」と言って、常に、我々を激励された。（以下五拾六行削除）〉

この後に続く五六行には恐らく張作霖爆殺事件に東宮がどう関わったかが書かれていたのだろう。また、張作霖を討つ〝大義〟を東宮がどう語ったか、述べられていたはずである。この「談話」記事に続いて、奉天で常に東宮と行動を共にした神田泰之助（当時中尉）の「逸話」が記されている。しかしそれは東宮の日常に関わる、たわいのないエピソードだけであり、最後に神田は（註）として「奉天時代（の東宮）は何か激しい気持が多かった。従って、大陸国策の為に随分思い切った活躍をした。種々の事情の為、今其の発表は許されない。『奉天時代』の日記を参照されたし」と書き加えている。

ところがこの「日誌」も昭和三年の「五月十七日より六月八日まで都合により全文削除」と

なっており、張作霖が爆殺された六月四日をはさんだ二三日間は消されている。多分ここに事件をどう準備し、どう実行したかが書かれていたのだろう。「満州某重大事件」として日本政府も日本軍当局も「厳秘」とする事件の核心部分であり、編纂者の東宮七男は当局の強い〝命令〟で当該箇所を削除したと見てもよい。ただ、削除された前日の五月十六日には「事に臨み我を無にするはむずかしきことなり。吾人未だ無我の修養に欠くる点多し。観察・判断・決心・処置を無我、虚心に行う事を得ば、世の中如何に愉快なる可し」と書き、何事かの決断に迷っていることを匂わせている。十七日分から削除されたという事は、この日、東宮が張作霖爆殺を決断し、行動に移したことを示している。

事件の報告を受けた田中義一首相は白川義則陸相に真相究明を命じたが、白川の報告は「関東軍の関与はない」というものだった。田中は「陸相の調査により事件へ関東軍が関係しているという噂は根も葉もないことがわかりました」と天皇へ奏上する。しかし、現地から関東軍関与の情報が絶えない。民政党など野党は「満州某重大事件」として、田中内閣を厳しく追及する姿勢を示した。陸軍部内の規律確立を重視した元老西園寺公望らも真相究明を強く求めた。田中首相は同年九月、陸軍省、外務省、関東庁合同の「調査委員会」を発足させた。陸軍側として出席した荒木貞夫、小畑敏四郎らは関東軍高級参謀の河本大作から真相を漏らされていたが「確証は依然つかめず」と河本擁護の姿勢をとった。

十月に開かれた第二回調査委員会で関東庁の大場事務官が「事件の首謀者は河本大作大佐と独立守備隊中隊長の東宮鐵男大尉に間違いなし」と報告した。田中は軍法会議を開き犯人の処罰と粛軍の決意をするが、政友会幹部や陸軍中枢はこれに猛反発する。田中はこれを抑えることが出来ず、処分を延ばして、天皇には「陸軍の中に首謀者がいると思われますが目下調査中です。調査の結果は後日、陸相から言上《ごんじょう》させます」と報告した。だが、陸軍中枢部ではあくまで河本らの擁護で結束、白川陸相に「行政処分」で済ますよう申し入れた。

事件から一年後の昭和四（一九二九）年七月一日、政府は「満州某重大事件」の責任者の処分を発表する。関東軍司令官・村岡長太郎中将が「依願予備役」、関東軍高級参謀・河本大作大佐は「停職」。村岡の処分理由は「関東軍司令官として、満州独立守備隊の統率および、満鉄並び付属地警備の不行届き」、河本は「わが満州独立守備隊が警備すべき京奉線と満鉄交差点に支那兵の配置を独断専行をもって許可したるの理由」だった。また参謀長の斎藤恒《ひさし》中将と独立守備隊司令官水町竹三少将はともに譴責処分。事件の内容については一切説明されなかった。

翌二日、参内した田中は「その後の調査で事件の首謀者は日本軍の将校であることがわかりました」としてこの行政処分を奏上した。天皇は「首相と白川陸相の話は違う。どちらが本当なのか」と詰問した。白川は「陸軍は関係していないことが明白になりました」と報告していたのである。天皇は鈴木貫太郎侍従長に「田中の言うことはわからない。もう田中から話を聞きたくない」と言って奥に入った。田中は、これを天皇の不信任と受け取る。官邸に戻った田中は緊急閣議を開き、上奏の模様を説明し、総辞職した。

事件の真相が明らかになったのは昭和二十一（一九四六）年二月三日の極東国際軍事裁判（東京裁判）における国際検察局の田中隆吉尋問である。田中は日米開戦前の昭和十五年には陸軍少将となり、憲兵の元締めである陸軍省軍務局長となったが、事件があった昭和三年には北京の特務機関におり、張作霖が奉天に出発するのを密かに見送ったという。彼は尋問官のウィリアム・ホーナディ中佐の尋問に「関東軍高級参謀の河本大作大佐が将校の何人かを引き連れて、奉天の西の鉄道交差点にかかる橋に爆弾を仕掛け、張作霖を殺害した。爆弾は走っている列車の上に架けられた鉄橋に固定され、張作霖の特別列車が鉄橋の下を通過した瞬間に爆弾に点火された」と証言したのである。

関東軍高級参謀・河本大作。東宮鐵男は大正12（1923）年7月、留学先の広東で視察にやって来た河本と出会う。この出会いが日本の満州政策に一大転機をもたらすことになった。

河本大作は終戦直後、中国共産党軍に逮捕監禁され、昭和二十八（一九五三）年、太原の収容所（戦犯管理所）で獄死するが、「私が張作霖を殺した」と題する彼の手記が「文藝春秋」（昭和二十九年十二月号）に掲載される。彼の義弟である作家・平野零児が収容所内で聞き書きした口述原稿である。この中で河本は張作霖殺害の動機を概略、こう述べている。

「満州に来てみると張作霖が威を張り、排日は全満州の到る処にはびこり、満鉄に対しては幾多の競争線を計画しこれを圧迫しようとしていた。日清、日露の戦役で将兵の血で贖《あがな》われた満州は奉天軍閥に蹂躙されているのである。私は昭和三年の『東方会議』に関東軍司令官、武藤信義に随従して上京し、満鉄線に対する奉天軍閥の包囲体制はもはや外交的抗議などでは及ばなくなっていることを力説した。大元帥となった張作霖は三十万の大兵を要し、今は北京にいる。この三十万が蔣介石の北伐軍に敗けて満州に流れ込んだらどんな乱暴をやるかわからない。張作霖の兵は武装解除してのみ満州に入れるべきだ」

「全満州に瀰漫《びまん》する排日は、事ある際には燎原の火の如く燃え盛り、排日軍が一斉に蜂起する恐れがある。奉天ではすでに邦人小学生の通学など危険で出来ない状態にある。邦人は関東軍を頼りにしているが、その拱手傍観の態度には失望というよりむしろ怨んでいる。奉天軍の排日は張作霖の意図によるものである。張作霖が倒れれば奉天軍はバラバラになる。巨頭を斃《たお》す。これ以外に満州問題の解決はない」

こう決意した河本は張作霖の乗った特別列車を爆破する場所を、満鉄線と京奉線のクロスする皇姑屯《こうことん》と決め、その実行部隊の束ね役として、広東で出会って以来、信頼関係を深めていた奉天独立守備隊中隊長の東宮鐵男を選び、爆破作業に関わる人材を関東軍の中から極秘裏に選別した。主要関係者は参謀部付の川越守二大尉、独立守備隊からは神田泰之助中尉ら三名、朝鮮軍から派遣されていた工兵隊の桐原貞寿中尉らである。

事件の仕掛け人はもう一人いた。東宮鐵男が広東に私費留学した際、広東駐在武官として、彼の面倒をみて、その独特の人間性を高く買っていた佐々木到一である。

孫文に紹介されて蔣介石と親しくなった佐々木は、蔣介石の「北伐軍」に同行する。昭和二（一九二七）年、南京に国民政府を樹立した蔣介石はこの年、張作霖軍閥打倒のため中国北部に軍を進めていた。蔣介石にすれば、満州馬賊の張作霖が万里の長城を越え、中国全土に覇を唱えることを許すわけにはいかない。田中義一内閣は両軍の衝突で日本の権益が侵害されることを恐れ、居留民保護を名目に「山東出兵」をする。ところが翌年、日本軍と北伐軍が済南で衝突、多くの日本人が殺害される「済南事件」が起きた。佐々木は北伐軍と日本軍との間に立って停戦の努力をするが、北伐軍兵士に捕まり負傷、蔣介石の使者によって何とか救出された。

奉天にいた東宮鐵男は「（済南の）佐々木中佐の立場、日支間にありて誠に苦しからん」（五月四日日誌）と彼の身の上を案じ、特務機関に出向いて佐々木の安否を訪ね歩く。彼が負傷したとの情報を得ると、「負傷の軽微ならんことを祈る」（同五月五日）と我がことのように心配している。負傷した佐々木は一旦、日本に戻るが、日本では〝売国奴〟扱いされ、この頃は北京駐在日本公使館付武官（当時中佐）として南京に駐在していた。

佐々木は自分の体験を通じて、「（張作霖の）奉天王国を一度、国民革命の怒濤の下に流し込み、しかる後において、わが国の取るべき策が出てくる。これは一種捨て鉢の一六勝負（注・博奕で賽の目に一と六が出ること）ではあるが、これまでの惰性で策を講じれば、満蒙におけるわが権益の保全も、多くの懸案の解決も、事実上不可能である」と判断していた。彼は『ある軍人の自伝』にこう書いている。

〈そこで密かに関東軍高級参謀だった河本大作大佐に書を送り、近くまぬがれ難き会戦において、奉軍の潰滅また免れ難きを予察し、この機会に一挙作霖を屠《ほふ》って、世を学良一派の似而非《えせ》新人的雷同分子にゆずらしめ、しかる後彼の腕をねじ上げて、一気呵成に満州問題を解決せんことを勧告した。これがため数回の密電が（特に作為した暗号による）旅順と南京の間に飛んだ〉

〈この事件の真相を活字に組むことは永久に不可能であるが、一世を聳動《しょうどう》した彼の皇姑屯の張作霖爆死事件なるものは、予の献策に基づいて河本大佐が画策し、在北京歩兵隊副官下永憲次大尉が列車編制の詳細を密電し、在奉独立守備隊中隊長東宮鉄男大尉が電気点火器のキイをたたいたのである。事件後「おれがやった」という者が数人出て来たが、当の本人らは一切鳴りを鎮めていたのである〉

　実行部隊の束ね役となった東宮鐵男らはその後、どう動いたのか。作家・相良俊輔は『赤い夕日の満州野が原に』で「あらたに発掘した資料による張爆殺にいたるまでの隠された裏面秘史」として、東宮らが爆薬を入手し、爆発装置をセットした経緯などに触れている。相良は「あらたに発掘した資料」の出所を明らかにしていないが、その内容からみて『東宮鐵男傳』で封印された「東宮日誌」の二三日間の内容を入手したのではないか。

　旅順工科大学で「火薬科」の講座を担当していた関東軍参謀部付の川越守二大尉らが「員数外」の火薬約三〇〇キロを備蓄し、保管していた。この火薬を外部に運び出すと当然、疑惑を招く。そこで東宮が住む官舎の石炭庫に移す奇策を思いつく。石炭庫は冬場は石炭が積んであるが、五月ともなれば空っぽで、そこに火薬を運び込んでも人目につくことはない。しかしモノがモノだけにその保管には細心の注意が必要だ。東宮は思い切って妻、操に秘密を打ち明け、火薬の監視を頼んだ。東宮は運び込んだ火薬箱の上にさりげなく筵を被せた。爆破を予定していた満鉄線と京奉線のクロス地点の線路脇には、数十個の土嚢が積まれていた。東宮らは深夜、十数個の土嚢を持ち帰り、中の土を火薬に詰め替えて、元通りの場所に戻した。東宮の官舎の石炭庫には、余った火薬箱一箱が残された。

火薬入りの土嚢を積んだ地点から約二〇〇メートル南の畑の中に、守備隊の監視小屋があった。東宮や神田はこの小屋に点火装置を据え、電線を引いて火薬入りの土嚢に接着させた。万一、最初のボタンを押しても点火しない場合に備え、予備のボタンも備え付けた。

こうした作業と並行して行ったのが、犯行を蔣介石軍の仕業に見せかけるための偽装工作だった。東宮らはあらかじめ買収していた中国人アヘン患者二人を、現場近くに連れだし銃剣で刺殺、死体を放置して「犯行は蔣介石軍の便衣隊によるもの」と見せかけることにした。犯人が蔣介石軍ということになれば、国内事件であり外交問題には発展しない。そのために刺殺した中国人のポケットに、蔣介石が張作霖爆殺を指示したことを示す〝偽の密書〟を忍ばせたのである。

偽密書を書いたのが、東宮と義兄弟の契りを結んだ山田與四郎だった。前述したように彼は完璧な北京語の読み書きが出来た。『東宮鐵男傳』を編纂した従弟の東宮七男は戦後、「山田さんは口を堅く閉ざして語らなかったが、（略）満州某重大事件には奉天神社の前の寺嶋写真館の一室にこもり密議に参加したと聞いている。今日生きて居られたら情報の宝探しの詮索マニアに追いかけ廻されたであろう」（「渦の中から」）と述べている。

事件はすべて計画通りに進む。午前五時二〇分すぎ、京奉線を奉天に向かって、特別列車が満鉄線とのクロス地点に近づく。張作霖の乗った七両目が、爆薬を設置した場所を通り抜けようとした瞬間、東宮は点火装置のボタンを押した。しかし反応はない。神田が素早く予備のボタンを押す。特別列車は天地を揺るがす大音響とともに崩れ落ちた。

爆破音を聞いた東宮の妻、操は犯人追及が始まれば、東宮の官舎にも家宅捜索の手が及ぶ、と咄嗟に判断した。石炭庫に残された火薬箱一箱をどう隠すか。操は近所の人にわからないように火薬箱を家の中に運び込むと、床の間の中央にデンと据え、その上に刺繍をほどこしたテーブルクロスをかけ、花をいっぱいに活けた信楽焼の壺を置いた。東宮家に憲兵隊の捜索が入ったが、床の間に据え付けた火薬箱は発見されなかった。

河本大作の思惑が外れたのはただ一点、張作霖の息子の張学良が、二週間にわたって父の死を公表せず、日本軍に反撃しなかったことである。河本は奉天軍が反撃してくれば、関東軍を動員、一気に張軍閥を叩きつぶす準備を整えていた。そうなれば後の満州事変と同じ構図が一足早く生まれていたはずである。張作霖爆殺事件の一か月後の同年七月三日、蔣介石は北京入りを果たし、北伐は完成する。張学良がいわゆる「易幟《えきし》」を断行し、満州各地に蔣介石の「青天白日旗」を掲げ、満州が形の上で国民政府の行政下に組み込まれたのは同年十二月末のことである。

以下は余談である。昭和六十（一九八五）年七月、山形放送は「張作霖爆殺現場」を写した六一枚の写真を入手する。「写真のナゾ」を追ったドキュメント番組「セピア色の証言——張作霖爆殺事件・秘匿写真」は、「昭和六十一年民間放送連盟全国最優秀賞（教養部門）」などを受賞した。当時、同社でこのドキュメントの企画・構成に当たったのが現・山形放送社長の本間和夫である。写真のうち三〇枚には、一番から三〇番までの番号が振ってあり、その番号は爆殺現場に近づいて来る特別列車から、爆発の瞬間、爆発後の現場、葬儀の模様まで、列車爆破の時間的経過を表していた。

本間によると、山形放送にこの写真を持ち込んだのは、同県藤島町に住む元陸軍特務機関員、佐久間徳一郎（当時七〇歳）。佐久間は「大事な写真なので預かってほしい」と上官の「河野」に頼まれて、戦後もこの写真を保管していた。本間らはこの「河野」という人物が河野又四郎（元・北支那方面軍司令部特務部班長）という人物であることを突き止める。しかし、彼はすで

張作霖爆殺事件・秘匿写真。上：爆発の瞬間、中：爆発後の現場（列車の上に立つ神田泰之助）、下：張作霖の告別式。正面を向いている将校のうち、後列右側が神田（３点とも山形放送提供）。

に亡くなっていた。写真の数枚に鉛筆で「神田」という署名があった。この「神田」は鶴岡出身の神田泰之助であることが判明する。遺族に確かめると中の一枚に、爆破した列車の上に神田が軍刀を杖のようについて立っており、また張作霖の葬儀の写真にも神田が写っていることがわかった。本間ら取材班は、この写真は「神田泰之助が所持していた」ものと結論づけた。しかし誰が撮影したものかはナゾとして残った。

東宮鐵男の「日誌」によると、張作霖の告別式が行われた昭和三（一九二八）年六月二十四日、彼は神田と一緒に葬儀の行われた奉天城内を見物し、「張作霖の告別式あるにも拘らず、商店等にて弔旗を出すものほとんどなく、人民全く無関心なり。支那人は妙な国民なり」と記している。東宮はカメラマニアだった。東宮の妻、操は「この頃（昭和三年）、東宮は写真器を求めて撮影に現像に、忙しい余暇をその整理などたのしみにしておりました。これは後までずっと続き、技術の上達につれてよい写真器を購い、今では貴重な記念となった写真も数々残されるに至りました」（『夫は生きてゐる』）と述べている。東宮は自ら現像までしていたのである。操は張作霖爆殺事件の現場写真の存在を言外に匂わせていたのではないか。山形放送が入手した現場写真の撮影者は東宮鐵男だったと見て間違いない。

「満州某重大事件」をめぐる田中義一内閣や陸軍中枢のゴタゴタは、奉天にも伝わって来た。東宮は河本大作に殉じる覚悟は出来ていた。河本が東京に呼び戻されることが決まったのは、事件から一年近くが経った昭和四年五月十六日である。「河本大佐内地帰還、近く停職処分を受けらるることとなる。誠に心外なり」（同日の日誌）。この日、陸軍大学校校長の荒木貞夫（当時中将）が陸軍大学生を連れて満州を旅行中だった。東宮は鉄嶺《てつれい》まで出かけて荒木らが乗った列車に同乗する。そして「（河本が）将来復職するよう尽力してほしい」と荒木に懇願した。「閣下余の願いを諒せられ、この際、特に軽挙を慎む可しとの御注意あり」。東宮はこの列車で旅順まで行き、関東軍司令部の河本を訪ねている。

河本は日本帰還の前日、奉天を訪れ東宮らと別れの会食をする。「送るものも、送らるるものも無言にして感無量。大佐の前途多幸なれ」（五月二十八日）。河本の停職処分が正式に決まったのは七月一日。東宮は処分を聞くと、自分の転任時期も早いと判断、準備を始めた。「岡山歩兵第十連隊中隊長」への転任の内命があったのは同月二十二日である。表向きは単なる転任だが、実際は行政処分の一環としての配置転換だった。帰還して群馬・赤城村の父と会いたかったのだが「経費の関係」でその余裕はない。日誌に「人生は旅なり苦界なり」と記した。

東宮が大連を出港して神戸に向かったのは八月十六日。神戸に着くとそのまま京都に向かい、予備役となって京都に隠棲していた河本大作を訪ねている。岡山第十連隊に着任したのは同月二十一日。「状況利あらずば退役も止む無し」との覚悟を決めての岡山入りである。東宮鐵男、三八歳。妻操との間に三女があった。当時の岡山第十連隊長は後に東宮の満州復帰に尽力し、彼の満蒙開拓の夢を後押しする小畑敏四郎（当時大佐）だった。

第三章　国民高等学校運動と加藤グループ

山形県立自治講習所

東宮鐵男が岡山第十連隊に赴任した昭和四（一九二九）年から遡って、時計の針を大正四（一九一五）年春まで巻き戻したい。愛知県安城市で結婚したばかりの妻、美代との生活も順調に滑り出し、安城農林学校で「農民たらん」と日夜、励んでいた加藤完治の下に、大正天皇即位の「御大典記念事業」として、山形県が設立を計画している「県立自治講習所」の所長に就任して欲しい、との要請が持ち込まれる。話の経緯はこうである。

当時、山形県庁に理事官（知事秘書兼地方課長）を務める藤井武という人物がいた。東京帝国大学法科大学（現・東大法学部）を卒業、高文（高等文官試験）に合格したエリート官僚で、山形県理事官となったのは二六歳の時。石川県金沢生まれの藤井は学生時代、内村鑑三の聖書研究会「柏会」に所属する、無教会派の熱心なクリスチャンだった。彼は知事秘書も兼ねているというのに、知事の送り迎えなどは一切やらない。決められた勤務時間以外は公の仕事はせず、自宅でバイブルの研究に余念がなかった。知事の小田切磐太郎《おたぎりいわたろう》もそれが当然のように受け止めていた。

小田切知事に「御大典記念事業」の立案を命じられたのが藤井である。記念植樹や記念碑、記念図書館の建設などというありきたりの事業では意味がない。農業県である山形県には、農村発展の中心となる指導者の養成が必要だ、と考えた藤井は大学時代の恩師である法科大学教授、矢作栄蔵《やはぎえいぞう》（農業経済学）を訪ねて相談した。矢作はデンマークなど欧州の農業を視察して、デンマークの「国民高等学校運動」に感銘を受けて帰国した。

矢作はこの時、持ち帰ったドイツ人学者、アントン・H・ホルマンの著作『国民高等学校と農民文明』を弟子の那須皓に翻訳させた（大正二年、東京・同志社刊）。那須によると、ホルマンがデンマークの国民学校を視察して「非常に感激して書いた本」である。矢作は「農家の子弟が学校の農場で働きながら学ぶ、こういう学校を作ったらどうか」とこの本を藤井に渡した。藤井はこれを読んで、深く共鳴する。

デンマークの「国民高等学校」とは、一九世紀に哲学者・宗教家であるニコライ・フレデリック・グルンドウィが提唱した学校である。デンマークは一八六四年、ドイツ、オーストリアと戦って敗れ、南部二州を失い疲弊する。彼は、国家再建のために、民衆である農民が主体的に国家を担うべきだと考え、農業後継者が冬の六か月間寝食を共にして学び、夏の三か月には農村女子を受け入れる学校を設立した。目的は農民意識を国民意識に変えることや、国民の対

デンマークの国民高等学校の創始者、フレデリック・グルンドウィ（日本国民高等学校協会編『写真で見る60年の歩み』より）。

話の場を作ることにあった。その後、デンマーク各地にこのような学校が次々と生まれ、大きな国民運動となった。その卒業生たちによって、農民の地位向上や小作農の自作農への転化が進み、ドイツと戦って敗れたデンマークを、敗戦後の荒廃から立ち上がらせ、豊かな農業国家へ変えた。

「山形に今、必要なのは、デンマークのように青年が働きながら学ぶ学校を創設して農業指導者を養成し、彼らが県内の村々に散って、農村改革の先頭に立つことだ」。藤井が小田切知事にこの話を持ち込むと、彼はすぐに賛同し、学校開設に関する予算から設計、所長の人選まで、すべて藤井に一任した。藤井は県下各郡の郡長を一人一人訪問して、「農村の中心人物養成機関である自治講習所の意義」を説明して回った。郡長たちは藤井に協力を約束した。

問題は県議会だった。小田切知事は大正四年七月、自治講習所建設費など一万七〇〇〇円の予算案を県議会に提案した。こうした学校の創設が御大典事業として相応しいのかといった疑問や、正規の教育制度に屋上屋を重ねるもので必要ない、といった反対論も多かった。この時代、山形県でも中央政界と同じように政友会と憲政会がせめぎ合い、どちらかが賛成すると、どちらかが反対に回る。郡長たちの支援もあって、一議席多かった政友会が賛成に回り、一票差で議会を通過した。藤井は校名をあえて「山形県立自治講習所」とした。デンマーク流の「国民高等学校」を名乗れば、文部省などが介入し、制約を受ける懸念があったからだ。

計画は動き出したが最大の問題はトップである所長に、「国民高等学校運動」を推進できる人材を得ることである。藤井は恩師の矢作だけでなく那須皓や、同期生で農商務省に勤める小平権一《ごんいち》（後に農林次官、代議士）らに相談した。彼らが一致して挙げたのが安城農林学校教諭の加藤完治だった。藤井は加藤に所長就任を依頼する手紙を何度も書いた。しかし返って来るのは「お断り」の返事ばかりである。親友の那須にも依頼して口説いてもらったが返事は同じ。ついに矢作教授が安城農林学校まで足を運び、校長・山崎延吉の賛同を取りつけ、加藤にも頭を下げた。こうなるとさすがの加藤も無碍《むげ》には断れない。小平権一に同行してもらって山形まで出かけ藤井に会った。加藤は断る理由を作ろうと難題をふっかけた。

「君が理想の学校を作ろうとしているのだから、君自身が今の仕事を辞めて所長になったらよいではないか。何も愛知県のようなところから僕を引っ張りだして来なくても、自分でやったらよい」

「僕も一度はそう考えた。然し僕は役人を早晩辞めるつもりだ。自分は牧師になろうと決意している。だから君と僕の意見が一致したなら、僕の代わりに君が所長をやってほしいのだ」

二人の議論はそれから七時間も続いた。

「君の考えているように、教壇に立って自治の話とか公民教育の話をしたからといって、農村の三百代言が出来てしまうだけだ。それより黙って朝から晩まで農場で働かせ、労働、労働でいけば、少しは君の目的を達せられるのではないか」

「そう朝から晩まで農業実習ばかりだと、県会議員連中はさっぱり理解できないのではないか。せめて二時間くらいは講義をしてくれないか。言葉で教育できぬということはない」

「教育内容は、一切無条件で所長に任せることが出来るのか。たとえ知事であっても教育内容に干渉しないと確約が出来るのか。今の社会では学校の校長を泥棒のように取り扱って、会計検査ということをやるが、あんなものは必要ない。必要な金額の使途はすべて所長に任せて、一切干渉しないことにしてもらえるか」

「教育内容はすべて任せることが出来ても、会計検査については県立である以上それは出来ない。ただ、会計規則の許す範囲で一番寛大で自由の利く特別会計にするからそれで我慢してもらいたい」


安城に帰った加藤は藤井に「罪深き者、柔弱な者に候えども皆々様のお言葉を無にするわけには参りかね……」との手紙を書いて、所長就任を受諾する。「国民高等学校」について十分理解していたわけではないが、藤井の誠意は十分に理解していた。同時に筧《かけい》克彦の古神道を学ぶうちに「農は善なり」という農本思想を若者たちに広めることも、農業実践者であることと同等に重要であると考えるようになっていた。

藤井武は加藤が所長に就任し、自治講習所の運営が軌道に乗ると、東京に出て内村鑑三の下で伝道生活に入り、ミルトンの『失楽園』の訳者としても知られることになる。藤井は加藤との別れ際、こう言った。「私の退官は私一人のものではなく、大きな意義があると考えている。

加藤さん、自治講習所の教育方針は、あなたの希望を断乎として貫いて下さい。そしてここで真の教育をし、真面目な日本人を一人でも多く養成して頂きたい。そしたら僕がその青年を一人残らずクリスチャンにしてしまうから」

加藤はこう応えた。「君がクリスチャンにした青年を、私は一人残らず真の日本人にしたいと思う」。加藤は古神道の信仰に入ったが、金沢で洗礼をうけた富永徳磨《とくま》牧師や、内村鑑三の下で伝道生活に入る藤井たちを「真の日本人」として終世、尊敬したのである。

農民教育者として

大正四（一九一五）年十一月十五日、加藤は安城を去って山形に赴任する。三一歳の時である。「所長になっていく以上、自分の不用意のために生徒を潰すようなことになってはならぬ」。彼はそう決意した。

「農民教育は知識、技能を教えるだけではダメである。甘藷の栽培一つとっても土地の性質、天候、植えつけ方法などによって、うまくいくこともあり、失敗もする。それは書物に書き表すことはできない。生徒たちと懇切丁寧に話したり、お互いにやりあったり、手取り足取りして鍬鎌の使い方まで教え、共に研究するのでなければ、本当の農業教育はできない」

山形市六日町寒河江《さがえ》（現・山形市緑町一丁目）に木造二階建ての新しい校舎が完成、「県立自治講習所」が開校したのは同年十二月十二日。この地には昭和八年、山形警察学校が建てられたが、同校は昭和四十（一九六五）年に天童市へ移転、今は県立山形東高校となっている。「山形県立自治講習所設置の議」は「設立の必要」を概略こう述べている。

山形市六日町（現・緑町）に建つ木造二階建ての山形県立自治講習所。現在、この地には県立山形東高校がある。

「国家の堅実なる発達には地方の開発が欠かせない。地方の不振は国家の委縮を来《きた》す。地方改良の要諦は一に地方行政当事者の進歩発達にあり、二に一般農民の自覚向上にあり、三に地方有力者の堅実なる活動にある。近来、産業および教育の発達は著しいが、地方農民が農村生活の価値を自覚し、農村自治の振興を企図する地方改良の根本思想は従来、余りに閑却されてきた感がする。最も急を要するのに、最も遅れた奇観を呈している。自治に関する講習所の設置は、御大典の記念に最もふさわしい政策である」

一期生の入所者は二三人だった。県から各郡長に生徒の推薦を依頼したが、学校創設に賛成した郡長たちもその内容を理解していたわけではない。それでも各郡から一、二名ずつ推薦してきた。入所資格は一七歳以上、中学か農学校卒、または同等以上の学力がある者で定員は原則三〇人。地主の子弟も自作農や小作農の子弟も入所した。講習期間は毎年十月から翌年七月までの一〇か月間。生活は全て全寮制で、講習所二階の宿舎に一室二、三名が入寮する。講師陣は加藤所長のほか三名、安城農林学校から教え子の野々山彦鎰《ひこいつ》が加藤の助手として赴任した。野々山は以後、終世、加藤と行動を共にする。

生徒の中に加藤より二歳年上、東村山郡金井村の助役をしていた男がいた。郡長に懇々と勧められて入所したが、一年近くも村の仕事を放棄するわけにはいかない。入所を取り止めるという。その男に加藤は聞いた。「君は毎日、村役場の助役の仕事をするのが愉快でたまらないか」。しばらく考えたその男は「そんなに愉快でもない」。加藤は「そんなら入所して一緒に勉強した方がよい。そうすると仕事が愉快でたまらなくなるはずだ」。考え込んだ男は前言を取り消して入所した。彼は入所後熱心に修行して、後に東村山郡金井村の村長となり、山形県では模範村を建設した。

ある生徒は「私は肋膜をわずらってまだ体調が十分でないので、仕事もなく、家でぶらぶらしていたら郡長が自治講習所へ行けと言うので仕方なく来た。特にこの学校に希望を持っているわけではなく、養生がてらに来たのです」という。入所者の中で希望に燃えてニコニコしているものはいなかった。こうした入所者をみて加藤は逆に張り切っていた。

「自分も三十歳近くまで煩悶し続けて、人生に絶望したこともある。当時の自分と同じように人生に悩む青年の友となって、行くべき道を提示し、元気に仕事に没頭する快活な青年に導きたい。デンマークの国民高等学校も農村青年にはっきりした人生観を与えるのが目的で作られたはずだ」

学校は全寮制。加藤は寄宿舎脇の所長公舎に住み、食事は食堂で生徒といつも一緒。所長といえども食事は自分でよそい、食事を終えれば自分で食器を洗う。すべて生徒と行動を共にし修業に励んだ。加藤の教育方法の根本にあるのは筧克彦の古神道である。その理想信仰を鍛錬する「実修の形式」として彼は、「禊《みそぎ》、参拝、武道、読書、事々物々に就きての修行」の五つを挙げ、一つの事柄を繰り返し行う「行」を最も重視した。禊と参拝は神道の行事であり、剣道、柔道を中心とした武道は心身鍛錬、読書と事々物々の修行は、農業を主とした学習である。後に「日本国民高等学校」や「満蒙開拓青少年義勇軍内原訓練所」に引き継がれるこの〝原型〟はすべて自治講習所時代から始まった。

講習期間十か月のうち、冬場の一月から四月頃までは地方自治、農村経営、農学、林学など必要最小限の学科を学ぶ。中心になるのが五月から十月までの農業実習。短期の登山や、一か月間の見学旅行など生きた教材を求めた（後に講習期間は一年となる）。最初の一年間は農業実習一つとっても、その内容はすべて一から模索し手さぐりで始めなくてはならない。「とにかく一年間、無茶苦茶に苦しみ、自分も非常に修行したが、生徒たちも随分修行した」と加藤はいう。武道の鍛錬も重視した。彼自らが学生時代以来、修得した「直心影流法定の型」を生徒に教え、時には師の山田治朗吉師範を講習所に迎えて、生徒たちを指導してもらった。柔道は山形県出身の船越直治五段を講師に迎えた。

生徒の中には加藤より年上の変わり者もいた。褌ひとつで事務所に飛び込んで来たり、便所を汚してもそのまま。便所掃除はほとんど加藤の受け持ちのようなものだった。加藤の公舎は風呂付だったが、風呂にはいつも生徒が先に入る。事務所から帰ってきた加藤に「お先に失礼しました」。寄宿舎の上履きは、いくら喧《やかま》しく言っても、下におろして履いてドロドロにする。

それを洗うのも加藤だった。規則に縛られることなく、所長自身が必要と認めることを、献身実行したのである。

一か月の長期旅行で九州まで行った時のことである。七〇歳近いお婆さんが大きな荷物を背負って汽車の中に入って来た。空いている席はない。加藤は生徒の誰かが席を譲ると思っていたが誰も立たない。自分の教え方が悪かったと思った加藤は「ご苦労さまです」とお婆さんに席を譲ってデッキに立った。それを見て最初は恥ずかしそうに下を向いていた生徒たちの数人が席を立ち、「先生、座って下さい」と言ってきた。「ダメだ。そんな汚い席には座れない」。彼は断って立ち続けた。先生が立っているのに自分たちが座っているわけにはいかない。下を向いて座っていた生徒たちは次々と立ち上がった。

実習農場は講習所開設から数年間は山形市内地蔵町の廃寺、法鐘院跡の一・五ヘクタールを借地して当てていたが、長時間の農作業を嫌う者も多かった。彼らは集まって「もっと学課を多くし、特に法律を教えてもらいたい」との要求を出してきた。「君たちがほんとに法律を学びたいのなら東京の私立学校に行け。東京にはそのための学校はいくらでもある。ここは法律を勉強する学校とは違う」と加藤は怒鳴りつけた。試行錯誤の一年だったが一期生二十三人は、ついに誰一人落ちこぼれることなく卒業し、その後、自治講習所の〝応援団〟となった。加藤に心酔した一期生の一人、高橋猪一《いいち》は後に山形県・萩野の開拓の先頭に立ち、満蒙開拓青少年義勇軍が生まれると満州に渡り、孫呉《そんご》訓練所所長として生涯を加藤と共に歩いた。

山形にやって来た加藤の私生活にも大きな変化が生じた。自治講習所が本格的に動き出した大正五（一九一六）年には長女・治代が生まれる。そして翌六年には長男・真佐彦が、同七年には二男・信之が相次いで誕生した。さらに同九年に三男・清彦が生まれる。清彦は一歳の誕生日を迎える前に病死するという悲しい出来事もあったが、その生れ変りのように大正十年には四男・弥進彦《やすひこ》が誕生する。この弥進彦が後に加藤の遺志を継いで農業の道に入ったことは序章で述べた。山形での一〇年間は、教育者・加藤完治にとって公私ともに、その後の人生に大きな財産を残す充実した時代だったと言えるだろう。

内地開拓の先駆け――大高根の開墾

加藤完治が自治講習所の生徒指導で最も重要視している山形市内地蔵町の実習用の農地は、一・五ヘクタールと狭かったうえ、小石混じりの砂土のため排水は良いが、夏場には何度も灌水しないと作物が枯れてしまう。講習所開設以来、加藤は県内各地の土地を物色して回ったが、山形県は八割以上が山地であり森林地帯が七五%を占め、農地はわずか一五%しかない。気候も日本海気候で県内の九〇%は特別豪雪地帯であり、農業実習に適した農業用地はなかなか見つからない。山林地帯を自ら開墾して理想的な実習用地を確保するしかない、と加藤は決断する。彼が目をつけたのが、山形市の北方約六〇キロ、北村山郡大高根（現・村山市）にある元陸軍軍馬補給部の跡地だった。

大高根は奥羽線大石田駅の西方約一〇キロ、標高五〇〇メートルの丘陵地帯にあり、東には奥羽山脈を眺め、西には葉山（海抜一四八七メートル）が聳える。晴れた日には鳥海山《ちょうかいさん》も見える景勝の地だが、十一月の初めから雪が降り積もり、五月下旬まで二メートルを超す積雪に覆われる。地元の農民は「大高根では小麦も大麦も栽培できない」と見限っている土地である。

この地を開墾し、農作物を育てることに成功すれば、日本の寒冷地農業の発展に大きな貢献ができるだろう。大正九（一九二〇）年三月中旬、加藤は山形県の技師らと共にこの土地を視察する。まだ二メートル近い積雪があった。五月中旬、雪解けを待って講習所の生徒たちを引き連れ、地元民も交えて現地測量を行った。そして旧軍馬補充部の事務所跡近くに約四〇坪（約一三〇平方メートル）の宿舎を建設する。

宿舎が完成したのは同年八月。この宿舎を中心にして付近一帯の開墾を始めることにした。山形駅を汽車で出発したのは同年九月六日。参加者は加藤以下一〇人。鍬鎌などの農具と食糧品、寝具、身の回り品など、さしあたって生活に必要な一通りのものを揃えた。最寄りの大石田駅からは二台の大八車に荷物を満載する。加藤は先頭車を自ら曳いた。大高根村役場で職員の歓迎を受け、宿舎に着いたのは、日もとっぷりと暮れてからだった。

最初の開墾予定地は宿舎からさらに山に入り、一面、灌木の生い茂った場所で、周囲に土塁があり、きれいな泉水が湧いていた。そばに李《すもも》の木があり、その傍らに休憩所として掘立小屋を建てたのが同月九日だった。この日、開墾予定地を改めて測定して初鍬を入れる。翌日から本格的な開墾作業が始まった。「来る日も来る日も開墾と伐木の連続だった」。一鍬一鍬全身の力を込めて耕していくが、大木の根にぶつかると、一株起こすのに半日以上もかかった。毎日交代する炊事当番は、一人二個あての握り飯を手桶に入れて背負って開墾現場に出た。開墾作業だけだったわけではない。朝は学科の講義もあったし、加藤が講話する夜もあった。

入植直後の九月二十一日、山形の留守宅から「男児誕生」の電報が届く。三男の誕生である。宿舎は喜びに沸いた。皆で相談してこの子の名前を「清彦」と決めた。翌朝、妻美代宛ての加藤の手紙の投函と、祝賀会用の品物の買い出しのため、一人が急ぎ下山する。四人の子供を抱えた美代も大変である。十月には長男、真佐彦を大高根の宿舎で面倒を見ることにした。開墾作業中、まだヨチヨチ歩き、三歳の真佐彦を一人にしては危険だと腰帯の先を李の木に結びつけておいた。真佐彦は一日で真っ黒に日焼けした。前述したように清彦は翌年七月、夭折する。加藤はこの時も開墾現場にいた。急の報せに山形に駆けつけるが、加藤を待っていたように、清彦は息を引き取った。

悲喜こもごも交錯する中で、一年余をかけて開墾した農地は六五ヘクタールに達した。「これは必ずしも大きな仕事だとは思っておらぬけれど、この山奥で一生懸命に開墾をして、こういう豪雪地帯の山地でも作物が出来るということを示すならば、この精神を誰かが受け継いでくれると思った。だから黙々としてこれに努めたのである」と加藤は語っている。開墾地に最初に植えたのは甘藷だった。秋になって掘ってみると一本の芋も育っていない。失敗だったか、と思いながらどんどん深く掘ってみた。すると一本だけあった。一本育てば出来たも同然である。毎年収穫量は増え、数年すると一反歩《たんぶ》（一〇〇〇平方メートル）に二〇〇〇貫（約七五〇〇キロ）の甘藷が採れるようになった。

半年以上も雪が消えない大高根では、大麦も小麦も出来ないと地元の農民たちは諦めていた。しかし、加藤は開墾に着手した時、李の木の根元にたった一本の大麦が実っているのに気づいていた。多分、前年この山地に入った農民が李の木の下で休息し、握り飯でも食べた時に、着ていた作業服に付いていた一粒の大麦が落ちたのだろう。その種が芽を出して冬を越し、大き

くなって実をつけていたのである。「大麦、小麦も出来る」と加藤が言っても、農民たちは誰も信じなかった。

加藤は開墾地の少し傾斜して排水の良い所を選んで、高畝《たかうね》を作ってそこに大麦を蒔いた。九月の末だった。麦は雪の降る前に発芽して七、八センチにまで成長した。これをよく踏

上：大正九（一九二〇）年、大高根農場の鍬入れ記念。
下：開墾作業をする加藤完治。開墾と伐木の日々（『写真で見る60年の歩み』より）。

みつけ、根を頑丈に張らせて十一月の雪の季節を迎える。麦はすぐに雪に埋もれた。翌年五月、雪はまだ消えず、開墾地は真っ白である。加藤は雪をかき分けて土を掘り、その土を麦を蒔いてある畑に振り撒いた。土が雪を黒く染めると、雪の消え方が早まる。雪が消えると麦は元気な姿を見せた。雪の下に半年も埋もれていた麦が病気にもならずに生き残り、一反歩当たり二石《こく》四斗（約四三〇リットル）近くの収穫があったのである。大高根の開墾地は加藤の寒冷地農業の〝実験場〟でもあった。

県下青年団への檄「萩野開墾」

加藤完治は大高根の開墾を続けながらも、そこから北西約二〇キロにある山形県最上郡萩野村（現・新庄市）の軍馬補充部跡地が常に気になっていた。この跡地は軍馬補充部が廃止になった後、県当局が管理し、「軍馬補充部萩野支部」を設立し農民を雇用して開墾を始めたが、成果が挙がらず、大正十一（一九二二）年頃には「萩野支部」も廃止となり、建物も土地も放置され荒れ放題。管理する県当局もその活用法が見出せない。加藤は大高根開墾の経験から、この土地を本格的に再開墾すれば立派な農地になると考えていたが、自治講習所の生徒たちではそこまで手が回らない。

大正十四（一九二五）年春、たまたま山形県知事が交代し、新知事として三浦実生《じつお》が赴任してきた。当時の知事は官選であり、内務省から派遣される。「新知事は変わり者だから、今までのままだとぶっつかるぞ」と周囲は加藤に忠告した。「変わり者」では引けを取らない加藤は「新知事のつむじの曲がり方を試してみよう」と自治講習所の卒業式に三浦を呼ぶことにした。電話すると秘書が出て、知事には当日所用があり出席できないという。加藤は怒鳴りつけた。「君はただ取り次げばよいのだ」。卒業式当日、三浦は出席し、式が終わるとすぐに引き揚げた。

数日後、三浦から加藤に電話が入った。知事公舎で夕食でもどうか、という誘いだった。出向いた加藤に三浦は言った。「赴任前、山形には加藤という変わり者がいるから気をつけろ、と言われていたのだ」。卒業式での加藤の挨拶を聞いて、三浦の加藤観は一変したのである。「加藤君、山形に来て一番大事な俺の仕事は何だ」。「萩野に行くと軍馬補充部の建物はぶち壊れ、何百ヘクタールという畑は草だらけになっている。これを一大農地に甦らせることだ」。翌日から三浦は加藤と一緒に「今度、萩野の開墾をやる。すべて加藤に任せたので、余計な口出しは無用だ」と県庁の関係課長に言って回った。

加藤は全県下の青年団宛てに「萩野開墾のための檄文」を書いた。以下はその要約。

「最上郡萩野村軍馬補充部はすでに廃止の運命にあい、働いていた人々はどこに行ったか影も形も見えない。大きな建物と土地は、ねずみの運動会と雑草の展覧会に任せられている有り様である。主人なき土地と建物は生気溌剌たる青年を一日千秋の思いで待ちつつある。諸兄と共に、この広大な土地と建物を最も有意義に活用し、もって東北男児の真面目を発揮したいと考える。選ばれた戦士は、我等と共に専心一意、心身の鍛錬と貴い労働に汗を流そう」

そして具体案をこう示した。五月から十月に、萩野で五回にわたって一大拓殖講習会を開催する。各青年団は責任をもってこの講習会に各回一、二名を派遣してほしい。毎回の講習参加者は合わせて約一〇〇人とする。講習会参加者は講師と共に自炊生活をし、午前中は約三時間の講義で精神の陶冶と知育の向上に努力し、午後は全力をあげて指導者の下で荒れ地の開墾に従事する。これによって収入を上げたならば、生産に要した肥料代、種子代、農具代を控除して、全部これを連合青年団の活動費に繰り入れる。

同年五月十五日から同二十九日までの第一回講習会の参加者は、自治講習所の生徒も合わせて七〇人。「集まった同志はこの道場をみて茫然たる有様。一面藷畑である。この広大な農場、荒れ果てた場所を人力でもってやっつけようとの計画。かくて十五日間の働きによって二〇余ヘクタールの荒れ地は大豆畑となったのである」(「萩野拓殖講習会の記録」)。第二回は六月二十一日から十日間。小学校の田植え休暇を利用して農業科の先生も集まった。参加者の一人から「実業補習教育の心構え」を聞かれた加藤はこう答えている。

「皆さんが先頭に立って黙って一心に働くことです。最も忠実に人に仕える者は、また最もよく人を指導し教える人となる。皆さん方が今日この機会に先生の肩書や地位を捨てて、一生懸命に教えられる者となって働かなければ、終生平凡なる先生で終わるでしょう。児童の心はすこぶる鋭敏です。この辺を真面目に考えて下さい」

ある日の講習会でとうもろこしの種蒔きを終え、一部の者は散在している雑草集めを行っているのに、一部の者は自分の仕事のけりはついたと勝手に思い、整理作業に手を貸そうとしない。命じられて雑草集めを始めたが、仕事ぶりには身が入らず、他人事のような仕事ぶりだった。加藤は彼らを集め強く言った。

「どんな仕事でも自分の仕事として当たる気分が必要である。これは他人の仕事であるというような心の向き方ですれば、そこには無責任が生じ、真面目な仕事は出来ない。与えられた仕事を、自分の仕事としてすることの出来ないような者は、祖先の財産を蕩尽してしかも平気である。これに反し譲り受けた財産をますます美化してゆける人は、物事に当たってすべて我が事として懸命に努力する。物事はこの気分でなければ本当に出来るものではない」

大正14（1925）年7月10月14日、山形県・萩野村の開墾地を行啓する摂政宮（昭和天皇）（『写真で見る60年の歩み』より）。

十月まで五回にわたったこの講習会は、青年団の指導者たちに対する精神修養の〝道場〟でもあった。荒れ地だったおよそ六〇ヘクタールの萩野の軍馬補充部跡地は収穫の秋を迎える。大豆畑二七ヘクタール、ソバ畑一〇ヘクタール、小豆一〇ヘクタール、とうもろこし畑一〇ヘクタール、ジャガイモ畑三ヘクタール、南瓜畑三ヘクタールが豊かに実り収穫された。

この青年団活動による山形県・萩野の開墾は中央にも伝わる。当時の摂政宮殿下（昭和天皇）が「お付きの人が誰一人知らぬ内に行啓を仰せ出され」、最終五回目の講習会が終わる直前の十月十四日の行啓となった。三浦知事に「殿下にご説明せよ」と言われた加藤は、懸命に「言上記」を書いた。当日、殿下の前で説明に移ろうとしたが、ぽろぽろと涙が出て言葉が出ない。「当拓殖訓練所は、職員と生徒が共々、農業労働に汗を絞り、先祖伝来の土地に大和魂を磨き合う一大道場です」とだけやっと言上した。

小作争議と清水及衛翁

話は少し遡る。加藤が自治講習所所長に就任して二年目の大正六（一九一七）年、ロシアではボリシェビキの一斉蜂起によって、帝政ロシアはあっけなく倒れ、プロレタリアート独裁政権が樹立された。こうした世界の動きは日本の農村にも大きな変化をもたらす。第一次世界大戦の長期化によって、ヨーロッパ諸国の東アジアへの輸出は激減し、代わって綿糸、絹織物などの日本商品が市場を席巻、米国向けの生糸の輸出も拡大する。船舶需要も飛躍をとげ、大戦が始まった大正三年からわずか四年で日本の工業生産額は五倍に膨れ、都市の人口や鉱工業の労働者が激増する。労働争議も頻発し始めた。

「デモクラシー」の思想が日本にも流れ込み、日本人の意識や生活も変わりつつあった。それまで麦やひえなどが中心の食事だった農家も、養蚕などによる収入増によって米中心の食生活に変わる。米の消費量は急増した半面、農村からの人口流出が続き、農村の労働力は不足し始め内地米の収穫高は低下する。大戦勃発後、暴落した米価は大正六年頃になると、急テンポで上昇し始めていた。富山・魚津漁港近くの主婦たちの井戸端会議での米価高騰の噂が、一挙に全国に広まり、各地で群衆が米穀商や資産家、商社などを襲う米騒動が起きたのは大正七（一九一八）年七月のことである。わずか一か月で北海道から九州まで全国五〇〇か所以上で暴動が起きた。

農村も動き始めていた。米価の高騰で土地を所有する「地主」たちが巨大な利益を収めたのに対し、地主から農地を借りて耕作し、小作料を払っている「小作人」たちは、いかに報酬が少ないかを知るようになる。大正六年の全国の耕作地（北海道を除く）のうち、小作地は五一・七％と半分を超え、小作人が地主に払う小作料は、全国平均で一毛作田は五一％、二毛作田で五五％に達していたという。小作人は収入の半分以上を地主に納めなければならなかったのである。地主は小作人を支配していただけでなく、納税資格による制限選挙で地方議会を握り、地方行政も動かしていた。

大正六年から九年にかけて各地で小作人が決起し、地主に対し小作料の減免や条件改善を求める小作争議が頻発した。まず小作人が要求したのが、江戸時代からの慣習である「込米《こみまい》」の廃止である。込米は江戸時代に年貢米の輸送に当たって、途中の目こぼれや減量を補うため余計に納めさせた米で、これが大正時代まで続いていたのである。これによって小作料は表向きの数字以上に膨れ上がっていた。この時代に起きた小作争議は、込米の廃止要求が半数を占める。地域的には岐阜、兵庫、愛知の三県が過半数で、岡山、大阪、福岡、奈良がこれに次いでいた。

最初に激しい争議が起きたのは岐阜県恵那地方である。シベリア出兵に従軍し、下士官になった同県の大野金吾という人物が小作争議を指導し、小作人を集めて地主の家を襲い、家を叩き潰したり、倉から納めた米を持ち出すなど、〝一揆〟さながらの状況となり、連日、その動向が新聞で報道されていた。大正九年頃になると、大戦後の不況が始まり、人員整理などで都市から農村に戻ってくる労働者も多くなり、小作争議は一段と激化し、地主制度は大きく揺らいでいた。

「日本の農業発展に生涯をかける」という決意をしていた加藤完治は、「日本の農業そのものを揺るがす深刻な事態だ」と判断する。農科大学を出て短期間だが籍を置いた帝国農会の職員や農商務省の役人は、地主たちが主催する小作料納入を怠らない勤勉な小作人の「表彰式」に招かれ、ご馳走になることも多かった。加藤はこうした地主に反発を覚え、「小作人を表彰するくらいなら、模範的な小作人に適当な価格で土地を譲渡し、自作農にすることが先決だ」と考えていた。「わが国のように極端に小さな耕地しか持たない農民である以上、全農民が日本国家直属の自作農であるべきである」。それが理想ではあるが、実現するには当時の日本社会を根底から覆す〝革命〟が必要となる。しかし、それは加藤の哲学ではない。

岐阜県で発生した小作争議は、愛知県にも飛び火した。安城農林学校で農民としての基礎を学んだ加藤は、これを傍観することは出来なかった。山形県内務部長に面会して、「岐阜県の小作争議の視察研究のため出張させてくれ」と申し出た。予算がない、と渋っていた県当局も「自費ででも行く」と粘る加藤に出張を許可した。これを聞きつけて「同行させてくれ」と言ってきたのが、群馬県勢多郡木瀬村（現・前橋市）の産業組合長だった篤農家、清水及衛《ともえ》である。

加藤と清水とはすでに十年近い親交があった。加藤が帝国農会にいた頃、ある先輩に「前橋近くの木瀬村に清水という特殊な農民がいて、自ら立派な農業経営をやっているだけでなく、集落の農民を指導して優良な産業組合を運営している。ぜひ一度は訪ねるべきだ」と勧められた。農科大学を卒業したばかりで農村問題を調べていた加藤は、親友の那須皓と一緒に彼を訪ねた。「まだ生意気だった」二人は、「立派な農民といっても、大した者ではなかろうと、お義理で訪ね、すぐに帰ろうという腹だった」。だが、話を聞くうちに次第に感心してしまい、時間の経つのも忘れて夕飯までご馳走になってしまったのである。

農家の長男に生まれた清水は、自ら三ヘクタールほどの農地を耕作し、稲や麦や野菜を栽培し、蚕、鶏、豚を飼う自作農である。しかし、自分だけではなく、仲間の農家の暮らし向きも向上させようと、集落全体の農地改良にも取り組み「理想農村」の建設に心を砕いていた。明治の末頃は「五反百姓」（耕地が狭くて貧しい農民の意。五反は〇・五ヘクタール）だった清水家は、コツコツ働き、質素倹約の生活をして、少しずつ農地を買い増していったのだという。加藤は彼を「群馬の老農」と呼び、後には「清水翁は石原莞爾将軍とよく似ている。石原将軍は名参謀だが、清水翁は難村建て直しのチャンピオンだ」と崇めるほどだった。

清水及衛

そんな清水が、岐阜県恵那地方の小作争議の現地視察に同行を申し出たのには理由があった。小作争議が彼の地元の群馬県にも飛び火し、小作人が団結して小作料を七割負けろ、という要求を地主に突き付けていたのである。清水は自作農であり、地主でもなければ小作人でもない。だが小作人たちは清水のところにもやってきて、「あなたは自作農だが地主側につくのか小作側につくのか」と詰め寄った。清水も小作争議の圏外だと傍観しているわけにはいかなくなったのである。

海外植民への目覚め

岐阜県を訪れた加藤らは最も過激な闘争をしている大野金吾に会いたいと思ったが、岐阜県側は「彼と議論しても過激すぎて意味はない。彼に匹敵する力を持つ小作人の親分がいるから」と、「吉田某」という男を恵那郡役所に呼び出してくれた。彼と数時間にわたって議論して「種々の教訓を得た」。その「教訓」が、加藤の頭の中に「地主と小作の対立を防ぐ根本的解決方法は、農民の一部を国内外の未墾地へ植民させる以外にはない」という考えを芽生えさせるきっかけとなったのである。

恵那地方の農家は、かつては二、三ヘクタールの自作農が多かった。勤勉力行、質素倹約の農家は次第に資産を増やし、一方、怠惰で贅沢な者は貧乏になって所有地を売り払う。怠惰でなくても、働き手が不慮の事故や病気などになると土地を処分する。その結果、比較的大きな農民と零細な農民に分かれてくる。事情が好転して耕地を買い戻そうとしても、広い土地を所有するようになった農家は、手放そうとしない。土地は値上がりし、土地が欲しい農家も、購入するには資力が足りない。しかし、耕地を増やさなければ食べていけない。そこで一方は土地を売らないで貸す、一方は買わないで借り、収穫後、賃料を支払うという地主と小作の関係が生じる。

小作人たちがより良い生活のために、もう少し広い小作地が欲しいと考えると、他の人が既に小作している土地を、「自分に貸してくれれば、もっと余計に小作料を払う」と地主に申し出る。地主にすれば小作料収入は高いほうが有難い。小作人は少しぐらい高い小作料を払っても、耕地を拡げたい。耕地をせり上げてでも借りたい小作人に対し、地主は上げられるだけ上げようと考える。そして小作料は段々とせり上がり、小作人は、小作料がこれ以上に上がれば、耕作は不可能だというところまで追い込まれる。双方が抜き差しならぬ状態に陥って、小作争議が起きた。この地方の小作料は収穫高の三分の二に達していたのである。どんなに頑張って収穫しても自分の取り分は三分の一しかない。

加藤には、「この岐阜県恵那地方で小作争議が起こったのは無理もない」と思えた。根本的な解決方法は「小作者でも地主でも農民の一部を国内であろうと海外であろうと植民させ、自作農を増やす以外にはない」。清水及衛もこれに同感だった。しかし、「現状ではどうすることも出来ない」という思いを抱きながら、二人は帰路についた。この頃から加藤完治は真剣に「植民」について考え始めている。加藤が「植民」という言葉を使うとき、それは私たちが一般的に考える「ある民族が力で他地域を支配する植民地主義」ではない。国内、国外を問わず、未墾の原野を開墾して、そこに定住し、その地の発展に尽くすということである。後述するが、同じ思いの清水は、のちに満州移民が国策となると、長男の圭太郎を団長として自らが産業組合長を務める群馬県・木瀬村を〝分村〟して、多くの農民を満州開拓に送り込む。

加藤が山形県下の大高根や萩野地区の開墾に全力を挙げたのは、一人でも多くの自作農を作りたいという思いからだった。農家の長男は農家を継いで農業に専念すべきだが、二、三男が別の職業を選ぶのは自由である。しかし上級学校に進学できる二、三男は地主の子弟に限られ、中小農や小作人が、子弟を上級学校に進学させるには余りにも貧乏である。しかし、数の上ではそちらの方が圧倒的に多い。農家の二、三男が独立する最も安全な近道は、未墾の原野に入植し、そこに定住して農業労働に腕を揮うことだ。

だがそれには難問が山積する。例えば山形県の場合、やせた土地が多く、少なくとも二年間は収穫が期待できない。その間、入植者の食糧を保証し、肥料、種子、農具、家畜を揃える資金をどうやって捻出するか。ただでさえ労力不足の中小農家はその二、三男を手放して耕作面積を減らすことに賛成しない。当の二、三男も、厳しい労働が待ち構えている植民に尻込みする。植民しても成功するとは限らず、それを保証することもできない。

大高根開拓に取り組んだ自治講習所の六期生に森谷壮吉（当時二五歳、五男）、成沢喜代太郎（同二三歳、次男）、遠田三次郎（同上、次男）という三人の働き者がいた。彼らは午前五時起床というのは遅すぎるとして、午前三時には起き出して開墾作業に従事していた。自治講習所の生徒は実家の農業を継ぐ長男が中心だったが、三人とも長男ではなく、卒業しても自分が耕す農地はない。卒業式が近づいたある日、三人は常に似合わず改まって加藤の前に現れ、こう言って頭を下げた。

「先生、長いことお世話になりました。私どもは先生の教えにより、生涯を日本農民として押し通す決心は十分出来ました。しかし私どもは、いくらやる決心が出来ましても働くための土地を持っていません。もちろん土地を買う金もありません。どうしてその土地を得るか考える時、悩みは入所前より増して、頭は混乱するばかりです」

三人はしばらく言葉も続けられなかった。そして最後に「先生、私たちはどうすればよいのでしょうか」。黙って聞いていた加藤は「よろしい。引き受けた。お前たちの身体はこの加藤に任せてくれ。きっときっとその目的を達成させてやる」。加藤は三人の話は「一理ある」と感じ、「今までの自分の教育が不徹底だった」ことに気付いた。「これらの有為の青年を新天地に送り出し、力一杯働くことが出来るよう後押ししてやらねばダメだ」。とりあえず加藤は三人を自分の手元に引き取り「泣いたり泣かれたりしながら農業労働に励んだ」。以後、加藤は「植民は教育の延長である」と考えるようになり、「植民問題」への取り組みに一段と拍車がかかった。

加藤が自治講習所の生徒たちだけでなく農業を志す青年たちを対象に、彼の心の底にある思いを訴え、また農業技術を伝える機関誌「弥栄《いやさか》」を、ほぼ毎月発行するようになったのはこの頃からである。創刊号の発行は大正十一（一九二二）年二月。毎号、二〇頁前後の小冊子である。創刊号の「発刊の辞」で加藤はこう述べている。

〈（略）世界の大戦乱に逢会せる社会は、政治宗教また教育上その他、凡ての方面に於て　混沌たる闇黒時代を来《きた》し、今や改造の叫び喧《かまびす》しきを耳にするに至りぬ。改造と云い革新と云うその叫び、徒《いたず》らに大なりと雖《いえども》、空にあらざれば即ちただ贅のみ。此の間に処し吾人青年のとるべき路は多言を要せず、寸鉄は人を刺し北斗は闇を照らす。我が弥栄は大和民族の進路を明示し、祖国の真の改造を真剣に主張する憂国の血の迸り―赤誠の結晶―である。（略）農村の徹底的改善を畢《ひっ》するの農村青年よ‼　願わくは来って弥栄の言に聴け‼　かくて吾人が行う所を以てその言を為さしめよ〉

石黒忠篤との出会い

肝胆相照らす盟友として、加藤完治の最大の理解者となる石黒忠篤《ただあつ》との邂逅《かいこう》について触れておきたい。石黒は〝農政の神様〟と呼ばれ、戦前、二度にわたって農（商務）相に就任する。加藤と同い年の明治十七（一八八四）年生まれ。旧制七高（鹿児島）を経て東京帝国大学法科大学（現・東大法学部）を卒業後、農商務省（現・農水省）に入った農林官僚である。

「石黒農政」のブレーン的役割を果たしたのが、加藤の大学時代からの親友、那須皓（東大教授、農業経済）と農科大学で加藤の一年先輩に当たる橋本伝左衛門（京大教授、農業経済）、小平権《ごん》一《いち》（元・農林次官）であり、加藤を加えて〝農政五人男〟と呼ばれるようになる。この五人が後に加藤を校長とする茨城県・友部（のち内原）の日本国民高等学校創設の中心となり、また満蒙開拓青少年義勇軍を立ち上げる推進力となった。

加藤と石黒の最初の出会いは、石黒が農商務省農務局の副業課長時代というから、大正七（一九一八）年後半から翌八年春にかけてのことだろう。山形県立自治講習所所長の加藤は「今度の副業課長は農村、農民のために真面目に考えてくれる人だから一度会ってみたら」と勧められた。勧めたのは「多分、石黒をよく知る那須皓か安城農林校長の山崎延吉あたりだろう」（橋本伝左衛門、全集別冊「加藤完治先生逸話集」上巻）。

加藤はその頃、講習所で若者たちの教育をする傍ら、中小農の生活や農業経営の実情を調査し、中小農家の経営を向上させるには労働配分の合理化をしなければならず、少なくとも家内全部が一年三〇〇日ぐらいは十分働けるように、労力分配表を作成する必要があると考えていた。副業課長の石黒の見解も聞きたいと思い、ある農家の実例を記入した労力分配表を携えて上京、農商務省に石黒を訪ねた。

だが、初対面の石黒は加藤の話を聞きながら、微に入り細をうがった意地の悪い質問を繰り返す。重箱の隅をつつくような質問に「聞いていた人柄と全く違う」と加藤は怒り、「これでは話にならん」と落胆しながら山形に戻った。しばらくすると今度は石黒が、加藤所長に会いたいと山形の自治講習所を訪ねてきた。加藤にしてみれば、農商務省での記憶もあって面会に乗り気ではなかった。石黒はこう釈明して頭を下げた。

「農商務省で君に会った時、いろいろ細かな質問をしたり意見を出したのは、実は自分の本当の信念を言ったのではない。少し前にある帝大教授の意見を聞いたので、それを受け売りして君の意見と比較してみようと思ったのだ。あの時、自分の言ったのは本音ではない」。誤解がとけた二人はうちとけて本音で語り合う。石黒は加藤の公舎に泊まり込んで一晩、語り明かした。翌朝、目覚めると加藤は、夜具を背負い食糧を携えた講習所の生徒たちを引き連れて出かけようとしていた。

「どこへ行くのだ」

「これから県北の大高根という山の上の開墾

“農政の神様”石黒忠篤。学生時代、トルストイに傾倒し、農業に関心を抱いた。

地に行き、荒地の開墾をすることになっているので、これで失敬する」

「今度は君とゆっくり話すために来たのだ。差支えなければ自分もその大高根とやらの開墾地に連れて行ってくれないか」

石黒と加藤は一緒に生徒たちと汽車に乗り込み、山道を歩いて山上の山小屋に着く。加藤たちは山形から干しうどんなどを持参して自炊生活をし、夜は生徒たちと膝を交えて今後の日本農村の在り方や、農村青年の任務などを議論していた。一緒に泊まり込んだ石黒は、講習所の子弟が一体となって荒地を開拓する姿を自分の目で見て感動する。

石黒はその後、あちこちの会合でこの大高根での体験を語り、「子弟一体となってやる青年の訓練がいかに効果的か」を訴えるようになった。この出会いによって石黒は加藤を全面的に信頼し、互いに終世変わらぬ友情が生まれたのである。


石黒は大正八(一九一九)年七月には農務局農政課長となる。第一次世界大戦が終わり、日本の社会構造が大きく変わろうとしていた時代である。都市では工業労働者のストが頻発し、地方農村では小作争議が相次いでいた。神戸の川崎・三菱両造船所の大争議を指導したクリスチャン、賀川豊彦は、牧師の杉山元治郎《もとじろう》らと協力して大正十一年四月、「日本農民組合」を結成、組合長に杉山が就任し「農民の団結と解放」を呼びかけていた。その主張は「耕地の社会化、農業日雇労働者の最低賃金保障、小作立法の確立、農業争議仲裁法の実施」などだった。

加藤完治が篤農の清水及衛と共に岐阜県恵那地方の小作争議の実地視察を行っていた頃、石黒は政府の小作争議対策の中心である農政課長のポストに就いた。農政課に「小作分室」を設け、その室長となったのが、石黒の〝女房役〟とも言われた小平権一だった。その後、農商務省は小作争議に対処するため小作課を設置する。石黒はこの課長にも就任、学識経験者などを集めて小作制度調査委員会（のち調査会と改称）を発足させ、小作問題の実態調査や対策に乗り出す。委員会では小作法案と小作組合法案が論議されるが、その結論は、小作権の期間を十五年以上とするなど、小作者に保護を与えようとするものだった。これに地主側は強く反対、農民組合は「もっと強い権利」を要求し、結局、両法案は棚上げされた。

大正十三年十二月、石黒は農務局長に就任して、文字通り農政の中心人物になった。彼の下で検討されてきた「小作調停法」が制定、公布されたのはこの年である。争議に悩まされていた地主の強い要望で制定されたもので、地主と小作人の関係を権利、義務の関係としないで「温情主義」で解決しようとした。当初は争議に悩む地主の多くが調停を申し立てたが、調停に当たる裁判官は、小作争議の激化を恐れて地主の譲歩を求めるようになり、小作農の方から調停を申し立てる件数も増えた。石黒は何度か「小作法案」を作り、小作人の耕作権を認めようとしたが、地主の反対が強く実現しない。彼の施策は小作法制定に代わって「自作農創設制度」に向かう。低利資金を小作農に融資して農地を買い取らせ、二四年間で償還させるというものだった。

石黒は中学（東京高師付属中学）時代、将来の希望を聞かれて「百姓になりたいが、自信がないのでせめて百姓を世話する人になりたい」と答えたという。そのころから農業に関心を持っていたのだろう。七高時代はロシアの文豪、トルストイに傾倒、東京の丸善からトルストイの著作を取り寄せて片っ端から読んだ。加藤完治が熱烈なトルストイアンだったことは前述した。石黒も加藤も農村や農業にあまり関係のない都会育ちである。石黒のブレーンである那須皓や橋本伝左衛門もトルストイの洗礼を受けている。

「思想形成期はもちろん、晩年に至るまで石黒の心のかなめになっていたのは、トルストイの人道主義と尊農の勤労精神であったと考えられる。むろんあふれるような人情味は、持って生まれた天性ではあろうが、それを裏打ちしたのはトルストイであったとみることができよう」（日本農業研究所編著『石黒忠篤伝』）。

石黒と加藤の信頼関係は、農業問題だけでなく、互いの生き方を通して年ごとに深まっていく。加藤が山形県立自治講習所の所長に就任して七年が過ぎた大正十一年秋、何事にも全身全霊で取り組む加藤の心身は、その重圧もあってか、十二指腸潰瘍で健康を害し、それがこじれて激しい下痢に悩まされていた。それを心配したのは加藤よりもむしろ石黒だった。「彼の病気を治すには、洋行させて日本での仕事を忘れさせることだ。そうすれば面倒な義務から解放されて病気も治るだろう。今の状態が続けば、病状は悪化するばかりだ」

石黒は洋行費用まで工面して、加藤に海外旅行を勧めた。加藤の洋行嫌いは有名で、いつもなら「そんな暇はない」と言下に断っただろう。だが下痢に悩まされ、農業実習も満足に出来ず、武道も出来ない。「ただ演壇に立って自分の心境を訴えるだけの有様で、洋行も一案かな」という気分にはなっていた。恩師の筧克彦に相談すると「ぐずぐず言わずに行って来い」。怒鳴られてやっと決心がついた。

洋行を勧めた石黒には、もう一つ狙いがあった。加藤の帰国を待って山形県立自治講習所よりもスケールの大きい「日本国民高等学校」を設立する計画を抱いていたからである。山形県立自治講習所は、デンマークの国民高等学校を模した、働きながら農業を学ぶ学校ではあるが、日本全国にこの運動を普及するには、東京周辺にその中核になる本拠地が必要である。石黒たちはその候補地を探していた。その校長には「頭から首を抜きにして直ぐ手の生えている」ような、「実行力のある」加藤しかいない、と確信していた。そのためにも加藤に国民高等学校運動の発祥地であるデンマークを視察させておきたい、というのが石黒の本音でもあった。

洋行で見た「世界の農業」

加藤が「箱根丸」で横浜を出港、欧米視察へ旅立ったのは大正十一（一九二二）年九月二十九日。香港、シンガポールを経てインド洋から紅海入り、地中海を通って欧州へ。さらにマルセイユ、パリ、ベルリン、コペンハーゲン、ロンドンから米国へと世界を一周し、同十三年一月二十九日に帰国する一年半の旅だった。

当時、農科大学一年先輩の橋本伝左衛門はドイツ留学中だった。加藤がパリ入りし静養しながら滞在している、との便りを受け取った橋本は、デンマーク入りする前にベルリンを訪れるよう勧めた。急行列車でやってきた加藤は疲れたのか、下痢が酷くなっていた。橋本の下宿の主婦が胃腸によい食事を特別に調達、加藤の体力は日増しに回復した。ベルリンから加藤はデンマークに向かう。大正十一年の暮れも押し迫った頃だった。

その後、橋本と加藤はお互いにパリとコペンハーゲンを訪問し合いながら、連れだってヨーロッパ各地を旅した。二人がオランダ旅行を終えて、デンマークとドイツにそれぞれが戻っていた大正十二年九月一日、日本で関東大震災が起きた。お互いに連絡を取り合いながら、故国のことを心配した。橋本の家族は東京・大森に住んでいたがその消息は掴めない。加藤の妻、美代が上京して、橋本の家族が無事であることを確認した。加藤の叔父が経営する上野の旅館は全焼したが、家族は無事だった。

この洋行で加藤はドイツ、デンマーク、英国、米国などの農業の実情を目に焼き付けた。「出来る限り静かに異国の空から祖国を眺め、日本国民の美点をはっきり掴もうと考えていたが、同時にまた常に『植民の問題』が頭の一隅にひっかかっていた」。加藤は旅行中、見聞した各地の感想を国内の友人や弟子たちに筆まめに送り続けている。後にそれは三〇〇頁を超える「訪欧所感」(「加藤完治全集」第二巻)として一冊の本に纏められた。「私は洋行前までは、まだまだ内地に相当荒れ果てた耕地もあるから、まず第一に内地植民、次に外国植民という順序で考えていたが、ヨーロッパを回ってその順序がひっくり返り、植民が緊急問題であると考えるようになった」。加藤の各国の農業に対する感想を要約しておきたい。

デンマークの農業が成功した最大の原因は一戸当たり平均一五ヘクタールと土地が広いことだ。中農といっても二〇ヘクタールから二五ヘクタール、多い人は六〇ヘクタールもの耕地を持っている。日本のように一ヘクタールほどの土地を与えて農業を経営せよ、とデンマークの国民に言ったら誰一人、農業経営をする者はいないだろう。もう一つは全部が自作農であることだ。しかも土地は広くて平坦。日本のように山岳が起伏しているのと違い、一番高い山といっても二〇〇メートル足らず。まるで丘だ。国は小さく北海道内の半分くらいだが、耕地面積は北海道の約二倍ある。

さらに酪農を加味していることだ。乳牛を飼って乳を搾り、バターやチーズを作り、飼育する豚を殺してハム、ベーコンを作る。その結果は肥料問題の解決につながる。「家畜なければ農業なし」ということがよくわかった。デンマークの農民は、堆肥の始末が悪く、作業の準備は粗放、耕作も乱暴でこれで碌な農業は出来まいと思っていたが、地面は砂質壌土が多く、軽くて深いので、堆肥をやれば効き目がよく、麦なども立派なものができる。堆肥を豊富にやっているのが成功の理由だ。

英国では地主、農民、農業労働者の三階級があり、農業の中心は農民である。農民は地主から一〇〇ヘクタールから二〇〇ヘクタール、大きくなると一〇〇〇ヘクタールもの土地を地代を払って借り、農業労働者を雇用して労賃を払い企業的農業を営んでいる。農民は日本の小作農に当たるが、労賃を得る農業労働者ではない。彼らが雇う農業労働者も賃金は高く、生活に余裕があってその仕事に満足しており、農民になりたいという考えは少しも持っていない。彼らの生活を実際に見たが、実にのん気で、家はある、牛乳も飲める、働きさえすれば相当の賃金はもらえる。労働者として満足しているように思えた。

英国でもデンマークと同じように酪農が盛んで豚、牛を沢山飼うから肥料は有り余るほど持っている。スコットランドの農村では相当大きな石造りの堆肥小屋を持っている農民が多い。そこに敷藁を入れ若い牛に踏ませ、また藁を入れて踏ませる。小屋の中は堆肥が一・五メートルも積み上げられ、その上で牛が遊んでいた。彼らはそうして堆肥を作る重要性をよく理解していた。ある大学教授は「われわれは政府が農業を保護してもしなくても一向に困らない。穀物の値段が安ければ安いように、耕地を草地、放牧地にして家畜を増やして農業経営をする。耕地を自由に伸縮するから経済上一向に困らない」という。

米国は土地が非常に広く、家畜、家禽も広い野原に放し飼いで、日本の屋飼い、柵飼いとは趣が異なる。人口が激増しない限り、余裕綽々《しゃくしゃく》で大学教授などと話しても議論がかみ合わない。農民が頭を悩ませているのは能率増進問題である。そこで機械の発明となり、能率が上がれば勢い生産品の値段が下がる。今度は出来た品物をどうして売るか、販売組織が問題になる。米国ではあらゆる教育が実際ときわめて密接に結びついている。大学の農業科でも学生がいろんなことを受け持ち、大学の実習工場では学生がまるで労働者のように働いて、バター、チーズなどを作り、実際の知識を学校にいる間にしっかりと覚えていた。

日本の大学生は農科大学を出ると、大抵は技師や役人などになることを考え、農業に従事しようという人はいない。大学を出て一ヘクタールばかりの百姓をやれというのは無理な話だ。米国の大学生は将来、一〇〇ヘクタールくらいの農場を経営してみようと考え、そのための農業知識を勉強する。卒業すれば大面積の農場で機械を使って経営ができるのだから、日本とは全く条件が違う。彼らの農業に対する考えは、出来るだけ多くの地面を耕して金を儲けようという風に進んでいる。

日本人は長い鎖国の結果、外にも出ないで、わずかな土地を集約的に耕して、労力を出来るだけかけ、少しでも多くの生産を上げようと考えてきた。米国に移住した日本人農民の中には、広い地面を借り、不毛地帯を馬鈴薯が一番よく出来る土地に変えた者もいる。彼らは大農具を使い、家畜も飼い、他国人に劣らない立派な農民として立っている。日本人に適当な土地と資金を与えるならば、英国、米国の農民などには負けない、相当な成績を挙げることが出来る。

朝鮮、満州の視察と朝鮮開拓

大正十三（一九二四）年一月末、初めての欧米視察から帰国した加藤は、居ても立ってもいられないように朝鮮半島を経て鴨緑江を越え、満鉄線で大連、旅順、奉天（現・瀋陽）を訪ねる満州旅行へ旅立った。

「私はどうしても海の外に同志を送る必要を痛感し、帰朝後、直ちに朝鮮、満州に単身乗り込んで、一生懸命、植民地探しに専念したのである」

釜山に上陸した加藤は、朝鮮鉄道で山や畑や水田を眺めながら、まず清州から京城に向かう。彼が率直に感じたのは畑や水田の作物の出来が悪い、ということだった。土地の理学的性質は立派だが有機的肥料が不足している。肥料を十分に与えれば、収穫を倍増させることも困難ではない。加藤は各地で旧知の友人や、役所の担当者に会い、土地の払い下げの可能性を探った。内地の農村には働こうとしても働く土地を持たない多数の青年男女がいる。「彼等に適当な土地を与え、経営資金を貸与または給付し、その天職を全うさせるには国家の支援が必要だ」。彼が訪れたデンマークでも英国でも、それが当たり前だったが「日本の当局者はそれに無関心」だった。

朝鮮総督府の担当者に「朝鮮開発は役人や商人ばかりでは出来ない。真面目な青年男女を移住させ、自作農を植え付けなければ日韓合邦の実は上がらない。総督府としてはどの辺に入植できるか十分調査し、内地で耕す土地のない農民に払い下げるべきだ」というと、彼らはこう答えた。

「払い下げ可能な土地など、君が歩き回って探さなければ分かるものか。調査するには人もいる、費用もいる。かりに払い下げ可能な国有未墾地がどこにあるかわかっても、それが漏れると砂糖にアリが群がるように利権屋がやってくる」

「彼等と僕は目的が違う。自分のために土地の払い下げを願うのではない。日本の青年男女のため、国家のため、また朝鮮開発のために頼んでいるのだ」

「それがだめだ。利権屋というのはみな君と同じことを言う。国家の土地を無償で払い下げても、開墾事業など少しもせずに、時がくると高い代償で転売して儲けるやつが少なくない。君がいくら理由をつけてもそれだけで土地の払い下げは受けられない」

　加藤は朝鮮に来て利権屋と同類に見られ「つくづく情けなく思った」。国有未墾地の払い下げには、役所の上役から下役までの印鑑が三〇以上もいるという。利権屋は日韓併合以来、「鵜の目、鷹の目で国有未墾地を探し回って何の計画もなく払い下げを受けていた」。


　この旅行で加藤は朝鮮各地で水利事業を行っている「不二興業株式会社」社長の藤井寛太郎という人物と懇意になる。藤井の前歴は明らかではないが、在住邦人の間では「とかくの噂」のある人物だった。加藤は藤井の案内で各地の水利事業を見て回ったが、江原道平康《ピョンガン》郡剣沸浪付近に、この会社の所有する土地が三四〇〇ヘクタールもあることがわかった。加藤は欧米旅行中、イタリアで見た農場経営法をここで実施してみないか、と藤井に提案した。

　その内容は「地主である不二興業がこの土地に加工場、農舎を建設し、一戸当たり八ヘクタールほどを耕作する小作人を入植させる。小作人には種子、肥料、農具、家畜などを供給し、収穫した生産物はひとまとめにし、加工するものは加工し、そのまま販売するものは販売する。地主は経営に必要な資本を提供し、利益は耕作する小作人にも公平に配分する」というものだ。土地の運用方法に頭を悩ましていた藤井は喜んだ。「加藤さんが鍛えた生徒をよこしてくれるなら、今年からでも土地は解放しよう、加工場や他の建物などできるだけの便宜は図る。すぐに実行して下さい」。加藤はこの計画が成功すれば、朝鮮全土にわたる荒地の開発は急速に進む、と期待を持った。

よいと決めたら、すぐに実行に移さないと気がすまない。それが加藤の性癖でもある。帰国直後の五月、友人の那須皓、橋本伝左衛門、小平権一や山形県立自治講習所の卒業生たちとも相談し、「朝鮮開発協会」を設立する。彼は常務理事に就任して朝鮮への移住開墾に乗り出した。朝鮮総督府の江原道庁は朝鮮開発協会の精神に共鳴し、多くの払い下げ請願者を押し除けて淮陽郡新興里の八〇〇ヘクタールの払い下げを決定した。払い下げ地の大部分は未墾の山地で、傾斜地が大部分。すでに朝鮮人四二戸が入植していた。ここに日本人を二〇戸ほど入植させることを決め、山形県立自治講習所の卒業生などを中心に一〇人の青年の活動根拠地とすることにした。面積は約一〇〇ヘクタールで傾斜地だが、三〇ヘクタールは利用できる。

藤井の経営する「不二興業」と連係した二つの朝鮮開墾事業も、大正十四（一九二五）年春から動き出した。一つが全羅北道郡山府外の「不二農村」に、約二〇戸の夫婦者を送り出す事業である。不二農村は藤井の指導ですでに動き出しており、将来その中核となり得る人物の人選を始めた。もう一つは新興里の南西約一〇〇キロの江原道平康郡に新しく建設する新農村で、総面積は五〇〇ヘクタール。この土地は加藤も視察済みで、「地の利は申し分なし」。ここには中堅指導者として四〇戸を送り込むことになった。また平康郡剣沸浪にある五〇ヘクタールの土地にも、約一〇人の若手青年を送り込むことになる。平康郡の二つの入植地には昭和三年から七年にかけ、約一〇〇戸を送出することに成功する。加藤の海外植民計画は、朝鮮半島から始まったのである。

この朝鮮視察の後、加藤は満州に渡り、大連、旅順、奉天を旅する。広大な満州の原野は日本の農村青年の移住地を探す加藤にとっては極めて魅力に溢れていた。大連では関東庁で日本人の移植状況を調べ、日本人子弟の満州移民の可能性を探った。「いずれ満蒙に日本人の開拓移民は可能になる」。この時、彼はこう確信したという。旅順では日露戦争の激戦地「二〇三高地」に登り、「我等は断じてこの（日露戦争での）貴い犠牲を無意味に葬り去ってはならない」と感慨にふけった。その時の思いを加藤は「弥栄」三七号（大正十四年二月）にこう記している。

〈わが先輩の努力奮闘の汗を忘れて、いたずらに他国の干渉を恐れ、この天恵豊かで尽きない豊庫を有する活動の新天地を、ただ傍観しておってよいものであろうか。我らはどうにかして、内地の農民の真面目な次、三男が耕すにも土地がなく、求めても職のない多くの人々が行き詰まっているのを救い、元気に満ち満ちてこの新天地において活躍させることこそ、真に旅順港頭の表忠塔の下に眠っている英霊を安んじ、また満蒙の奥深い野において、国家のために命を賭して努力した先輩を慰める最大の道であると、僕はかたく信じて疑わない〉

彼の「感慨」を少し解説しておこう。朝鮮は日韓併合以降、全土が日本の領土であり、日本総督府の支配下にあった。日本人も正式な手続きを踏めば、朝鮮の土地を入手し、開墾することは出来る。しかし、当時、満州に日本人が土地を入手することは、極めて厳しい状況にあった。日本が日露戦争の結果、ポーツマス条約で得たのは長春以南の南満州鉄道と大連、旅順を含む関東州に限られていた。第一次世界大戦で戦勝国側になった日本は中国・山東省でのドイツの権益を引き継ごうと中華民国の袁世凱《えんせいがい》大統領にいわゆる「二十一ヶ条の要求」を突き付け、大正四（一九一五）年五月、「南満州及東部蒙古に関する条約」が結ばれた。

この中で①ドイツが山東省に持っていた権益を日本が継承する②ロシアが清国から二五年契約で租借していた旅順、大連の租借期限と、満鉄・安奉線（安東―奉天）の権益期限を九九年にすること――などのほかに、南満州、東蒙古において日本人が、各種工業上の建物の建設、耕作に必要な土地の貸借、所有権を取得する〝特殊権益〟として「商租権」が認められた。日本側の要求は「土地の賃借権または所有権を取得することを得」だったが、中国側はこれに反発、「商租権」という文言を使用することで決着したのである。「商租権」とは何なのか、「それは物権なのか債権なのか。物権とすれば所有権なのか、債権とすれば賃借権なのか。その性質、内容について根拠となる条文はなく、曖昧な状態のまま放置されていたのである」（満州国民政部土地局「商租権に就て」）。

日本が中国に特殊権益を有することを英国、フランス、ロシアは承認したが、米国やドイツは強く反発した。袁世凱は日本の要求に対し、国内世論や国際世論を煽り、中国国内では排日感情が高まり、反日デモが頻発した。米国は日本に対し「中国の領土保全、門戸開放の原則、中国における米国人の権利に抵触することはすべて了承しない」と厳しい態度に出た。これに勢いを得た中国は、日本の商租権に対し「国土売買禁止令」や「懲弁国賊条例」を公布し、「日本人に土地を売買したものは、公開裁判なしに死刑に処す」ことを決め、「商租権」による日本人の土地取得を妨害した。これが後に張作霖爆殺事件や満州事変を引き起こす大きな要因ともなるのである。

日本国民高等学校の創立

加藤完治は朝鮮開発協会の常務理事として、朝鮮の未墾地開墾に取り組む一方、石黒忠篤らが計画する日本国民高等学校の創設準備も本格化させていた。東京・牛込の石黒邸には、加藤を初め那須皓、小平権一、ドイツ留学から帰国したばかりの橋本伝左衛門が毎晩のように集まり、新しい学校の運営や学校の理念などについて熱い論議を続けていた。石黒は自ら奔走して井上準之助、結城豊太郎、渋沢敬三という三人の日銀総裁、蔵相経験者や、三菱財閥などから二万円の寄付金を集めてきた。

加藤も石黒の要請で渋沢敬三を訪ね、一緒に夕食を取りながら五時間にわたって新たに設立する日本国民高等学校の説明をした。「あれほど深味のある質問をする人には、まだ接したことがない」と加藤が感心するほど、渋沢はこの学校に関心を示した。そして最後に「よくわかりました。まことにお恥ずかしいのですが、二口ばかり後押しさせて頂きたい」と加藤に頭を下げた。加藤はその時、二口というのが幾らであるか知らなかった。石黒に後で尋ねると五〇〇〇円（現在の約二〇〇〇〇万円に相当）という大金だった。「同じ援助であっても、こっちは真剣にやるぞという気持ちになった」と述懐する。

この頃、政府の行政改革によって全国五か所にある国立種羊場が北海道一か所に集約されることになり、茨城県・友部にあった国立種羊場も海軍航空基地に転用されることになる。しかし、海軍が使用してもなお九八ヘクタールの残地があることがわかった。石黒はこの残地に目をつけた。この土地の払い下げを受ければ、駅にも近く、種羊場の施設もそのまま利用できる。石黒たちはこの地にデンマークの国民高等学校の日本版である本格的な「日本国民高等学校」を設立するため、その運営母体となる「社団法人日本国民高等学校協会」の設立を文部、農林両大臣に申請、大正十四（一九二五）年十二月に認可が下りた。同協会の代表理事には石黒が自ら就任する。

「日本国民高等学校」の設立認可が下りたのは大正十五年五月。この年の暮れ、大正天皇が崩御、昭和の御代となった。明けて昭和二（一九二七）年二月一日、わが国最初の国民高等学校が茨城県茨城郡宍戸町友部（現・水戸市友部）に開校することになった。校長に就任する加藤は、十年間務めた山形県立自治講習所所長を大正十四年十二月の第十期生の卒業式を終えると同時に辞職する。後任所長は講習所講師の西垣喜代次に決まる。加藤はこの最後の卒業式でこんな挨拶をした。

「十年間の在勤中、自ら農民たらんとする場合に耕すべき土地がなく、経営に必要な金もなく、直ちに農民となり得ないで悶え苦しむ事実に遭遇した。こういう若い人のために早く自作農たり得るべき道を拓いてやらねばと思い、僕は植民を断行しようと決意した。内外植民の断行を企図すればするほど根本問題は人である、即ち各人の理想信仰を磨き、然る後に植民を決行しなければそれは無意味である。新しい日本国民高等学校でも理想信仰の練磨をあくまでやる。職員も生徒も共々働くことを信条の第一とする」

卒業式の二日後、加藤一家は住み慣れた山形から茨城県・友部に向かった。そして友部の国立種羊場の使用許可の内諾があった直後の大正十五年四月、加藤は妻、美代をともなって再び、デンマーク、ドイツ視察の旅に出る。目的は、新たに誕生する日本国民高等学校の初代校長として、両国の国民高等学校の運営を改めて視察することにあった。同年十二月に帰国するが、帰路はシベリア鉄道、満鉄線を利用して、哈爾浜《ハルビン》、奉天、大連から朝鮮を経由しての帰国だった。日本国民高等学校が一期生四三人を迎えて開校したのは帰国から二か月後のことである。

開校直後には内村鑑三が友部を訪れ、生徒たちに「土と生きる」という講演をしている。加藤を山形県立自治講習所所長に招いた藤井武の配慮だったのだろう。藤井はその頃、内村の下で伝道師をしていた。入学する生徒は身体強健、農業労働に堪え得る者で高等小学校卒業程度以上の学力を持ち、年齢は原則として二〇歳以上。一年間の農業訓練教育を実施し、農民としての信念を身につけさせようというもので、出来るだけ自由にし、農業労働の楽しさを体得させようとした。その目的はあくまで農村における人材の養成だったが、農家の長男だけでなく「満二〇歳以上の次男以下の農家の子弟で、将来拓地植民に従事する者を養成するコース」も設けられた。昭和三年には三か月コースの女子部も新設され、一期生一〇人が入学する。また朝鮮の郡山、平康などの開拓地に入植する人たちの開拓者講習も行われた。

「日本国民高等学校設立趣意書」には、石黒忠篤のこの学校に対する思いと、校長に就任する加藤完治への期待が溢れている。以下はその要旨である。

「日本の農村にも有為な青年は乏しくはない。だが彼等は自ら悟る余裕と、彼等を教え導く機会がないため、従事する農業の尊重と労働の神聖への信念を持つことが出来ず、進路に迷い暗中模索している。これら有為の青年を訓育し、自覚ある農民とすることが農村振興の根底である。北欧の小国、デンマークが国運衰退の極からわずか半世紀で農村が繁栄し、特色ある文明を持つようになったのは国民高等学校の独特な農村青年教育に基づく」

「こうした農村青年の教育は、単に資金や設備があっても出来るものではない。その中心人物に特殊の天分を有する人格者が必要になる。これができるのは山形県立自治講習所所長の加藤完治君しかいない。氏はデンマーク国民高等学校の精神に則って設立された同講習所で青年たちを訓育すること十年。この間、二七〇名の卒業生を出し、短期聴講生は一二〇〇人に及び、その感化をうけた青年は氏を敬慕すること父にまさり、氏もまたこれを思うこと子の如く、今や東北農村開拓の大原動力になっている」

「自治講習所における訓育はデンマーク国民高等学校の模倣ではない。氏は自ら鍬をとり、生徒に伍して農業労働に従事し、大学で修めた学識と、その後の努力で体得した実地の技能によって、生徒に学問の真義を教えてきた。氏が自治講習所で得た十年の経験に基づいてさらに一歩進め、広く全国農村青年のために独特な教育機関を創立し、関係者全員で新しい農村を建設し、氏が多年抱いてきた理想を実現することに、我等も協力し参画したい。すでにこの人あり、この土地あり、社会もこの種の機関を要請している」

発足した国民高等学校の経営は校長の加藤完治に一任された。石黒や那須、橋本、小平らは加藤を側面から援助し、時間ができると友部に出向き、生徒を集めて講演したり、座談会を開いたりして、若者たちを熱心に指導した。彼らは次第に「加藤グループ」と呼ばれるようになる。友部に開設された学校の敷地は昭和九（一九三四）年、その一部を霞ヶ浦海軍航空隊に接収され、航空隊基地は次第に拡張される。このため国民高等学校は、新たに近接する内原の国有地八〇余ヘクタールの払い下げを受け、財団法人「三井報恩会」の援助を受けて校舎を建設、昭和十年四月、内原に移転した。

加藤が国民高等学校の校長就任に当たって二度目のデンマーク訪問をしたことは前述した。デンマークの国民高等学校は創立当初から生徒たちに確固たる人生観を与え、デンマーク魂を涵養するために、生徒全員を寄宿舎に収容し、生徒と職員が生活を共にすることにあった。しかしこの頃になると、字義通り寝食を共にすることはなくなり、二、三人の職員が交代で一日一度、校長も教頭も同じく一日一回程度、食事をともにするくらいで、学校の畑で一緒に汗を絞るということも少なくなっていた。

校長が週一度くらいは自分の家に有志を集め、聖書や歴史の講義をし、また生徒と職員が一緒に讃美歌の合唱をして、キリスト教精神を涵養しようと努力はしていた。デンマーク体操も必修科目としているが、精神修養ではなく、主として肉体の発育に重点をおいている。加藤はこうした実情を視察して「単に食事を共にするとか、一堂に集まって唱歌を歌うなどというだけでは物足りない」と強く感じた。歴史教育をするとか、「最も大切なのは何事に対しても生徒共々、汗を絞るということである。食事の支度にせよ、掃除にせよ、生徒と共にしなければならない。日本の農村の状態を考える時、デンマークの国民高等学校が如何にあろうとも、日本国民高等学校の全職員は常に先頭に立って、生徒と共に農業労働に汗を絞る覚悟がなくてはならない。如何なる口実があろうと、自ら農業労働に汗を絞らぬ人は生徒を指導する職員たることを許さない」

これは校長の加藤が自らに課した覚悟でもあった。加藤はこの視察旅行を通して、「日本国民高等学校は、デンマークのグルンドウィが提唱した開校時の根本的精神に立ち戻るべきだ」と確信したのである。

もう一つの覚悟は「国民高等学校の教権の確立、即ち金力と権力には絶対的に頭を下げぬという教権の確立」だった。デンマークでは国からの補助金を受け取っていたが、加藤は文部省からの補助金も断った。運営に要する資金はあくまでも「日本国民高等学校協会」の趣旨に賛同して正会員や特別会員となった人たちからの寄付金だった。

「補助金をもらうと、やれ授業がどうなっている、やれ報告をせよなどといわれ、肝心の教育ができなくなる。役人が明確に発心するまでは補助金はもらわない。資本家からも浄財でなければ絶対に受けてはならない。うっかりすると金銭で縛られてしまう。国民高等学校の運営は金力と権力から超越する」

第四章　満蒙移民の胎動と満州事変

満蒙問題と田中義一内閣

日本国民高等学校が発足したわずか一か月後の昭和二（一九二七）年三月十五日、未曾有の金融恐慌が日本を襲う。波乱の昭和時代の幕開きだった。

前日の衆院予算委員会で蔵相の片岡直温《なおはる》（若槻憲政会内閣）が「今日正午、東京の渡辺銀行が破産した」と発言してしまったのである。しかし、その時点で渡辺銀行はまだ持ち堪えていた。片岡蔵相の不用意な発言は、「震災手形」の処理をめぐって、危機的状態にあった多くの市中銀行に動揺を与えた。各都市の銀行窓口には、預金の払い戻しを求めて多くの市民が行列を作り、三七もの市中銀行が休業に追い込まれる。日銀の四億円の緊急貸し出しによって、市中銀行はやっと払い戻しに応じることが出来るようになり、パニック状態だった預金者も落ち着きを取り戻した。

この責任をとって若槻礼次郎首相は退陣し、代わって政友会総裁に選ばれたばかりの田中義一が組閣する。長州出身、軍人として軍務局長、参謀次長、原敬内閣の陸軍大臣を歴任し、シベリア出兵を敢行した。退役してから政治家に転身した田中は大正十四（一九二五）年、最大野党の政友会の総裁となる。「おらが、おらが……」というところから〝おらが大臣〟と呼ばれ、国民的人気も高かった。田中は蔵相に国民の信任の厚い高橋是清を担ぎ出す。高橋は三週間にわたるモラトリアム（支払猶予）を実施し、全国の銀行を一斉休業させて事態を鎮静した。

この内閣で田中は外相を兼務した。外務政務次官に就任したのが三井物産から政界入りした〝支那通〟の森恪《つとむ》（通称もり・かく）だった。大阪の商家生まれの森は中学で学業を打ち切り、大陸への雄飛を目指し三井物産の支那修業生となり、上海支店の雇員となった。支店長の山本条太郎（のち満鉄総裁）にその才能を認められ、辛亥革命の孫文らへの資金援助などに辣腕《らつわん》を揮う。孫文や胡漢民《こかんみん》と井上馨、桂太郎らとの満州買収計画でも裏方として一役買っている。上海支店長を最後に政友会から立候補、政治家に転身した。田中内閣の外交を事実上、取り仕切ったのが政務次官の森恪である。

田中義一内閣の外務政務次官・森恪

政治家に転身して当選二回目で外務政務次官となった森恪は、すぐに省内の幹部を集め、前外相の幣原《しではら》喜重郎が満蒙の権益を守ることに消極的だったことを強く非難し、「東方会議」の開催を田中首相に建議し、実現する。対中国政策、特に満蒙政策を取り上げ、中国積極政策の具体化を図ろうとしたのである。同年六月二十一日から七月七日にかけて七回にわたって開かれた会議はすべて森が取り仕切り〝森の東方会議〟と言われた。森の胸の内にはすでに「満州独立」の構想が描かれており、「満蒙の中国本土からの切り離し」は事実上、この会議から始まったと言われている。

主な出席者は外務省から外相兼務の首相・田中義一、政務次官・森恪、事務次官・出渕勝次、亜細亜局長・木村鋭市、在外公館から駐支公使・芳澤謙吉、奉天総領事・吉田茂ら。陸軍省から次官の畑英太郎、軍務局長・阿部信行、参謀本部から参謀次長・南次郎、参謀本部第二部長・松井石根《いわね》ら。海軍省から次官・大角岑生《おおすみみねお》、軍令部次長・野村吉三郎ら。さらに関東軍から司令官の武藤信義と戦前、戦中を通じて日本の政府、軍の指導者となる錚々たる顔ぶれである。この会議に「張作霖爆殺事件」の首謀者となる関東軍高級参謀の河本大作も武藤信義の随員として参加していた。

会議は最終日に八項目の「対支政策要綱」を決めた。この中にはその後の満蒙政策を決定する重要な項目が含まれていた。第五項の「帝国の権利、利益、在留邦人の生命財産の侵害には断固として自衛の措置に出る。不逞分子の動き、排日、排日貨には進んで適宜の措置をとる」と、第八項の「満蒙の動乱が波及し、わが権益が侵害される恐れがあれば、そのいずれの方面から来るを問わず、これを防護し、内外人安住発展の地として保持せられるよう機を逸せず適当な措置に出づるの覚悟あるを要す」である。森はこの二項について「満蒙の治安維持には日本が当たる。満蒙に障害が起これば国力を発動する。これが東方会議の要点だ」と述べており、「満蒙は日本の特別地域である」という森の「満蒙分離政策」が色濃く滲んだ中国政策要綱だった。

張作霖爆殺事件を仕掛けた河本大作はその手記で「この会議で私は満鉄線に対する奉天軍（張作霖軍）の包囲態勢にはもはや外交的交誼などでは及ばなくなっていることを力説した。武藤司令官もこの会議で武力解決を強調した。大元帥を呼号する張作霖は三十万人の大兵を擁し今は北京にいる。この三十万が北伐に敗けて満州に流れ込んだら、どんな乱暴をやるかわからない。張作霖の兵は武装解除してのみ入れるべきである。この献策に森恪は非常に共鳴し、東方会議の議決になった」と述べている。張作霖爆殺もこの会議から動き出していたのである。田中内閣は張作霖事件の処理をめぐる不手際を天皇に指摘され、総辞職したことは第二章で述べた。

東方会議の直後、その内容を田中首相が天皇に上奏したという「田中上奏文」なるものが漢文、英文の二種類で中国各地に密かに出回った。「支那を征服せんとすれば、まず満蒙を征せざるべからず。世界を征服せんとすれば支那を征服せざるべからず」などと記された文書である。東京裁判でも、「日本の中国侵略の立証」に使われようとしたが「一見して偽物とわかる幼稚なもの」で、証拠採用とはならなかった。しかし元中国国家主席・江沢民の肝煎りで作られた中国・瀋陽の「九・一八歴史博物館」には、いまだにこの上奏文の一部が日本侵略の証拠品として展示され、「東方会議で、世界征服のためにまず中国を征服する、という対外侵略の綱領を確立した」との説明書きが添えられている。

「満州」という地域

満蒙における日本の権益を守ると森恪や河本大作らが主張する「満蒙の権益」とは何なのか。またこの時代の日本人は「満州」という地域をどう見ていたのか。少し歴史を遡って整理しておきたい。幻の国「満州国」は戦後、中華人民共和国（中国）では「偽満州国」と呼ばれ、「満州」という地域名も消え、吉林、黒竜江、遼寧三省は「中国東北部」と呼ばれるようになった。日本のメディアもこれに倣って、この地域を中国東北部と呼び、「満州」という言葉は死語となる。また戦前、満州に渡った日本人はすべて中国東北部への侵略者と看做されるようになり、戦後の日本の歴史教育でも、日本軍が中国東北部を侵略して「満州国」を作ったと教えられてきた。

歴史的にみれば今、中国を支配する漢民族は、「万里の長城」の東端である山海関から東北一帯を「関東」、「関外」と呼んでいた。「満州」とは満州族の呼び名である。満州族は古くから東北アジアの森林地帯に住む狩猟民族であり、西方にはモンゴル草原が広がり、遊牧を生業とするモンゴル族が住んでいた。満州族は農耕民族である漢民族とは異質の存在である。言語もアルタイ語系で満州文字と呼ばれる表音文字を持っていた。日本では古くから「韃靼《だったん》」と呼び、中国本土の漢民族は「女真《じょしん》」と呼んでいた。

清の太祖ヌルハチは当初、満州独立を宣言し、国号を「大金」と改めた。ヌルハチの後継者、ホンタイジは中国本土の「明」に侵攻し、１６４４年、明を滅ぼし清朝を建てた。この時、漢民族が女真と呼ぶ民族を「マンジュ」と呼ぶよう部下に指示した。マンジュは文殊菩薩（マンジュシュリー）に由来すると言われる。マンジュを漢音表記したものが「満州」である。清朝は少数民族の満州族が漢民族をはじめ多数の民族を支配する王朝である。満州人の多くが中国本土に移住する。支配の方法としては全面的にそれまでの文治政策を採用するが、一方で満州族が漢風に染まらないように意を用いた。

一方、清王朝の故地である満州には豊かな森林資源を求め、漢民族の商人や、耕作地を求める農民が入り込み始めた。満州に漢民族が急増する状態をみて清朝は、他民族の立ち入りを禁止する「封禁の地」とした。しかし、この禁を破って満州に入り込む漢民族の商人や、耕作地を求めて山東半島から海を渡って遼東半島に上陸、北上する農民も多かった。満州族の地主の中には小作農を求めて移民を手引きする者も出て、満州に住みつく漢民族は次第に増えていく。満州における漢民族人口の膨張は清朝末期からで、それまでは「関外の地」だったのである。

辛亥革命で軍資金の不足に悩む孫文は、森恪を通じて日本側の革命への資金提供と引き換えに、満州譲渡に応じようとしたといわれる。「満州買収計画の発案者は森で、三井物産創業者の益田孝を通じて井上馨に会い、井上を介して桂太郎を動かし、この大計画を立て、八、九分は成功したのだが、最後の土壇場で政府（山本内閣）の反対にあい結局立ち消えに終わった」（山浦貫一『森恪』）。清朝打倒を目指した孫文らも、満州地域を新しく建国する中華民国とは切り離して考えていたと見てもよい。孫文にとっても満州は打ち倒すべき支配民族の故地だったのである。

清朝時代、満州支配を狙って着々と南下してきたのがロシア人である。清朝は満州に奉天将軍、吉林将軍、黒竜江将軍という三人の将軍を置いて満州を管理したが、満州北部の僻地は誰も駐屯していなかった。そこへロシアが「東方へ、東方へ」を合言葉に東進し、圧倒的な武力で土着の民を支配し、アムール河（黒竜江）から、ウスリー江、松花江（スンガリー）まで進出してきた。一八五六年、ロシアと清国はアムール河中流の愛琿《アイグン》で交渉の席に着き、アムール河から北側と、ウスリー江から東側の沿海州までをすべてロシアの領土としたのである（愛琿条約）。これは後の満州国とソ連の国境線ともなった（下巻二一三頁の地図参照）。

清朝崩壊の大きなきっかけになったのが明治二十七（一八九四）年に始まった日清戦争である。朝鮮で専制政治に反対する大規模な農民の反乱（東学党の乱）が起きると、朝鮮政府の要請で清国はその鎮圧を理由に出兵する。日本の伊藤博文内閣はこれに対抗して朝鮮に軍隊を派遣した。日清両軍は衝突し、同年八月、日本は清国に宣戦を布告し日清戦争が始まる。日本は巨額の軍事予算を議会で可決、近代化に立ち遅れていた清国軍に圧倒的に勝利した。翌二十八年四月、下関で日清講和条約が結ばれた。この条約によって清国は朝鮮の独立、遼東半島・台湾・澎湖諸島の割譲、賠償金二億両（当時の邦貨で約三億一〇〇〇万円）などを認めた。日本は初めて大陸進出の足場を築くことになったが、満州に深い利害関係を持つロシアはドイツ、フランスと共に遼東半島の租借権を清国に返還するよう日本に求めた。三国を相手に戦う力のなかった日本は、これを飲まざるを得なかった。いわゆる「三国干渉」である。

ロシアは清国が日本に支払う賠償金も貸し付ける。その見返りにウラジオストックまで建設を計画していたシベリア鉄道が、清国内を通過する「東清鉄道《とうしん》」の建設と、哈爾浜《ハルビン》から大連・旅順に至る「南部支線」の敷設を認めさせた。さらにロシアは清国と二五年間に及ぶ遼東半島の租借契約を結び、一年中使える不凍港を獲得したのである。この時、ロシア政府は北満州に六〇万人のロシア人を移民させる計画を立てている。東清鉄道の建設は哈爾浜に都市を建設することから始まった。哈爾浜は今では黒竜江省の省都として人口約五〇〇万人の大都市だが、ロシア人が作った街である。

当時、寒村だった哈爾浜は、ロシアが計画するシベリア鉄道が松花江と交差する地点にある。遼東半島から北へ鉄道を敷設すれば九〇度で交わり、「シベリア、満州を貫く陸上交通と水上交通の十字路に位置している」（福田和也『地ひらく』）。ロシアはアムール河の支流である松花江を遡って哈爾浜に資材を運び、まず街を作り上げてから線路を敷設していった。現在も哈爾浜に残る目抜き通り「キタイスカヤ（中国人街）」は中国人労働者が建設資材を運んだ通りである。日清戦争で清国の無力が明らかになると、満州一帯は南方から入って来た漢人軍閥、北のロシア、独立をしようとするモンゴル人などが勢力争いを繰り返す「無主の地」となっていたのである。また中国本土には欧米列強がこぞって進出をはかり、各地に租借地を設定、鉱山開発、鉄道敷設などの権益を獲得した。

日清戦争から一〇年後の明治三十七（一九〇四年）二月、日露戦争が勃発する。ロシアは清国内で起きた外国人排斥運動「義和団の乱」に大軍を出動させるが、騒ぎが収まっても撤兵せず満州の占領を続け、朝鮮半島にも影響を強めた。満州から撤兵しないロシアに対する日本国民の反発は強まる。日本政府は満州を日本の権益範囲外とする代わりに、朝鮮に対する軍事的、政治的支配権を認めさせようとしたが、ロシアとの交渉は成立せず、開戦に踏み切った。明治三十八年一月、日本陸軍は多大な損害を出しながらロシア海軍基地、旅順を占領し、同五月には日本の連合艦隊がヨーロッパから航海してきたロシアのバルチック艦隊を打ち破るなど、戦局は日本に有利に展開した。

しかし、経済的にも軍事的にも戦争継続は困難と判断した日本政府は、米国のセオドア・ルーズヴェルト大統領に仲介を頼み、米国・ポーツマスで講和会議が始まる。日本全権は小村寿太郎外相、ロシア全権はウィッテ元蔵相。同年九月、日露講和条約（ポーツマス条約）が結ばれた。ロシアはこの条約で①朝鮮における日本の支配権の全面的承認②満州の旅順、大連の租借権と、東清鉄道南部支線の南半分である長春—旅順間の譲渡、などを約束した。しかし、賠償金の支払いや樺太の割譲には強く反対し、結局、交渉は賠償金なし、樺太は南半分だけの割譲となった。勝利したとはいえ、日本はこの戦争に二〇八万人の兵力を動員し、戦死者は四万六〇〇〇人、負傷者一六万人を出し、戦費は一九億五〇〇〇万円に達した。

満鉄総裁・後藤新平の移民論

日本がポーツマス条約で獲得したのは旅順・大連の租借権と、哈爾浜—大連を結ぶ東清鉄道南部支線のうち、全体の四分の三に当たる長春から大連までの約七〇〇キロ。東清鉄道が持っていた「鉄道付属地」の特権も継承した。ロシアは鉄道敷設を清に認めさせる時、単に鉄道を敷くというだけでなく、鉄道周辺の鉄道経営に必要な土地に、「鉄道付属地」として排他的な行政権を設定していた。

鉄道経営に必要があれば、鉄道の両側数百メートルにわたって鉄道に関係ない建物や施設、街並みを自由に建設できるようになっており、鉄道付属地内からの一切の利益や資産に対する徴税権も持っていた。また鉄道建設を名目にすれば、公有地を利用し、満州内の鉱山資源も自由に使い、私有地を買い上げる権利も付与されていたのである。いわば「鉄道付属地」はロシアの領土の一部だった。日本はこの鉄道付属地も引き継ぐことになったのである。

ポーツマス条約が調印されると、直ちに満州軍参謀長で日本の勝利の立役者、児玉源太郎を委員長とする「南満州鉄道（満鉄）設立委員会」が発足する。会社設立が決まると西園寺公望《きんもち》首相は台湾総督府民政長官の後藤新平に総裁就任を打診する。第四代台湾総督でもあった児玉源太郎の意向でもあった。ポーツマス条約調印以前に後藤新平は奉天の児玉総参謀長を訪ね「満州経営策梗概」という意見書を手渡している。その中で後藤はこう述べる。

後藤新平。満鉄総裁として日本人の満州移民の必要性を説いた。

「鉄道の経営機関として、別に満州鉄道庁を起し、政府直轄の機関とし、鉄道の営業、線路の守備、鉱山の採掘、移民の奨励、地方の警察、農工の改良、露国及び清国との交渉事件並びに軍事的諜報勤務を整理せしめ、兼ねて平時鉄道隊技術教育の一部を担任せしむべし」

満州への「移民の奨励」は後藤新平の持論であり、台湾の民政向上に長年、取り組んできた経験から、当初から日本人の満州への大量移民の必要性を強調していた。

後藤は打診された満鉄総裁就任を一旦断り、彼を推薦した児玉と激しい議論となった。後藤の「満鉄総裁就任情由書」には「一体満鉄経営は君が首説して、僕に説いたことじゃないか」と児玉が後藤に詰め寄った内容が詳しく記されている。「児玉が詰め寄ったという形をとって後藤の考えを説明したもの」と言った方がよい。その内容を『正伝・後藤新平』第四巻の鶴見祐輔の口語訳から要約しておきたい。

「満州で安逸に過ごして後で苦労するようなやり方をしてはならない。それは満鉄経営の巧拙によって決まるというのが君の持論だった。そして君はこう主張した。満鉄経営を成功させる計は第一に鉄道経営、第二に炭鉱開発、第三に移民、第四に牧畜諸農工業の施設であって、中でも移民こそその要務としなければならない。今、鉄道の経営によって、十年たたないうちに五十万人の国民を満州に移入することができれば、露国がいかに屈強であるとしても、そう簡単に我と戦端を開くことは出来ないだろう」

「もし満州において五十万の移民と数百万の畜産を有するならば、戦機がもし我に利があれば進んで敵国を侵略する準備をし、またもし我に不利ならば厳然として動かず、和を持して機会を待てばよい。これこそ満韓経営大局の主張であると、これまた君の持論ではなかったか。未だ着実周密な経営方針を談ずる君の意見のようなものは聞いたことがない。私は深く君の所説に賛同する。君が植民政策に中心がないことをとがめ、満州のことに身を挺して力を尽くすには足りないというならば、私は断じて君の志節を肯定できない」

この日、児玉と後藤は三時間にわたって大陸経営論を談じあった。後藤の五〇万人移民論は、後の石原莞爾や東宮鐵男などと同じように、南下するロシアに対する「防波堤」を満州に築くことにあったと見てもよい。この議論を終えた児玉はその夜、脳梗塞を起こし死去する。後藤は〝弔い合戦〟のつもりで満鉄総裁に就任した。

後藤新平は満鉄総裁として、その後も日本人の満州移民の必要性を政府要人に度々、提言している。明治四十年初頭には満鉄総裁として「大陸政策の根本策」について、中央政府の所見を質す覚書を送る。その中で後藤は「政府は満州移民に関して如何なる所見を有しているのか。少なくともこの数年間に五〇万人以上の移民をみるという策を講じなくてはならないのではないか」と問いかけ、「植民政策の中央機関を設けること」を提案している。具体的には「拓殖（拓務）省」の設置である。

明治四十一年六月には西園寺首相に対して次のような質問状を送った。鶴見祐輔が「それは質問書というよりむしろ詰問状である」というほど厳しい表現である。

「南満州に入るべきわが植民は、今後十年間を期して、少なくとも五十万人、もしできれば百万人以上とすべきである。ただしその方法順序については、必ずしも東洋拓殖会社にならう必要はない。年月が進むとともに民衆を移すことができれば、満州は事実上帝国の領土となり、後年還付（二十五年後の返還）の場合においても、日本の利益は確定不動となるだけでなく、あるいはついに実際還付できない事情も生じて来るだろう。政府はこれに関していかなる計画を有しておられるか。あるいは根本よりこの手段を否定されるかどうか。的確な開示を請うも

のである」（同前）

後藤新平が満鉄経営で重視した一つが調査事業である。満鉄発足と同時に大連本社に調査部を置いた。調査部がまず行ったのが鉄道用地買収のための土地調査である。新しく土地を統治するにはその土地を誰が所有しているかをはっきりさせねばならない。用地買収には適正な補償金を払うために、土地の権利関係を厳密に調査する必要がある。満州は奉天などの大都市はともかく、大都市を少し離れれば広大な土地のほとんどは未墾地である。満州族しかいなかったところに、ロシアが鉄道建設を始めた頃から、漢民族の農民や商人が大量に入り込み始めたが、土地の所有関係がはっきりしない地域が多かった。

満鉄調査部は土地取得のため権利関係を徹底的に調べあげた。後藤新平はそれらの調査に基づいて、五〇〇万人から一〇〇〇万人の移民の可能性を強く主張したのである。調査部はその後、満州の風俗調査や民族調査などを行い「満鮮地理歴史研究報告」を纏めている。この研究も日本人が移住するためには欠かせないものだった。

後藤新平は明治四十一（一九〇八）年七月に発足した第二次桂太郎内閣で逓信相として入閣する。政界入りの第一歩だった。満鉄を逓信省管轄とするという条件であり、満州問題は彼の所管として残された。入閣に当たって後藤は「入閣後の覚悟」という手記を残している。この中で彼は「満州への移民問題」についてそれまで以上に強調している。

「わが国の人口は年々五〇万ずつ増加しているのに、いまだかつて国是として移民について決定したことはない。これは島国である帝国の地位から言っても大欠点である。時の外務当局者は国是である根本が定まっていないために、先方の国情のみによって伸縮することを免れない。まず移民を国是とする根本を決定し、その国是を実行するための専門機関を設けてこれに当たらせるべきだ。移民問題は社会問題を解決する一大進路であり、内務行政および財政上、密接な関係を有するにもかかわらず、内務・大蔵両大臣が誠実に本問題に講究しないのは、まことに恨事である」

「わが国民は、母国の風土が佳良で生計が容易であるため、生来外に出ることを喜ばない。多数の人口を満州に移そうと望むなら、まず満州がどんなところか知らせる必要がある。その方法は一つ、二つではないが、昨年来主張している大規模の学校を旅順に起こすことなどが最も近道である。『住めば都』の俚諺のように、外に出ることを望まない国民を誘うには、まずその土地に親しませねばならぬ。その土地に親しめば次第に大陸生活にも慣れるものである」

「政府が今日にいたるまで移民もしくは植民政策として根本的決定を下さず、経済学者もいまだ十分な解釈を試みないことは、わが国情からみてむしろ不思議でならない。付言しておきたいのは、北満州黒竜江付近に散在する露国民の状態である。露国は近来、財政が困難しているにもかかわらず、盛んに移民を企て、年々黒竜江方面に植民する数は五万人以上に達する。世間では往々にして露国人勢力が黒竜江方面に拡大されているのをみて猜忌憂慮する者がいるが、これを誘って利用する方途を知らないのは愚かではないか。露本国の都会から雑貨類などの貨物を輸送する困難は、わが国から輸送する困難に比べて遥かに大きい。わが国民がこの大市場を視界から外す傾向があるのは憤慨の至りである」（同第五巻より要約）

「満州移民の先駆け」 愛川村

ポーツマス条約でロシアが租借権を持っていた遼東半島南端部分を譲り受けた日本はこの地を「関東州」と命名する。面積約三五〇〇平方キロ、埼玉県と同じくらいの広さである。政府機関として「関東都督府」を置いた。明治四十五（一九一二）年、関東都督に就任したのが陸軍中将（当時）福島安正である。福島は少佐時代、赴任先のドイツ・ベルリンからの帰路、冒険旅行という名目でポーランドからロシア・ペテルブルク、イルクーツク、東シベリアまで約一万八〇〇〇キロを一年四か月かけて単騎横断し、実地調査をした。日露戦争では満州軍司令部参謀として、情報収集を行った人物である。

福島は関東州を隅々まで調べ、大魏家屯河下流一帯の海辺の土地に最初の日本人集団移民の計画を立てた。当時、在留邦人の間でも水田開発熱が次第に広がっていたが、関東州内は土着の現地住民が比較的稠密で、まとまった未墾地はほとんどない。残されていたのは海辺のアルカリ性土壌地帯や沼沢地だけだった。福島が目をつけた大魏《だいぎ》家屯《かとん》河下流の土地も葦など雑草が生い茂る荒蕪地で、面積は約八〇〇ヘクタールの平坦地。上流約二キロのところに沼があって常時、水を湛えていたが、土地は塩分を多く含んで畑地には適さず、放牧採草地として放擲されていた。

この湿地に大魏家屯派出所に勤務していた日本人巡査が、中国人篤農家に奨めて水稲を試作させたところ、稲は立派に育ち収穫をあげたことがわかった。農商務省の技師に鑑定を頼むと、水田好適地であることがわかった。福島は大正二（一九一三）年、この土地に日本人を集団移民させ水田開発を進めることを決める。実際に一九戸が入植したのは福島が退役した後の大正四年。最初の移民が山口県の愛宕村と下川村からだったことから「愛川村」と名付けられた。この愛川村への移民は、政府機関が国家的意図から実施した満州への最初の集団移民と言われる。

同じ頃、満鉄でも新たな移民の受け入れ計画を立てる。それまでも満鉄沿線の鉄道付属地を一大農場と看做して、移民希望者に土地を貸し付けてきた。しかし、借り受けた者の中には一攫千金を求めて渡満した者が多く、農業の経験もなくその経営は投機的となり、土地を中国人に不正に転貸する者も出るなど弊害も多かった。そこで満州駐屯の独立守備隊の満期除隊兵の中で、満州に残って農耕を志す者たちに対して、鉄道付属地内の土地を貸すという「除隊兵移民制度」の計画が立てられた。三代総裁・野村龍太郎の時代で、この計画にも関東都督の福島安正が参画したという。

この制度は「試験的移民」であったが、利用して入植した除隊兵は大正三年が六人、同四年が二〇人、同五年が五人、同六年が二人の計三四人（『満州開拓史』）。もともと鉄道付属地は市街地を中心にした限られた土地であり、大部分が中国人や邦人への貸付用地を回収したものか、荒廃に近い雑地でこれ以上の余剰耕地は見いだせなかったのが実情という。入植者のうち半数は昭和二年までの一五年間に定住を諦め帰国している。

その原因はどこにあったのか。大正四年の「対支二十一ヶ条交渉」で中国側は、条文上では日本人の「商租権」（農業用地や建物を賃借する権利）を認めた。これによって愛川村でも除隊兵制度にしても、満州で日本人が農業用地を取得出来ると期待した。しかし前述したように、中国側は事実上この商租権を認めず、排日傾向は一段と強まって、中国官憲は日本人が入植した地域に陰に陽に圧力を加えた。関東都督府の愛川村にしても、満鉄の除隊兵制度にしても、ごく小規模な実験的移民だったが「成功と呼べるものではなかった」（同前）のである。

満鉄の「農業実習所」開設

話を田中義一内閣が発足し、外務政務次官の森恪が「東方会議」を取り仕切った昭和二（一九二七）年まで戻したい。この年の七月、満鉄総裁に三井物産出身の山本条太郎、副総裁に外務省出身の松岡洋右《ようすけ》が就任する。日本国民高等学校が発足し、校長に就任したばかりの加藤完治は大連の満鉄本社に副総裁の松岡洋右を訪ねた。昭和二年暮れのことである。加藤は松岡にいきなりこう切り出した。

「満鉄の満州経営は、日本人を斥けて現地人を第一とするのですか」

意表をつかれた松岡はあわてた。

「そんなことはない。日本人の発展に対しても十分、力を尽くしている」

「農業面ではそうとは全く考えられないのではないですか」

「何をいうか。日本農民の定着を考えて大連郊外の愛川村を経営しており、農事試験場も持って指導に当たらせている」

「形はその通りでしょうが、精神が入っていない。日本人の教育をしていないではないですか。熊岳城《ゆうがくじょう》、公主嶺《こうしゅれい》の農業学校には、日本人は入れないで、現地人のみを入れているのは、日本人軽視ではないだろうか」

返事に窮した松岡はすぐに農務課長を呼び、検討を指示した。

熊岳城、公主嶺にある農業学校は満鉄創業の精神に立脚して現地住民の子弟の教育を目的に作られた学校である。しかし、対日感情が悪化するにつれ生徒の中にも排日運動に走る者も多くなっていた。大正十五年に公主嶺農業学校の校長に就任した宗光彦《そうみつひこ》はこの事態を見て、学校存続は無用だと痛感し「農業学校は廃校にして、日本人子弟を一定期間、訓練して、満蒙各地に集団的に入植移住させるための農業実習学校を開設すべきだ」という趣旨の意見書を満鉄当局に提出していた。

宗光彦は東京帝大農科大学の学生時代は加藤と那須皓らが作った「尚農会」のメンバー。一緒に海外移民について議論してきた仲間である。宗は学生時代から積極的な移民推進論者だった。宗は大学を卒業すると満鉄に就職、公主嶺産業試験場に勤務する。その後、満鉄などが出資して作った内蒙古開発のための「東亜勧業公司」に移ったが、内蒙古開発は張作霖の抵抗などもあって進展せず、公主嶺農業学校校長に就任していた。

加藤は松岡と会う前に宗と十分な意見交換をしていたのだろう。満鉄は加藤、宗という二人の専門家の意見を容れ、昭和二年度で熊岳城、公主嶺の農業学校を廃止し、その校舎を利用して新たに二つの「農業実習所」を開設することになった。

宗光彦を所長とする「公主嶺農業実習所」は昭和三年八月、小原敬介を所長とする「熊岳城農業実習所」は同年九月、開所する。一期生は公主嶺が二四人、熊岳城が三三人。公主嶺は宗の方針が「行き詰った日支関係を積極的に打開し、満蒙奥地への発展を推進しようとすることにあった」ため、第一期生全員に「内蒙移住計画書」が配られ、蒙古地帯を踏破調査する見学旅行も実施された。

一方、熊岳城の所長・小原敬介は、大学卒業後、渡米して大陸農業や米国の大規模農業に造詣が深かった。満州においてもアメリカ式機械農法や科学的経営を実施すべきだと考え、熊岳城では学校としては広大すぎる約一〇〇ヘクタールの農場用地を確保し、所長自らがトラクターやカルチベーター、グラインダー（動力用）、刈り取り用のバインダー、動力噴霧器など多くの米国式の機械農具を使って実習生の指導に当たった。

実習生は全員が寄宿舎で寝食を共にし、授業料、食費は免除、被服なども満鉄から支給された。両実習所は加藤の日本国民高等学校に見倣い、「智的偏重に陥るのを避けて、勤労教育を主眼とし、農業実習に適さない冬期に学科を課す以外は終日、農業労働に従事し、自主独立の根本力の養成を主眼とした」。日常の生活も満州人労働者と同程度として、実習生は「粗衣粗食に甘んじ、農民たる信念を自覚した、真に肚と腕との人材」を養成しようとした。厳寒の冬期の学科は、満州農業の実際に即した要点教授が中心。ただし「満州語」だけは必須科目で、毎日一時間以上の時間を課した。

加藤完治の「満蒙植民管見」

加藤完治は日本国民高等学校校長の就任以来、数度にわたって満蒙各地を旅し、広大な満蒙の地に放置されたままの未耕地に目を奪われる。関東庁や満鉄など現地在留邦人と日本人の満蒙移民をめぐって議論する度に常に苛立ちを感じていた。「商租権」問題が障害になっていることがあったとしても、日本人が入植しているのは、大連などを中心にした南満州地域の満鉄付属地など限られた地域で、それもせいぜい数十戸規模にすぎない。「極寒の北満州などへの入植は日本人には不可能だ」という声ばかりが聞こえてくる。

加藤はこの頃から機関紙「弥栄《いやさか》」誌上で「満蒙植民管見」と題して「日本人の満蒙移民」の必要性を繰り返し書き続けている。その量は膨大なものだが、彼が主張するいくつかのポイントを要約しておきたい。そこには彼の満蒙開拓移民にかける基本的な哲学が、集約されていると言えるだろう。

「日本人は中国苦力《クーリー》（労働者）のように貧しい物を食べ、寒暑にひるまず朝から晩まで働くことは出来ず、満蒙へ入植しても中国人には勝てない」という論に加藤は手厳しく反論する。

「突然、満蒙の天地に移って、少しばかり満蒙農業を聞きかじり、中国人と同じように農業がやっていける、と思ったらそれは誤りである。まして農業労働に従事した経験もなく、安い中国苦力の労働力を乱用して金儲けだけに目がくらんでいる日本人に、満鉄あたりがどんなに手厚い補助を与えたとしても、彼らが中国農民に追い立てられるのは当然である。農業において一番大切なことは、労力を有効に使いうる生きた技能を有するということである。なおかつ圃《ほ》場《じょう》で労力を有効に使おうと思えば、まず先頭に立って汗を絞らねばならない」

「これまで渡満した日本人は金儲けの欲は人一倍で、労働者を使い切る技能も持たず、懐手して安い賃金で中国苦力を使い回している気になっている。だが実は、彼らに陰で嘲笑されていることに気がつかない。彼らが中国農民に勝てないのは当然である。満鉄の手厚い保護に慣れて、中国苦力を使って農業を営んでいるような人間は、内地にいても日本農民として次第に没落の運命をたどる劣敗農民である」

それでは日本人の満蒙入植は無理なのか。彼はこう答える。

「一般の日本人に欠陥があることは認めるが、教育をしてそんな怠惰者に陥らないように指導することは困難ではない。日本人は一つの理想が明瞭に定まってくると、他国人の追随を許さぬ真剣味をもって物事を処理して行く能力がある。少し出過ぎた言葉かもしれないが、指導よろしきを得れば、協力して絶大な力を発揮できる民族である。青年はことにそうだと思う。今までの日本農民は、満鉄沿線付属地の安全地帯でも孤立して戦っている。毒にはなっても薬にはならない補助金を与えられ、中国人に踏みにじられているのは当然で、気の毒でならない。指導よろしきを得れば、日本農民は実に優秀な力を発揮できると信じている」

指導が的確であれば、日本人農民はすぐに中国人農民に太刀打ちできるのだろうか。

「満蒙に入植する日本人は、少なくとも四、五年は簡単明瞭な中国式農業経営を断行し、まず自分たちの食糧問題を安定させなければならない。農業というのは地方によってそれぞれ経営方法を異にする。内地から満蒙に植民する農民はどんなに農事に明るくても、また公主嶺の満鉄農業実習所辺りで満蒙にふさわしい農業教育を受けても、ある地方に土着して農業を経営するということになると、まず四、五年はその地方の真の農業知識、技能の経験を積まねばならない。そうでなければ徒《いたずら》に多大の資金と労力を浪費するだけに終わる。あらかじめ一定の方針によって、正しい教育を施したなら日本人は、中国人が追従できない農業経営を展開できると断言する」

加藤は満蒙での土地入手についてどう考えていたのか。

「土地の所有権を問題にしたり、土地の価格をうんぬんする必要は、満鉄沿線の付属地か、中国農民が現に耕作している土地に対して言うべきである。満蒙の奥地の未開墾地では、これは誰の所有、この土地の価格はいくらなどと詮議する前に、一定の根拠地が出来ればどしどし開墾をし、そこを拡張すべきである。誰も耕していない満蒙の天地には決して所有者はない。ただ神があるだけである。その神の土地を汗水たらして開拓して、人類生存に必要な物資を生産することは、善であると堅く信じて、満蒙の奥地に飛び込むべきである。乱暴なことを言うと思うかも知れないが、それは満蒙の奥地を日本内地と同じように考えている人が陥りやすい誤謬である」

満蒙の奥地に出没する匪賊対策をどう考えていたのか。

「満蒙の天地を一日も早く匪賊が横行できない天地に改造すべきである。その実現には要所要所に屯田兵を駐屯させて、一方で荒地の開墾に努力して自ら衣食住を生産しながら、匪賊の横行する場所を狭めていくことが必要である。兵隊も巡査も一皮剝けば直ちに匪賊に早変わりする満蒙の天地において、真に極楽境を建設しようとすれば、力強い屯田兵を駐屯させ、彼等の横行を不可能にするしか方法はない。日本農民が未墾の地に土着し、中国農民を善導し、彼等が匪賊に早変わりする機会を得られないようにすることは、日本農民の使命でもある」

そして加藤は最後に日本青年の教育の重要性を強調する。

「農民魂がなく農業の嫌いな青年を、そのまま満蒙に送り出しても、その植民は失敗に終わる。満蒙に植民しようとする子弟には彼らが満蒙の天地において、黙々として鍬を打ち振るうことが天職であり生命である、と堅く信じることができるよう教育しなければならない。日本国民高等学校の使命は、農村青年に確固たる人生観を把握させ、農の意義を知らせ、行くべき道を明示することにある。植民を断行して農家の次、三男に活動の天地を与えることは日本の農村問題解決に欠かせないと思い、これまでも努力してきた。日本国民高等学校は満蒙植民を志す農村子弟の準備教育に一肌脱ぎ、その責務をはたすことが出来ると自負している」

関東軍参謀・石原莞爾

張作霖爆殺事件から四か月後の昭和三（一九二八）年十月、陸軍大学校教官だった石原莞爾（当時中佐）が関東軍作戦参謀として旅順に赴任する。陸大を二番の成績で卒業し、その才能は高く評価されながらも、傍若無人な振る舞いが周囲の反感を買い、卒業後は教育総監部など教育畑を歩き、初めての参謀勤務だった。生涯を通じて猟官運動と無縁だった石原が唯一、先輩や上司に運動したのが、この関東軍参謀のポストだったと言われる。生涯の仕事として彼は満蒙問題に取り組む決意をしていた。石原に課せられたのは、張作霖爆殺で一層不安定となった満州での日本の立場を回復、安定させるため、関東軍全体の新しい作戦計画を作成することだった。

張作霖の死を、自らの名前で公表した息子の張学良は同年七月、黒竜江、吉林、奉天の東三省保安総司令に就任、張作霖の後継者であることを内外に示した。張学良は年末、満州全域に一斉に蒋介石の国民党の「青天白日旗」を掲げさせ、国民政府への帰属を鮮明にした。いわゆる「易幟《えきし》」である。年が明けると親日家で易幟に反対する有力者、楊宇霆《ようぅてい》と黒竜江省の省長、常蔭槐《じょういんかい》を殺害し、在満諸外国の権益回収策を推し進め、日本の権益にとって重大な脅威となっていた。彼は軍事的にも蔣介石を支援し、その影響力は満州に留まらず、中国本土の河北省まで拡大する。そして日本の満州での権益だった満鉄路線を中国鉄道で包囲し、その機能をマヒさせる計画を推し進めていた。

張作霖爆殺事件に対する処分で退役になった高級参謀・河本大作の後任として、昭和四年四月、板垣征四郎（当時大佐）が着任すると、石原は直ちに北満州への参謀旅行を実施する。参加したのは板垣を含め在満の関東軍幕僚、駐在武官一四名。長春から哈爾浜《ハルビン》、満州里《マンチュリー》、海拉爾《ハイラル》などを巡る十四日間もの旅である。旅行先各地で輸送手段や資材調達方法、地形観察、戦術討議などが行われた。「石原が満蒙問題の処理に当たり第一に考慮したのは対ソ関係である」（横山臣平『秘録　石原莞爾』）。この時、石原の念頭にあったのは、関東軍と張学良軍が全面衝突した場合、ソ連が介入する危険があり、それにどう対応するかであった。

関東軍作戦参謀・石原莞爾（Photo：Kyodo News）

参謀旅行から旅順に戻ると石原は、自分より二か月前に関東軍参謀として赴任していた花谷正（当時少佐）に「板垣、石原、花谷の三人で満蒙問題について話し合う場」の設営を命じた。三人はそれから毎週二、三回、旅順・偕行社に集まり、満蒙問題解決の方策を議論、研究する。後に今田新太郎（当時大尉）が加わる。当時、張学良軍が動員可能な兵力は満州内に二五万人。関東軍の兵力は駐箚《ちゅうさつ》一個師団と満鉄沿線に配備された六独立守備隊を含めた一万四〇〇〇人に過ぎない。圧倒的に優勢な張学良軍を排除するには綿密な戦略、戦術が必要であり、謀略も必要になる。さらに張学良軍を排除した後、民政を安定させるための支配形態をどうするかは、さらに重要な課題である。四人に共通した「新しい満州」のイメージは、次のようなものだった、と花谷正はいう。

「新しい満州は、日本人を中堅として二重国籍を持たせて各民族共同の王道楽土を建設すべきだと考えていた。日満は不可分一体で、例えば太陽の光を受ける月のようなものであるようにしたい。その際、日本人は大規模な企業、智能的事業に、朝鮮人は農業、中国人は小商業や労働を分担し、各々その分を完《まっと》うして共存共栄しようというのであった。虐げられている満州人を救って王道楽土にしようというのであるから、内地のように大資本の横暴を許すことは出来ない。財閥の満州に立ち入り禁止という我々の考えはその後も一貫した」（花谷正「満州事変はこうして計画された」）

昭和六（一九三一）年五月、中国国民党は国民会議で、基本的な外交政策として、日本の持つ関税権、治外法権を回収し、最終的には租借地や鉄道などもすべて回収することを決定する。満鉄はもちろん沿線の付属地、大連、旅順などの関東州の租借地も、日本から奪還することを決めたのである。張学良軍の日本人への圧迫、弾圧は厳しさを増し、奉天周辺だけでなく各地で日本人への暴行や器物・施設の破壊などが相次いだ。また日本人経営の店舗、企業に対して営業税などの新税を課し、支払わなければその企業などと取引した中国人、満州人を罰するという規定まで設けた。

この頃、石原莞爾は「満蒙問題私見」をまとめている。石原の考えは謀略による「満蒙領有論」であり、後の「満州独立論」ではなかった。

「満蒙問題の解決策は満蒙をわが領土とするしかない。在満三千万民衆の共同の敵である軍閥官僚を打倒することは、日本国民に与えられた使命である。我が国の満蒙統治は、欧米諸国の支那に対する経済発展のためにも、歓迎するところである。国家が満蒙問題の真価を正当に判断し、その解決が正義であり、我が国の義務であることを信じ、戦争計画を確定するには、その動機は問う所ではない。期日を定め日韓合併の要領で、満蒙併合を中外に宣言すれば足りる。国家がこれを望み難き場合にも、軍部が団結して謀略により機会を作り、軍部主導で国家を強引することは、必ずしも困難ではない」

ほぼ時を同じくして長春西方約三〇キロの万宝山《まんぽうざん》で在満朝鮮人と中国人農民の間で衝突が起きた。いわゆる「万宝山事件」である。同年五月頃から朝鮮に隣接する吉林省間島地方から流入した朝鮮人が土地を借り受け、水田にするため用水路や堰止めなどの工事に取り組んでいた。地元の中国人農民はこの工事は不法だと騒ぎ始める。吉林省当局は工事中の朝鮮人監督らを拘禁した。日韓併合によって当時、朝鮮は日本国であり、朝鮮人も「日本国籍」を持っている。

前述したように中国政府は日本人が土地を賃借する「商租権」を公式には認めていなかった。報せを受けた長春の日本領事館は拘禁された朝鮮人の保護のため警察官を現地に派遣する。

当時、国境を越えて満州に移り住んだ朝鮮人は六〇万人を超え、その大半が間島地方に住んでいた。満州に流入した朝鮮人も「日本の満州侵略の手先」として中国人の反感を買っていた。日本当局は当然、朝鮮人の側に立ち、彼らの商租権を強く主張した。同年五月末、事件は一挙に拡大する。農民の訴えを受けた吉林省当局は、中国人保護を名目に二〇〇人近い警官隊を派遣して工事中止を命じ、朝鮮人農民九人を逮捕、長春に連行した。日本側はこれに抗議し、即時釈放を要求、吉林省当局もこれに応じた。朝鮮人農民は六月に入って工事を再開するが、これに怒った中国人農民四〇〇人が万宝山に押し寄せ、朝鮮人農民と衝突、多数のけが人が出た。

この事件は、朝鮮本土に飛び火する。事件の内容が報じられると、朝鮮に居留する中国人に対する朝鮮人の報復襲撃事件が相次いで起きた。七月に入ると事件は仁川に始まって新義州、漢城、平壌と連鎖的に広がる。平壌では同月七日夜、数千人の群衆が中国人街を襲い、暴行、略奪、放火を繰り返し、九日までの三日間に中国人一〇九人が殺され、多数の負傷者が出た。中国側は「日本が朝鮮人を煽って中国人を虐殺した」と強く反発、満州各地での排日運動は一段と激化した。

同じ頃、今度は日本人が張学良政権に強く反発する事件が満州で発生する。「中村震太郎殺害事件」である。同年五月、参謀本部は対ソ戦に備えて、満州北部の興安嶺方面の地誌調査に中村震太郎（当時大尉）を派遣した。中村は騎兵の予備曹長・井杉延太郎ら計四人で興安嶺に向かう。中村らの一行は六月末には洮南《とうなん》で「幕僚現地演習」を行っていた石原莞爾らと合流することになっていた。しかし一行は予定を過ぎても現れない。関東軍の調査の結果、一行四人は六月二十五日、張学良の現地軍に逮捕拘禁され、同月二十七日には銃殺されて、遺体に石油がかけられ焼却されたことがわかった。

関東軍は中村大尉が殺害された事実を張学良軍に告げ、責任の所在をはっきりさせるよう求めたが、中国側はこの事実を認めようとしなかった。関東軍は強硬捜査部隊を編成し、「威力捜査」に出ようとしたが、当時の外相・幣原《しではら》喜重郎はあくまで外交交渉によって解決すべきだとしてこれを認めない。軍中央も武力解決に消極的だった。政府や軍中央の弱腰に怒った関東軍幹部は八月十七日、この事件を公表する。新聞各紙は現地に特派員を派遣し、遺体の状況や拷問、虐待などの事実を報道し、遺族の動静を書き立てた。在留邦人の間や日本国内でも「日本人が殺されて報復もできないのか」との声が沸騰する。張学良の奉天政府がようやく事件を認め、殺害犯の取り調べを始めたのは九月になってからである。

この二つの事件によって、満州は張学良軍と関東軍の緊張が頂点に達しようとする騒然とした雰囲気となっていた。

満州事変と「満州国」建国

関東軍高級参謀・板垣征四郎、参謀・石原莞爾、花谷正、今田新太郎の四人は「張作霖爆殺事件を教訓として」綿密な計画を練った。「張作霖事件では中央部との連絡も隣接する朝鮮軍との打ち合わせもなく、張作霖一人を殺しただけでその後の行動はなにもなかった。二度と同じ過ちを冒してはならない。事件が起きたら電光石火、軍隊を出動させて一夜で奉天を占領し、列国の干渉が入らぬうちに迅速に予定地域を占領しなければならない」（花谷正、同前）

昭和六（一九三一）年九月十八日午後十時半すぎ、満鉄線奉天駅から長春方向に向かって約八キロの柳条湖付近で線路に仕掛けられた小型爆弾が爆発する。爆発音とともに切断されたレールと枕木が飛散した。爆破といっても張作霖爆殺のような大掛かりなものではない。満鉄線を走る列車に被害を与えないようにしなければならず、さらに兵員輸送のためすぐに復旧させねばならない。工兵に綿密に計算させ慎重に爆弾量を決めた。現場となった柳条湖付近は一面草原地帯である。昔は湖があったともいわれている。

爆破を企画担当したのは今田新太郎大尉。現場で指揮をとったのが奉天独立守備隊第二大隊第三中隊長の川島正大尉。第二大隊は草原が広がる柳条湖付近で、毎日のように激しい訓練を繰り返していた。爆破作業を実行したのは同中隊の河本末守中尉。河本は満鉄線巡察の任務で部下数人を連れ柳条湖の現場に向かった。爆破と同時に、張学良軍の兵営「北大営」北方四キロに待機していた川島中隊長が、六〇〇人の兵を率いて南下、北大営への攻撃を開始した。北大営に宿営する張学良軍は約一万五〇〇〇人である。

一か月前の同年八月に関東軍司令官に就任したばかりの本庄繁（当時中将）は着任以来、奉天など満州各地の満鉄付属地を視察し、事件発生当日、旅順の関東軍司令部に帰着したばかりだった。深夜の十九日午前零時直前、奉天からの事件発生の軍機情報が届く。関東軍司令部に幕僚たち全員が召集された。参謀たちは和服姿などほとんどが私服だったが、石原莞爾だけが軍服姿だった。届いた電報の内容を石原が司令官室で本庄に説明し、関東軍の出動を求めた。しかし本庄は決断を下さなかった。

同午前零時二十八分、奉天から再度の電報が届いた。「北大営の支那軍は満鉄線を爆破した。その兵力は三、四中隊。関東軍の中隊は北大営の敵五、六〇〇と交戦中。その一角を占領したが敵は機関銃、歩兵砲を増加しつつあり。我が方は目下苦戦中」。この電報を石原は本庄司令官に示し、本庄もようやく奉天出動を決断する。

これを受けて石原は、公主嶺、遼陽、長春、奉天、海城、鉄嶺などに駐留する関東軍部隊に対して次々と命令書を書き、本庄の決裁を受けて電話、電報で命令を発した。朝鮮軍司令官・林銑十郎に対しても増援を要請した。すべては事前の計画通りに進行した。同日午前三時半、本庄は歩兵三十連隊とともに軍用列車で旅順を出発、石原も同行する。本庄らは同十時過ぎ、奉天に到着。奉天での戦闘は午前五時すぎにはほとんどが終了、北大営、南大営の張学良軍は大量の武器弾薬を残して撤退し、奉天城内の守備隊も壊滅していた。

関東軍司令部は、奉天の満鉄付属地中央広場から放射線状に広がる街路に面した東洋拓殖会社のビルに置かれた。かつて初代満鉄総裁・後藤新平が建設した街並みの中心である。関東軍は市内の中国銀行、交通銀行など中国系金融機関をすべて封鎖するとともに、中国側の電信と郵便機関をすべて接収、新聞などの報道も差し止めた。一夜明けたこの日の奉天市内は極めて平静。学校や公的機関は通常通り開かれ、満鉄は兵員輸送の特別ダイヤを急遽編成した。

報告を受けた若槻首相は十九日午前に開いた緊急閣議で「事態を拡大せしめざるよう努むる方針に決し、陸軍大臣より直ちに同一趣旨を関東軍司令官に訓令」（二十日付「東京朝日新聞」）

したが、関東軍はこの政府訓令を無視して一気に戦線を全満州に拡大した。朝鮮軍も同月二十一日には奉天に向けて移動を開始、満州への越境を始める。林銑十郎は「事情が切迫したため参謀総長の命令を待たずに司令官独自の判断によって満州に出動した」と南陸相に連絡した。陸相から報告を受けた若槻首相は「すこぶる不満であったがすでに出動したことであるからやむを得ず事後承諾をなした」(二十二日付、同前)。二十一日の閣議は「今回の両軍の衝突を事変と看なす」と決定、「宣戦布告なき戦争」と認める。石原莞爾らの目論見は見事に成功したのである。

石原たち関東軍の独走によって、張学良軍を満州から追い出すことに成功はしたが、その後の満州をどう収拾するかは、それまで以上に難しい問題である。満州を日本が直接領有するという当初の計画は、事件勃発の前日に旅順入りした参謀本部第一部長(作戦部長)・建川美次《たてかわよしつぐ》(当時中将)らが強く反対し、参謀本部の賛同を得られないことが明らかになっていた。この頃から石原は「満蒙領有論」から「満州独立論」へと〝転向〟し始めていた。「満蒙領有論から、石原が完全にふっきれるのは、昭和六年も終ってからである」と、松本健一は指摘する(「満州国の建国とその思想的基底」)。

「かれはこの『転向』の契機を、ただ、中国人の『政治能力』に対する懐疑を払拭したことに求めている。たしかに、それはひとつの大きな契機であろう。が、それと同時に、満州事変をおこしてみたら、現実に満蒙の占領統治が不可能だった、という事情も無視しえないだろう」。「満州国独立論」に転向した石原は、昭和七年になると、後の満州国協和会の前身である「満州青年連盟」の「満蒙自治国建設」に積極的に接近するようになった。
満州事変後の昭和六年九月二十二日から数日間にわたって、奉天中心部に近い旅館「瀋陽館」の一室に関東軍の三宅参謀長、参謀の板垣大佐、石原中佐、片倉衷《ただし》大尉らと奉天特務機関長の土《ど》肥《い》原《はら》賢二（当時大佐）らが集まり対応を協議した。その結果、「目下の情勢は、実質的に効果を収めるのを可とする」との意見が大勢を占め、新国家の建国に向けて、次のような「満蒙問題解決策案」が作成され、陸相や参謀総長に打電された。

第一　方針
我国の支持を受け、東北四省（注、熱河省を含む）及び蒙古を領域とせる宣統帝を頭首とする支那政権を樹立し、在満蒙各民族の楽土たらしむ
第二　要領
一、国防外交は新政権の委嘱により日本帝国に於いて掌理し、交通通信の主なるものは之を管理す。内政其の他に関しては新政権自ら統治す
二、頭首及び我帝国に於いて国防外交等に要する経費は新政権に於いて負担す
三、地方治安維持に任ずる為、概ね左の人員を起用して鎮守使とす
熙洽《きこう》（吉林地方）　張海鵬《ちょうかいほう》（黒竜洮索《とうさく》地方）　湯玉麟《とうぎょくりん》（又は張宗昌《ちょうそうしょう》）（熱河地方）　于芷《うし》山《ざん》（東辺道地方）　張景恵《ちょうけいけい》（哈爾浜地方）
（右は従来宣統帝派にして当軍と通信機関を有す）
四、地方行政は省政府に依り新政権県長を任命して行う

昭和７（1932）年３月８日、奉天にて満州国建国の祝賀パレード（毎日新聞社提供）。

この「満蒙問題解決策案」にしたがって関東軍は積極的に新政権樹立工作を開始する。要するに満州を中国本土から切り離し、清の最後の皇帝、宣統帝（愛新覚羅溥儀《あいしんかくらふぎ》）をトップに据えた親日的な満蒙新政権を満州に樹立し、その国防、外交は日本が掌握するという計画である。清の太祖ヌルハチは満州族出身であり、溥儀にとって満州は先祖伝来の故地である。関東軍は当時、天津にいた溥儀の説得と保護を、天津駐屯軍に依頼する。また奉天特務機関長・土肥原賢二を密かに天津に派遣し、天津軍と連絡を取りながら、溥儀の満州入りを画策した。同年十一月八日、天津軍と土肥原は、金で雇った一〇〇〇人を超える中国人に暴動を起こさせ、その混乱に乗じて溥儀脱出を図った。

騒ぎの渦中に天津を脱出した溥儀は同月十一日、塘沽《タンクー》から船に乗り込み遼寧省・営口に向かう。営口では土肥原の下で民間特務機関を組織していた甘粕《あまかす》正彦（元憲兵大尉）が出迎え、装甲列車で湯崗子《とうこうし》温泉に同行する。だが、溥儀の脱出は現地紙に報道され、湯崗子温泉での潜伏は危険だと判断、旅順の大和ホテルに移した。関東軍は箝口令を敷いてこれを秘密にし、連絡役は板垣征四郎、片倉衷両参謀だけとし、身辺の世話は甘粕に任せた。さらに、〝男装の麗人〟川島芳子を介して、溥儀夫人の婉容《えんよう》も天津を脱出、旅順で溥儀と合流し、「満州国」建国の日を待った。

年が明けた昭和七（一九三二）年一月二十二日、関東軍司令部参謀長室に参謀長の三宅光治、参謀の板垣、石原、片倉ら関係者が集まり、「新しく建国する満蒙自由国はあくまでも共存共栄、在住民一致融和して作り上げるも、日本の領土的野心は一切含有しない」ことを申し合わせ、溥儀の臣下である張景恵を委員長に東北行政委員会を組織し、国号、国旗、官制、首府などの建国準備を急ぐことになった。二月に入ると連日、会議が開かれ同二十二日、「民本政治とすること、国主は執政、国号は満州国、国旗は新五色旗、年号は大同、首都は長春（新京と改名）」とすることが決まった。

建国式は同三月九日、長春の市公署で開かれた。溥儀の執政就任式には関東軍司令官・本庄繁、満鉄総裁・内田康哉《こうさい》、すでに中華民国からの独立を宣言している馬占山《ばせんざん》（黒竜江省長）、熙洽《きこう》（吉林省長）、臧式毅《ぞうしきき》（奉天省長）らも列席、建国宣言に続いて主要人事も発表された。「建国の歓喜に踊る　新国都長春の市民」「戸毎にはためく五色旗　本社機の祝賀飛行」「深夜まで爆竹と歓声　建国第一夜の賑わい」――「東京朝日新聞」（十日付朝刊）が伝える建国式当日の長春の雰囲気である。就任式が終わると長春の街には爆竹の音がいつまでも響き、「五族協和」「王道楽土」といったスローガンを大書した花電車やトラックが走り回り、街はお祝いムード一色に包まれた。日本の敗戦によってわずか十三年余で消え去った「満州国」の誕生だった。

東宮鐵男の満州復帰

話は変わる。奉天独立守備隊長として関東軍高級参謀・河本大作の下で「張作霖爆殺事件」に関与した奉天独立守備隊中隊長・東宮鐵男のその後である。停職処分を受けて京都に隠棲した河本を追うように昭和四（一九二九）年八月、岡山第十連隊の中隊長として日本に戻ったことは第二章で述べた。東宮の「満州某重大事件」関与の噂は、連隊内の将校は誰もが知っていた。「遠からず事件の首謀者の一人として退役させられるだろう」。だが東宮はそんな噂も無視して「人情中隊長」としてたちまち第十連隊の人気者になる。「全身全霊、これ至誠の人といって過言ではない。日ならずして連隊内の将校下士官は、東宮さんの人柄に打たれた」（須山幸雄『作戦の鬼　小畑敏四郎』）。

厳しい演習で疲れ切った部下たちと一緒に帰路につくと「若きは我等の誇りなり、雲雀空にさえずって……」と軍歌「安城の渡」を、自らが音頭をとって声高らかに歌いながら行進した。この歌声が聞こえると、東宮中隊が帰って来た、と連隊内の誰もがわかった。早駆けの演習では、指揮刀を振り上げながらいつも先頭を走る。人前では部下を叱ったり、小言を言ったことはない。「軍人に恥をかかせてはならない。もし叱る必要があったなら思い切りなぐれ」というのが口癖。「素朴な村の長老といったタイプで、威張るとか法螺を吹くとか自己の手柄話などは一切しない、常に春風駘蕩という人柄」（同前）。部下たちの間には「この中隊長とならいつでも死ねる」という雰囲気がいつの間にか出来上がっていた。

連隊長だった小畑敏四郎（当時大佐）は、東宮を「新米の中隊長は、何時とはなく将校団士風の源泉、融和団結の核心となれり」と高く評価した。小畑が特に感動したのは昭和五年五月、那岐《なぎ》山麓日本原《にほんばら》演習場で行った「夜間の敢為前進」で東宮が見せた見事な指揮である。「それまでの夜襲攻撃は静粛な隠密行動が主体だったが、この慣習を破る斬新な夜間攻撃の戦法。夕闇や払暁など敵の看視が充分でない刻限を利用して中隊長を先頭とする部隊が崖や水田、密林のなかをものともせず、火の玉のように一団となって敢為前進し敵の意表を衝く機動戦法」（同前）だという。この機動作戦はその後、対ソ作戦を支える重要な中隊作戦として参謀本部が全国の歩兵部隊に徹底することになる。

小畑は後に相沢三郎に斬殺された統制派の陸軍省軍務局長・永田鉄山と陸士同期の双璧で、〝作戦の鬼〟とも呼ばれた。ロシア駐在武官の経験もある〝ロシア通〟である。大正十五（一九二六）年には参謀本部第一部長・荒木貞夫の下で作戦課長に抜擢され、二年間にわたって対ソ作戦の確立に努め、昭和三（一九二八）年、歩兵第十連隊長として岡山に赴任した。小畑は「東宮君の純情熱血は、如何なる時機にも、あらゆる方面に発露され、これが弛緩することを見たことがない」というほど部下の東宮を買った。東宮も岡山在勤中、しばしば小畑の宿舎に押しかけて議論するうちに、小畑の志の高さに心酔し、生涯の師と仰ぐようになる。

東宮は中隊長として日々の激務をこなしながらも、京都に隠棲した河本大作を度々訪ね、満州事情についての情報を交換し、彼の復職の道を探った。東宮は河本が復職出来ると信じていた。頭の中からは「満州への移民」が、一日たりと消えたことはない。その思いを河本に素直に訴え続けた。またこの頃、友人たちには「日本の平和を願うものは、満州の治安を望まなければならない。それには自衛力をもった在郷軍人を一刻も早く満州に送ることだ。僕が今、こう言っただけでは、いつ実現の日が来るかも知れないから、いっそ現職を辞めて、移民を引き連れて渡満しようかと思っている」と語っている。

昭和五年三月中旬、「河本大佐の復職運動が開始された。陸軍大臣もその腹を決めたらしい」という情報が入った。しかし「政治家たちのこと、どう変化するかわからない」。東宮は河本の復職が認められなければ、自分も退任する決意を固める。同月十八日の日誌にはこう記している。

〈幸い連隊長（小畑）が事情を御存知にして、しかも武士の情を解し居らるる方なれば、今のうちに陸軍省に連絡し置き、河本大佐が復職し得ざる場合には、余を退命にせらるる如き手筈を取り置くこと、もし其の処置に出でざる場合には、止む無く病気引籠りをなし、其のまま予備役願を出す決心なり。一昨年の事件（注・張作霖爆殺）に既に死を決す。今日迄現職にあるは過分のことなり。あまつさえ事件の最大責任者は余なり。男子として河本大佐一人を犠牲となすにしのびず。退職の後は河本大佐と同事業（国家的）に入り得ば最も望む処なれど、然らざる場合には何か自分の好きな職業にて国家的事業をなして見たきものなり。

かくすればかくなる事とは知りながら　やむに止まれぬ大和魂〉

しかし、六月になると河本大作の復職は絶望的になる。彼は退任の決意を妻、操にも伝えた。以下は同月二十三日の日誌である。

〈死すべき時に死せざれば死に勝る恥あり。一昨年事をなすにあたり既に死を決す。しかも其の後、河本大佐復職し得ざれば、余もまたこれに殉ずる覚悟なり、と他に洩らしたることあり、潔く退きて新生涯に入り、満蒙移民を研究実施せんとす。満蒙にて活動せん。これが為、まず満蒙の農業を研究する為、一、二年（満州の）熊岳城農事試験所（農業実習所）にて研究せんとす。妻より返信あり。余の妻に恥じず未練なく余の決心に同意す。感謝す〉

東宮は関東軍にいた陸士同期の友人に、熊岳城農業実習所の入所案内の送付や入所の推薦を依頼するなど、真剣に再渡満計画を進めていた。この頃の東宮について、陸士を卒業し見習士官として岡山連隊に赴任したばかりの政狩三徳はこう述べている。

〈その頃、東宮さんは既に退役の腹を決めておられた。日曜や夜間に伺うと、いつも地図を書いておられた。それは北満に将来建設しようとしておられた武装開拓村の地図だ。四辺に土塁を築き、望楼を置く。当時は治安が極度に悪く、日夜匪賊が横行する。移民村も自ら武装して自衛しないと全滅する恐れがあるからだ。しかし、なぜそれほどまでして武装移民しなければならないのか、と素朴な質問をすると、東宮さんは訥々とした口調で、満州こそは日本人の起死回生の地である。日本の進んだ農業技術と知識を満州に移植する。そして遅れている現地人を啓発し、教化して共に発展する。日本人にも良いが満州人や支那人のためにもなる。保境安民の第一歩はここからだと説かれたものだ〉（前掲『作戦の鬼　小畑敏四郎』）

だがここまで決意していた退役だが、六月二十三日の日誌を最後に、彼はそれを口にしなくなっている。提出した「予備役願」は小畑連隊長に突き返され、「進退は私に任せておけ。必ず君の志を遂げさせる」と慰留されたのだろう。「武士の情を知る人物」と小畑を崇める東宮は、小畑の言を信じ退役の話は立ち消えになった、と見てよい。小畑は八月の初め、陸軍歩兵学校研究部主事として東京に転勤となる。「陸軍に入って以来二十年、かかる英傑の部下たりしことは未だかつてなし。しかも偶然その知遇を受け、中隊長としても此の一ケ年くらい真剣なりしことなし。岡山の地に着任以来、（略）連隊長が唯一の頼りなりき。今まさに去らんとす、真に名残惜し」。送別会が行われた八月二日の日誌である。

これより一か月ほど前の同年七月四日、奉天で知り合い、東宮の〝秘蔵っ子〟であり、盟友でもある満州浪人、山田與四郎《よしろう》が、故郷新潟に帰郷する途中、岡山に立ち寄った。満州では張学良軍の反日の動きが一段と厳しくなり、長年の満州暮らしに見切りをつけて、一七歳で飛び出した新潟に戻るのだという。「かかる人々の次第に少なくなりゆくは時世の趨勢とはいえども、活動の余地あるにかかわらず、満蒙に於ける支那人に圧迫せられつつある実証なり」（同日の日誌）。一晩、飲み明かして山田は翌日、新潟に発った。

東宮は九月五日、新潟の山田與四郎に「大望を捨てて故山の月清し」との一句を贈った。この句は何を意味しているか。東宮は山田と誓った満州移民の「大望」は捨ててはいない。中隊長としての勤務の傍ら、満州時代の仲間たちからも資料を取り寄せ、「満蒙移民構想」を練り続けている。多分、東宮は構想としてまとめた満州移民案に添えてこの句を送り、山田が「大望」を持ち続けているかどうか、を問うたのだろう。

山田から「カフェーを始めた」との連絡があったのは、十一月に入ってからである。彼からの手紙には、「(東宮の）満蒙移民計画に賛成し、実行の日を待っている」とあった。東宮の計画が実現に向けて動き出す日には、再び一緒に満州に渡ろうと約束したのである。

昭和六（一九三一）年に入ると、満州での張学良軍の反日運動は一段と厳しくなり、万宝山事件に続いて中村震太郎殺害事件が発生、ついに九月十八日の柳条湖事件に発展する。東宮は事件の推移を見守りながら、満州への出動命令を期待していた。柳条湖事件が満州事変として拡大していくと、岡山第十連隊にも待機命令が出る。「〝満州通〟の自分に第一番に出動命令があるはずだ」と確信する東宮は、休日だった九月二十日も「万一出動命令が有りはせぬかと一日中在宅していた」。

部下たちも「東宮中隊が出動するのは当然だと思うようになった」。しかし、岡山連隊からの出動は一個大隊のみ。東宮中隊にはついに出動命令は出なかった。「我々も残念だったが、より以上に残念がったのが東宮中隊長だった。中隊長が我慢されているのは、側から見ておられないほどでした」と当時の部下は語っている。

東京の小畑敏四郎（当時陸大教官）から「満州・吉林軍の軍事教官に決定した」との連絡があったのは年の瀬の十二月二十三日である。関東軍はその頃、板垣征四郎や石原莞爾らを中心に「満州国」建国の具体案を練っていた。満州国が建国されると、吉林省には熙洽《きこう》を長官とした吉林臨時政府を作ることになったが、これに反抗する反吉林軍や匪賊が蠢動《しゅんどう》していた。吉林地方政府は治安維持の軍隊を早急に作る必要があるが、そのためにはまず吉長（吉林―長春）、吉敦（吉林―敦化《とんか》）の鉄道守備隊を編成しなければならない。長官に就任予定の熙洽は、その指導者として日本人の現役軍人の推薦を関東軍に依頼し、陸軍省で人選を進めていたのである。関東軍参謀の石原莞爾は陸軍省に対して「東宮鐵男がほしい」と名指しで要望したという。

石原と東宮の接点はどこで生まれたのか。石原が赴任間もない昭和四年春、奉天独立守備隊中隊長だった東宮が、奉天北陵にあった榊原政吉が経営する「榊原農場」にしばしば通い、榊原に満蒙移民について教わっていたことは第二章で触れた。張学良政府が広大なこの農場を突っ切る鉄道線を敷こうとした時、東宮は独立守備隊を出動させ、実力でこれを阻止した。この時、石原は実情調査に何度か榊原農場に赴き、東宮からも事情聴取している。以来、石原は東宮の率直で真面目な人柄と度胸に、強く惹かれていたのである。

吉林軍の軍事教官というポストは、軍人としては恵まれた職務ではないが「数年来計画してきた満蒙移民に関する研究、実行の宿願が認められ、それも陸軍省が名指しで言ってきたところから見れば、大いに活躍する機会ができるだろう」。東宮は喜んで赴任することにした。この人事の裏で小畑敏四郎が動いてくれたことも、十分認識していた。

正式に陸軍省から「二十八日から二日間、陸軍省軍務局に出頭すべし」との電報命令があったのは、小畑から連絡があった翌日の二十四日だった。二十七日に上京した東宮はまず品川の小畑邸を訪れ感謝した。小畑によると東宮の任務は「吉林省応聘武官長として五名の日本人将校を指揮する」ことだった。翌二十八日、陸軍省に出頭し、陸軍大臣・荒木貞夫（当時中将）から訓令を受け、浜田弘（当時大尉、陸士戦術教官）ら同行する五人を紹介された。東宮は新年を迎えた昭和七年一月四日、岡山から下関―朝鮮経由で再び満州の地に向かった。満州国建国の二か月前のことだった。

この前後、日本の政局にも嵐が吹き荒れていた。日本の世論は、石原らが起こした満州事変を圧倒的に支持した。しかし、民政党の若槻内閣の幣原外相は南陸相に対し、関東軍の抑制、中央統制の強化を求め続けた。国民は弱腰の幣原外交を攻撃した。国際連盟は昭和六年十二月十日、「明春、満州に調査団を派遣する」ことを採決、国際連盟に未加入の米国もこの調査団にオブザーバーとして参加することになった。国際連盟の調査団派遣が決まると、民政党内でも幣原外交に対する反発が一挙に噴き出し、政局は一変、同月十一日、若槻内閣は総辞職に追い込まれた。

同月十三日、後を継いで組閣したのが政友会総裁・犬養毅である。発足した新政権の書記官長に森恪が就任する。陸相には荒木貞夫が親任された。森は田中義一内閣以来、荒木と親交があり、陸相に荒木を推薦したのが森だった。森は田中内閣の外務政務次官として「東方会議」を取り仕切り「満蒙分離政策」の急先鋒だったことは前述した。現地満州の関東軍の動きと一致して、日本政府も「満州国」建国に急ピッチで動き始めていたのである。

陸相に就任した荒木は翌昭和七年二月、陸大教官だった小畑敏四郎を参謀本部作戦課長に起用する。小畑にとっては二度目の作戦課長、という異例の人事だった。小畑は同年四月には少将に進級し、参謀本部第三部長に就任する。この頃から荒木の盟友である真崎甚三郎参謀次長の腹心として、皇道派の中枢人物と目されるようになった。

第五章　動き出した満蒙開拓移民

急増する失業者

張作霖爆殺事件の処理に失敗した田中義一内閣の後を受けて昭和四（一九二九）年七月二日、民政党の浜口雄幸内閣が誕生する。この内閣で蔵相に就任したのが日銀出身の井上準之助である。井上蔵相は「昭和五年一月十一日から金解禁を行う」という大蔵省令を公布し、金解禁が動き出す。ところが同年十月二十四日、ニューヨーク・ウォール街で「暗黒の木曜日」と呼ばれる株価暴落が起きた。ヨーロッパを始め全世界の株価暴落の引き金となり、その後四年余も続く未曾有の大恐慌の序幕だった。日本の金解禁は、世界的な恐慌が始まった最中の昭和五年一月十一日から予定通りに実施される。金解禁のための緊縮政策と海外からの不況が重なって、日本の景気は急速に悪化した。

大恐慌の中で国民の生活は窮乏のどん底に突き落とされる。中小企業や街の商店などは不況に叩きのめされ、街には失業者があふれた。大学卒業生も大量に就職できず、「大学は出たけれど……」が流行語になった。昭和五年から六年にかけての新聞は、生活難を訴える暗い記事で溢れている。

〈このままで好いのか　失業にうごめく百万人〉〈世界的な大波だとばかりで　光明を与えぬ政府〉〈足を棒にしても　九日間にただ一度　あとの八日は職に有りつけぬ　悲惨な数字を見よ〉

昭和五（一九三〇）年五月十二日付「東京朝日新聞」の見出しである。記事は失業者の実態を内務省社会局の推定として「二月の全国の失業者は三十五万三百七十人（内日雇い労働者十三万千二百人、給料生活者六万七千人、その他の労働者十五万二千人）という多数に上り、東京が第一位で八万六千三百人、次が大阪の三万二千人余、以下、福岡、北海道、兵庫、愛知各県という順になっている。最近相次いでいる紡績織物工場、鉄工所、造船所などの解雇や工場閉鎖の実情を見ると、関係筋では百万人近いと見ている」とする。

しかも内務省の統計では「二月中の三十五万人余は昨秋九月の二十六万八千人から十万人の増加であり、十月には前月より三万人増え、十一月には三十万人を越え、十二月には一万五千人増加した。今年にはいってからは二月までに三万五千人という恐ろしいほどの加速度的増加である」と記している。

翌十三日付の同紙は〈涙を誘うこの惨めさ　お弁当のない子供達　もらった握飯を半分は家へ　遂に幼き者を脅かす不景気〉との見出しでこう報じている。

「欠食児童は大都市やその近郊に多く、東京市の調査では弁当を支給せねばならない学童は三千五百人に上る。弁当に握飯を支給された子供の中には半分食べて、中に入った梅干しと残りの握飯は竹の皮に包んで家に持ち帰る者もいる。その子に事情を聞くと、半分は妹に食べさせ、梅干しは夜のおかずにするのだという。本所、深川、三河島、日暮里、新宿などのビルや雑貨店、食堂などで出る残飯は極度に利用されており、残飯二銭で一家四人の夕食を済ませている家庭もある」

都会だけではない。特に窮乏が激しかったのは農村であり、農民だった。当時の日本の農業の二大生産物は米と繭だったが、その二品目の価格の下落は激しく、米は半分以下、繭は三分の一以下に暴落する。農家所得は昭和五年からの三年間に半額以下に急落した。米価や繭価の暴落による困窮に加えて、「農家の人口圧力が急に大きくなったことも重大だった」。こうした実情を「東京朝日新聞」(同年六月七日付)は〈失業者の帰農増加で　農村ますます窮迫〉との見出しで次のように報じる。

「政府は失業問題の解決策として失業者の帰農を奨励しており、内務省の調査によると、都市の全失業者の七分の三は帰農したとのことである。こうした失業者を迎える農村が、労働力不足を感じている際ならこれは単なる労働移動として、さして農村には影響はない」

「しかし農村の労働力もほとんどが過剰な状態にあり、六月や十一月の農繁期にのみ労働力不足が生じているのが現状だ。労働力不足というより、むしろ過剰に苦しんでいるのが実情である。そこに帰農者が増えれば、小作人はただでさえ貧農化が進んでいる上に、帰農者によって二重に生活の困難を来たし、重大な影響が生じることになる」

これに追い打ちをかけるように昭和六年には東北地方を深刻な冷害が襲う。四月頃から異常低温が続き、七月の東北地方の平均気温は一八℃。北海道と青森の収穫は前年の三分の一にも及ばない。農民は、大量の失業者に溢れる都会に出稼ぎに出ることもかなわない。粟や稗はもちろん木の皮をはいで食用とした。農村経済は壊滅的打撃を受け、娘を身売りする家庭も相次いだ。

このように日本全国の都市や農村に失業者が溢れ、その日の食事にも事欠く国民の不安や不満が頂点に達しようとしている中で「満州事変」は勃発した。国民の多くが満州での関東軍の行動に「闇夜の中での一筋の光明」を見出したとしても不思議ではない。加藤陽子は『それでも日本人は戦争を選んだ』で、満州事変直前の昭和六年七月に東京帝大で行われた学生の意識調査を紹介している。それによると、「満蒙における武力行使は正当なりや」と聞かれた学生の五二％が「直ちに武力行使すべきだ」と答え、また三六％が「外交手段を尽くした後に武力行使」と答えており、「戦争になってもよい」という学生は合わせて九割弱もいたという。

加藤はこの数字をみて「少なくとも国家が行う行為に対する批判精神があると思われるような集団のなかでも、ちょっと針でつつけば暴発する空気があったことが分かる」と指摘する。中村隆英も『昭和史』（上）で、満州事変の勃発が日本社会の一つの転機になった、と述べている。「政党内閣時代のじめじめした雰囲気と昭和恐慌による不況が、何らかの変化を国民に期待させていたために、満州国の成立にいたる急激な変化が何か新しい可能性をもたらすのではないかと一般国民に受け取られたとしても不思議ではない」

陸軍予備中佐・角田一郎

東宮鐵男が勇躍して再び満州に渡った二日前の昭和七（一九三二）年一月二日朝のことである。加藤完治は東京・浅草にある日本国民学校の販売部で生徒たちと新年を祝っていた。そこにモンペ姿、鳥打帽で山形弁丸出しの中年の男が訪ねてきた。男は「陸軍予備中佐、角田《すみた》一郎」と名乗った。応接間に通すと、角田は訥々とした山形弁だが、熱烈な調子で語り始めた。

「農村の現状は凝視すればするほど八方ふさがりで、行き詰まりの極みです。この難局打開の道は満蒙植民以外にはないと信じています。そこでわざわざ山形から上京して、陸軍省軍務課長の永田鉄山その他の同期生を訪問して、満蒙植民の即時断行を迫ってみたが、彼等はそんな事が出来るかと一向に相手にしてくれない。彼等のこの誤った確信を打破することはもはや自分の力では出来ない。先生、どうか一つ力を貸して下さい。そして彼等が一刻も早く満蒙移民国策遂行の一歩を踏み出すようにして頂きたい。現下の農村の窮状を見ますと、この機を逃しては再び時期はありません」

山形県東村山郡大郷《おおさと》村（現・山形市）出身の角田は、第十六期生として陸軍士官学校に入校、その後累進して大正十四（一九二五）年、歩兵中佐に昇進する。陸士十六期は永田鉄山、小畑敏四郎、板垣征四郎、岡村寧次、土肥原賢二ら錚々たる軍人を輩出した。角田は徹底した野人型の人物で、胃潰瘍を患って現役を退き、郷里に帰って静養後、両親や妻子と共に農業に従事していた。大正十年に大隊長として満州に出征、その広大な曠野を見て「満州移民」の夢を描き、独自の研究を続け「満蒙経営大綱」と題する論文もまとめていた。

満州事変が起こると、謄写版刷りの「満蒙経営大綱」を胸に、陸軍省軍務課長（当時大佐）だった同期の永田鉄山らを訪ね、移民の即時断行を迫ったが「時期尚早」と簡単にはねつけられてしまった。角田は空しく山形に戻ったが、諦めきれず年の瀬も迫った昭和六年十二月二十八日、再び上京、陸軍大臣に就任したばかりの荒木貞夫（当時中将）に会い、「満蒙移民の断行」を訴えた。荒木は陸士時代、教官として教えを受けた大先輩である。教え子の角田の話に一時間近く耳を傾けたが、やはり「時期尚早」と話には乗って来ない

角田は山形県立自治講習所の卒業生たちから、日本国民高等学校校長となった加藤完治の「満蒙移民論」を聞き、強く共鳴していた。加藤が新年に東京・浅草の同校販売部の新年会に出ることを知り、彼の助力を求めようと、そのまま東京に留まっていたのである。角田の熱烈な訴えは、加藤の心を燃え上がらせた。「わかりました。やりましょう。何処へでも行き、誰にでも会いましょう」。角田は年末に断られた荒木陸相をもう一度、説得する必要があると、すぐに陸相官邸に電話して面会を申し込んだ。「すぐに会う」という快い返事である。取り次いだ秘書から「加藤完治」という名前を聞いて、荒木は「海軍の加藤寛治大将（浜口内閣の海相）」と勘違いしていたのである。

髭もじゃの加藤の顔を見た荒木は「加藤寛治大将ではなかったのか、何用か」と驚く。角田は加藤完治を荒木に丁寧に紹介した。やっと荒木は温顔を加藤に向けた。加藤は「満蒙植民は日本の直面している農村問題解決に、必要欠くことの出来ないものであり、それは実現可能である」という持論を展開、さらに「軍部の中堅将校はこれに全く無理解であり、大臣が彼らを

説得してくれるよう」懇願した。黙って聞いていた荒木は「自分も中堅将校たちの考えと同じだ。日本人が農業移民として満蒙に進出することは、残念ながら無理だと思う」と言う。

「それは大臣の本心ですか」「もちろん本心だ」

加藤はむっとして「それは閣下の迷信です」と言った。

温厚な荒木もこれにはさすがに腹をたてたのか、大声で言った。

「何が迷信だ。かつて満鉄でその沿線付属地に陸軍の模範除隊兵を植民させたが、ことごとく失敗に終わった事実を自分は知っている。この確たる事実に基づいて満蒙移民は不可能だといっているのだ」

「それがすなわち迷信です。あの時に移民計画が失敗に終わったのは、失敗する理由があって失敗したのです。一攫千金を夢見て、土着の決心のない者が何万人送られても成功するものではありません。満蒙への移民は日本の国防上、必要なことであって、一個人の物質的欲望を満たす事業ではありません。日本の将来に深く決意を抱いて移民する者でなくては、成功はおぼつかない。私らがこれから断行しようとする移民計画にしたがえば、決して失敗はしません」

相手が陸相とはいえ恐れを知らぬ加藤である。鋭い眼差しで睨みつけるように、かねてからの思いを荒木にぶつけた。これが荒木を動かした。

「わかった。それなら君、満蒙に移住する人の準備ができるか？」

「その方は引き受けますから、大臣の方では農業に必要な土地、家屋の準備、それから匪賊の防衛に必要な武器、多少の資金と医療設備などをお引受け願いたい」

荒木は巻き紙を取出し、加藤の話を書き付け「よろしい。考えておこう。まあ雑煮でも食べていきなさい」と言いながら先に立って、二人を隣の部屋に案内した。満州事変後の厳しい政局の中で、「移民話」どころではなかった荒木の「考えておこう」という発言が、どこまで本気であったかはわからない。案内された部屋では、正装した青年将校たちが盛んに気焔をあげ、年賀気分を発散している。加藤と角田は彼らの間に割って入り、一緒に雑煮を食べた。陸相官邸を辞したのは午後二時を過ぎていた。

一旦決断すると動きが止まらなくなるのが、若い頃からの加藤完治の性癖である。陸相官邸を辞し三宅坂で角田と別れた加藤は、その足で枢密顧問官・斎藤実《まこと》（海軍出身）の自宅に向かう。後に首相となる斎藤は、二度目の朝鮮総督を退任し、前年暮れに日本に帰国したばかりだった。朝鮮総督時代に、加藤が始めた郡山や平康《ピョンガン》の日本移民村を視察したことがあった。斎藤は突然押しかけた加藤に嫌な顔ひとつせずに会った。熱心に満州への開拓移民の可能性を説く加藤を、斎藤はこう言って激励した。

「君の言う通りだ。朝鮮はすでに秩序が出来上がり、未耕地も少なく、新たな植民は簡単には出来なくなっている。満州はまだそうではないので、今のうちに思い切った植民の断行が必要だ。君も充分頑張ってやってもらいたい。私も出来るだけの力添えをしたい」

斎藤の激励に気を良くした加藤はそのまま東京・四谷の石黒忠篤邸に向かった。石黒は前年の十二月十四日付で農林次官に就任したばかりである。この時の人事で、石黒らと共に日本国民高等学校の創設に尽力した小平権一は農務局長のポストについている。加藤は荒木陸相や斎藤実との会見の模様を石黒に報告し、農林省としても満蒙移民に協力してくれるよう要請した。

「とにかく那須皓と話そう。彼もこのところ陸軍部内の識者と話し合っているようだから……」。石黒と加藤は二日後の一月四日、鎌倉の那須皓を訪ねる。三人で話し合っている時、関東軍統治部から那須宛ての電報が届いた。関東軍統治部は一月十五日から「満蒙政策諮問会議」を開く予定で、「農業問題について、意見を聞きたいので出席願いたい」というものだった。この会議には京都帝大の橋本伝左衛門も招請されていた。

絶好のタイミングである。那須と橋本は船上で案を練りながら「満蒙移民断行論」をひっさげて渡満する。一方、加藤は石黒の提案もあり、日本農学会の中心人物である東京帝大総長・古在由直《こざいよしなお》を訪問する。当時、満蒙移民に積極的に賛成していた学者は加藤周辺の那須、橋本ぐらいで、他の学者たちの同意を得るには、まず農学界の元老である古在の助力が必要である、と石黒は判断していた。翌五日、加藤は大学時代の恩師でもある古在博士を訪ねた。加藤はこれまでの経緯を率直に述べ、「満蒙開拓移民は、一般社会も農学者の間にも不可能だと思う者が多い。満蒙植民に国民が協力一致して邁進できるようご尽力をお願いしたい」と切り出した。

するど古在はいきなり「それは困った。おれも不可能論者だ」と反対論を展開する。「先生、そんな迷信は直ぐに破棄して下さい」。加藤は寒冷地農業の可能性について自分の経験を含めて持論を展開した。黙って聞いていた古在は、「わかった。不可能論は撤廃する」と明快に答えた。古在は以来、多くの門弟や知人たちに呼びかけ、加藤の「満蒙移民」を側面から支援する。移民に危惧を抱いていた学者たちも沈黙してしまった。古在は知人たちに「先日、加藤がやって来て俺の満蒙移民不可能論は迷信だから撤廃しろ、というもんだから撤廃した」とニコニコしながら語ったという。古在にとって加藤は心通じ合う愛弟子だった。「分からないことは、

分かった人の意見に従うのが本当の分かった人である」（加藤完治）

潰れた六〇〇〇人移民計画案

那須皓や橋本伝左衛門が出席した関東軍統治部主催の「新国家建設後における満蒙政策諮問会議」は昭和七年一月十五日から同二十九日まで奉天の大和ホテル内で開かれる。三月に建国される「満州国」の最後の詰めの会議でもあった。内地から招かれた委員は十八人。「移植民」についての諮問事項は①移民の招来および設定②移民の保護および助成。委員のうち学者は那須皓、橋本伝左衛門のほか東京帝大教授の鈴木梅太郎、北海道帝大教授の上原轍三郎《てつさぶろう》ら六人である。

移植民を討議した委員の中で満州移民が可能だと考えていたのは少数派。那須は「満州移民は可能であるとか不可能であるとか議論する問題ではなく、一大国民運動として直ちに実行に移すべき問題である」と強調する。橋本は加藤完治が朝鮮で取り組んでいる平康産業組合や不二農場の実例をあげ「満州移民がこれまで失敗に終わっているのは、失敗するようなやり方をやっているからであり、われわれが提唱する正しいやり方をすれば必ず成功する」と主張した。こうした主張は関東軍司令官・本庄繁や幕僚の板垣征四郎、石原莞爾らの考えと一致していた。

石原莞爾らが考える新国家は「民族協和の国家」である。「日本人の国家であってはならない。満州族の国家であってもいけない。いわんや移住してきた漢民族の国家であってもならず、あくまでも居住するすべての民族の協和国家でなければならない。また新しい国家は日本と一体不可分のものである。新国家を構成する国民の中には、日本人が多数包含せられていなければならない。それには満州事変以前の一〇万人とか一五万人の日本人在住者では問題にならない。社会のあらゆる分野に日本人が飛び込んでいって新国家の中核とならねばならない。それには日本人の集団移民が必要である」と考えていた。

会議が終わった夜、本庄司令官や板垣、石原らはわざわざ那須、橋本らの宿舎を訪ね、さらに詳細にその意見を聞いた。那須、橋本は加藤完治の移民論とその実績を説明する。石原はこの時、初めて日本国民高等学校校長・加藤完治の名前を知り、「そういうわけなら場合によっては国民高等学校に対し、移民に必要な土地と建物を提供してもよい」と積極的な姿勢を示したという。石原と加藤の接点はこの時、初めて生まれたのである。

この会議終了後、石原らは満鉄理事十河《そごう》信二（戦後、国鉄総裁）を委員長とする「満鉄経済調査会」を設置し、農林班（第二部）、植民班（第五部）に移民問題を担当させ本格的な調査研究に乗り出す。同年二月、関東軍統治部は「日本人移民要綱案」をまとめた。「満蒙に対する日本人農業移民は、日本の国防上または満蒙永遠の和平確保上、最大重要意義をなすものにして事変解決の上はこれに要する資金または経済的損益に拘泥せず、全力を挙げてその実行を期すべきものなり」とするこの要綱案は「移民すべき土地の獲得方法」についてこう述べている。その基本は「不在地主」の排除にあった。

一、新国家をして不在地主を排除し、自作農の農地所有のみを認むる原則に基づき、旧国有地、官有地の整理をなさしめ、民有地中逆産と認めたるものは国家に没収せしめて、これが払下解放を保留せしむ。

二、新国家をして不在地主所有地は報償収容せしむる等して保留せしむ。

那須や橋本が「満蒙政策諮問会議」に出張中、国内では農林次官の石黒が松岡洋右《ようすけ》満鉄副総裁に電報を打ち、満鉄公主嶺農業実習所所長の宗光彦を出張という名目で呼び寄せた。石黒、加藤の二人では現地の実情がわからず、大学時代からの加藤の親友である宗に助太刀を頼もうという作戦である。宗は学生時代、加藤や那須が組織した「尚農会」のメンバーであり、満蒙移民推進論者であることは前に触れた。宗は一月下旬、東京に駆けつける。石黒、加藤、宗の三人はまず一月二十六日、拓務省で「満州移民可能論」の講演会を開く。移民の実現には拓務省の協力がなければ、必要な法案も予算も通らない。拓務省内にはまだ「不可能論」が強かったのである。この講演会には同省の課長以上の全員が参加した。

移民関係を担当する管理局長・生駒高常《いこまたかつね》は「自分は満蒙を回って来たが、どこでも日本人の移民可能論者に出会わなかった。拓務省内もそうだったが、三人の話を聞いて非常に心丈夫に思い、自分は移民断行を決心した」。その後、彼はしばしば日本国民高等学校を訪ね、加藤の意見を求めるようになる。生駒は拓務省に移民の実務者がいないことを嘆き、加藤に推薦を依頼する。拓務省などへの働きかけと並行して石黒、加藤、宗の三人で、満蒙移民の具体案作りを精力的に行った。出来上がったのが「満蒙植民事業計画書」で、「昭和七年度中に六〇〇〇人を送り出す」という計画である。

同案は拓務省の生駒管理局長を通して、三月初めの閣議に提出する手筈を整えた。この案は日本人の満蒙移民の最初の具体案であり、後の「武装試験移民」や「満蒙開拓青少年義勇軍」の〝原型〟となるものでもある。その骨子を簡単に記しておきたい。

「趣旨」として、「満蒙植民は今が千載一遇の機会であり、一刻も早く出来るだけ多くを植民することは我が国の現状からして最重要事項の一つである。この計画を第一期として年々、事業を続行拡大し、五十年後には満蒙在住日本人は最小限五〇〇万人に達することを目標とする」と謳う。昭和七年度は在郷軍人を中心に、募集人員は植民幹部三〇〇名と植民者六〇〇〇人。「植民教育」については、幹部の養成は二期に分け日本国民高等学校で全員を寄宿舎に収容し、将来、一人の指導者が数十名の植民者を率いることが出来るよう指導する。七年度の植民者は山形、宮城、長野の三県で募集し、一県二〇〇〇人。全員を十期に分け、一期六〇〇人ずつ寄宿舎に収容し教育する。さらに移住地において満蒙農業に関する知識と技術を授ける。

「移住地」は大倉公司農場、勧業公司の銭家店《せんかてん》農場、満鉄が所有する敦化《とんか》の土地、勧業公司所有の開魯《かいろ》の土地など合わせて六万六〇〇〇町歩。移民者には一人当たり平均五町歩を分配する。土地はすべて日本の進出企業が所有する南満州が中心。多分、満鉄公主嶺農業実習所長の宗がそれほど無理をせず素早く入植出来ると判断したのだろう。

「農村警備」のためには、まず軍が匪賊の絶滅を期し、地方の治安維持に当たるが、それでも匪賊絶滅が困難な農村には屯田兵を組織して警備する。「植民教育や移住地施設の経費」は国庫負担とし、移民者の農業経営資金は政府が低利資金を融通する。この融資は当初の三年間は無利子、元金据え置きとする、などとなっている。

加藤完治はこの「六〇〇〇人移民案」が閣議をへて三月議会で決まるものと思い込み、友部の日本国民高等学校の敷地内に移民訓練用の宿舎建設の手配も済ませた。満州の移民候補地も見ておかねばならない。彼は国民高等学校の職員で栄養学の専門家でもある酒井章平を同行して、朝鮮経由で満州に旅立った。二人が途中立ち寄った京城・朝鮮ホテルに石黒忠篤から電報が届く。

「イミンアンハツブレタ　ケンチクハトリヤメタ　アトフミ」

閣議は「時期尚早」として、加藤らの移民案を退けたのである。電報を手にして暫くは声も出なかった加藤だが、ここで引き返すわけにはいかない。とっさに脳裡に浮かんだのは関東軍参謀・石原莞爾のことである。石原との面識はないが、関東軍の「満蒙政策顧問会議」に出席した那須皓や橋本伝左衛門に石原が、「場合によっては、加藤の日本国民高等学校に奉天の土地と建物を貸してやってもよいと言っていた」という那須らの話を、思い出したのである。石原に会って真意を確かめ、「それが本気なら、そこに小規模な移民を行って、将来の移民決行の準備教育が出来ないものか」。そのまま気を取り直して満州に向かう。

奉天に着くと、大星ホテルに宿をとった。すぐに満州事変までは張学良軍の宿営地だった北大営の戦跡見学に出かける。表向きは戦跡視察だが、加藤の関心は北大営の建物がどうなっているか、兵営の周囲に農地はあるのか、だけである。北大営は中央に広大な練兵場があってその周囲に兵舎がある。兵舎の中でも軍監学校の建物は破壊されずに残っており、兵舎の周囲には学良軍が耕作した畑地があり、まだ畦が残っていた。城壁の付近の苗畑には、兵士たちが植えたのだろう、まだ沢山の葱苗が残っている。加藤は「独り微笑を洩らして」その日はホテルに戻った。

翌朝、旧知の関東軍特務部産業課長・松島鑑に、参謀の石原莞爾を紹介してもらうよう頼んだ。松島は北大農学部出身で満鉄農務課長時代から面識があった。翌日午前八時半から、司令部の一室で石原との面談の約束がとれた。加藤は石原との初対面の模様を「(石原)中佐は誠に静かに一言一言語られる。その一言一言がいちいち僕の胸にこたえる。僕もまたこれに合槌を打つ。ものの十五分も話したかと思う時、中佐は僕に、加藤さんがもっと早く満州に来てくれたらよかった、と言われた」と記している。

石原と加藤は初対面からお互いに通じ合うものがあったのだろう。これが終戦後まで続く加藤と石原の強い同志的な繋がりとなった。

「石原さんは私の友人である那須、橋本両博士に、加藤にならは植民に必要な土地、建物を貸してもよいと言われたそうですが、果たして貸してもらえるものだろうか。これが出来れば理屈なしに内地青年の満州移民の実例をお見せできます」

加藤は率直にこう切り出した。

「北大営ではどうですか」

石原はすでに答えを準備していたかのように、即座に言った。

「北大営なら申し分ありませんが、それが出来ますか?」

「もちろん出来ます。しかし北大営といっても漠然としているから、建物は北大営のどの部分、土地はどの部分を何町歩《ちょうぶ》(一町歩は約一ヘクタール)と図面で示して貰えれば、本庄司令官にも相談してなんとか取り計らって見ましょう」。

石原の好意ある発言に、加藤はすぐに満鉄公主嶺農業実習所の宗光彦に電報を打って奉天に呼び出した。二人で改めて北大営を視察、必要な建物と練兵場やその周辺の土地約一〇〇ヘクタールを地図上に区画して、石原に渡した。

石原はその図面を受け取ると、加藤を連れて関東軍司令官・本庄繁の部屋に行き、日本国民高等学校の訓練所用地として、北大営の一部を貸す理由を説明した。加藤も本庄司令官に理解してもらおうと熱心に説明した。

「自分はあくまでも満州の天地に、内地農村の青年子弟を植民することの可能性を信じています。だからこそ六〇〇〇人の移民案を拓務省から閣議にかけてもらったのですが、時期尚早と葬られてしまいました。要するにこれは政府当局が満蒙移民不可能論を信じている結果です。可能、不可能を論議するのは良いが、誰しも可能であることを願わない日本人はいないはずです。意見が分かれた場合には、不可能論者は、可能論者の意見を先ず容れて、試験的にやらせてみるという雅量が必要であろうと思います」

「一切これをやらぬ、やらせまいとすると、我等の信ずる満蒙植民可能論を証拠立てられるでしょうか。もし人々が内地青年の満蒙植民は必要だが、残念ながら不可能と信ずるというのなら、あくまでも可能だと信じる我等の意見を入れて、小規模にでもやらせてみてもらいたいのです。幸い石原さんがよき理解者となられ、必要なら本庄将軍に申し上げ、北大営を貸すことも出来ると言われたので、非常に喜んでお願いに上がりました」

顎髭をそよがせ、童顔を紅潮させ懸命に説く加藤に本庄はこう答えた。

「北大営付近は、植民すべき土地ではないから、植民するというわけにはいかないが、訓練所のようなものに使用するというならよかろう。ただし、訓練所のやり方に注文がある。一つはむやみに新聞宣伝などをせずに、黙々とやること。二つ目は、自ら汗して働いて農業労働の範を示すこと。三つ目は付近の満人農家とよく協調を保っていくこと。これを守ってくれれば貸すように計らってもよい」

本庄の注文は、まさに加藤の考えていることでもあった。本庄の内諾を得て、加藤は正式な手続きに乗り出した。

「日本国民高等学校北大営分校」の開校

官僚組織に疎い加藤完治は、これで北大営の建物、土地は借りられるものと思っていた。「満州国」が建国された直後の昭和七（一九三二）年三月末のことである。石原は加藤に丁寧に手続きの方法を教えた。それによると、まず北大営の貸借願を満州国奉天省長に提出、省長から許可が下りれば関東軍司令官に改めて申請し、その結果が正式の決定となる、と言うのである。「面倒でもその手続きを踏んでもらいたい」。石原は、奉天省の最高顧問をしている金井章次を紹介してくれた。満鉄社員で衛生課長などを務めた金井は、昭和三年に深刻化する排日運動に憤慨する在留邦人が大同団結して作った「満州青年連盟」の指導者でもあった。加藤と宗が金井を訪ねて事情を説明すると金井は、意外なことを打ち明け始めたのである。

「今、多くの利権屋が北大営を借りようとして血眼になって運動しています。その数は恐らく数百人を下らないでしょう。あなた方のように教育に精進しておられる方が、これらの利権屋と同一視され、他の方面から誹謗中傷されるようなことになっては、大切な理想の実現は困難となりはしないでしょうか。もう一つ、石原参謀は北大営を貸すと言われたかも知れませんが、他の参謀たちが果たして承知されるかどうか。もし不賛成の人がいると、この北大営の貸借問題で関東軍の参謀たちが二派に分かれるという憂いもあります。そうなれば北大営の貸借問題で関東軍からも見放され、場合によっては憎まれることになるでしょう。この際、思い止まった方があなた方の為だと思います」

　そう言われて加藤は迷い始めた。彼の言うことはもっともなことばかりである。関東軍の本庄や石原に迷惑をかけるわけにはいかない。金井は言葉を継いでこう言った。

「だが失望することはない。試験移民するにはちょうどよい土地があります。韓景堂《かんけいどう》という私の友人がいますが、彼は内蒙・鄭家屯《ていかとん》から洮南《とうなん》に行く途中の三林《さんりん》駅から四、五里入った場所に、何千町歩という大農場を持っている。治安は安心できないが、韓氏の事業を援けている蒙古軍を率いる王族もいるので、彼の軍に護衛させて現地視察も出来るでしょう。どうです。そちらから着手してみませんか」

　同行した宗光彦は韓景堂を知っており「金井さんの話はもっともだ」と頷く。韓夫人は日本人で茨城県出身だという。不思議な縁を感じた加藤は、金井の助言によって韓景堂の農場を宗と共に視察する段取りを決めた。しかし、この計画変更を関東軍の本庄や石原に話して了解を得なければ、応援してくれている二人に申し訳が立たない。加藤は関東軍司令部に赴き、まず本庄司令官に会った。本庄は加藤の顔を見るなり「北大営の問題はどうなった？」と聞く。加藤は金井に会ってからの事情を説明、計画を変更して「明日にでも現地視察をしたい」と述べた。

本庄は壁の満州大地図を見ながら「この辺なら土地も広いし、思い切った農業も出来るだろう。しかし、匪賊も多く視察など行けるものではないよ」と心配した。「農民が土地を見に行って匪賊にやられたとあれば致し方ない。本望です」。本庄は「どうしても行くのか」と念を押す。「どうしても参ります」。本庄は呼び鈴を押し、やって来た参謀に「この加藤君が鄭家屯付近の三林駅の奥地に単身、農場視察に行くと言う。危険な地帯なので鄭家屯から護衛兵をつけてやってくれ」。加藤は本庄の心遣いに感激して退出した。

「石原にも計画変更の事情を説明しなければならない」。石原は待ち構えていたように部屋から出て、廊下の隅の椅子に二人でならんで腰を下ろした。参謀室は狭くて二人で話す席もない。廊下の片隅を衝立で仕切って椅子を置き、応接室としていた。加藤は金井の申し出と計画変更について説明をした。

黙って聞いていた石原は「絶対反対です」。「二の句が継げないほど」はっきりと断言したのである。「石原さんはむしろ手を打って喜んでくれるに違いない」と考えて、加藤は金井の話を平静に説明したのだが、「案に相違して」強い口調の石原の反対に驚いた。「あの付近はソーダ地帯（炭酸ナトリウムを高濃度に含む乾燥地帯）で、土地は極めて痩せています。それだけでなく匪賊の巣窟で危険です。あの付近に植民されては、軍もその安全を保証することは出来ません」。さらに石原は声を強めて言った。「あなたはあれほど私に固く約束された北大営の借用を、なぜやめられるのですか。他人が何と言おうとそんなこと構わないではありませんか」

この言葉に加藤はグッと詰まった。

「僕は白状するがこの時、本当に石原さんに頭が下がった。石原さんは僕の依頼を受けて万難を排してその実現に努力している。それなのに自分はちょっとした他の人の言に惑わされ、直ぐに前言を取り消して自ら勝手な計画を立てる。僕を信じてあくまでも後押ししてくれる石原さんに相済まないことではないか」

申し訳なく思った加藤は「お説の通り、人が何と言っても構いませんが、僕が拝借すると、軍の参謀連がこれを曲解し、二派に分かれると指摘する者もいましたので……」と言い訳がましく言い始めると、それを遮るように「軍内部のことはこの石原が引き受けます」。加藤は「この時ぐらい石原さんの本当の姿を見たことはなかった」と述懐する。

加藤は奉天省治安維持会最高顧問の金井章次に事情を説明し、石原の再度の指示に従って、奉天省長・臧式毅《ぞうしきき》宛てに北大営貸借申請書を提出した。すぐにでも許可が下りると思っていたが、何時間待っても許可証は出ない。朝から待ち続けて、やっと待望の書類を受け取ったのは午後八時を過ぎていた。すぐにその書類を石原に届ける。関東軍からの正式の貸付通知は翌日には届いた。借り受けが決まったのは、余り破壊されていない張学良軍の軍監学校の建物と、営門を入ると両側にある五〇ヘクタールの練兵場跡、それに事変前まで兵士たちが耕していた畑地など併せて一〇〇ヘクタール。だが建物はそのままでは使用出来ないし、まだ戦闘による遺骨や不発の弾丸も残っている。

学校として使うには修理や整備も必要であり、それには資金や人材も必要だ。「北大営分校」

が開校しても、満蒙大量移民の足掛かりを得たにすぎない。帰国途中、加藤は拓務省の生駒管理局長が人材不足を嘆いていたことを思いだし、朝鮮・京城で途中下車した。そして、京城に本社のある東洋畜産興業会社専務の中村孝二郎と、不二興業会社技師の山崎芳雄の二人を口説いた。本格的に満州移民が始まれば、その先頭に立つ指導者が必要になる。

　中村は東京帝大農科大学を卒業後、朝鮮に渡って東洋畜産興業会社に就職する。加藤が江原道・平康に山形の青年を送り込んだ時、彼らの面倒を見てくれた。中村夫人は加藤の恩師、矢《や》作《はぎ》栄蔵（元・東京帝大教授）の娘である。北海道帝大農学部を卒業した山崎は満鉄に入社し、熊岳城《ゆうがくじょう》農事実習所に数年間勤務した後、朝鮮の江原道立鉄原農蚕学校校長を二年間務めて退職し、朝鮮農業開発を進める不二興業の技師となっていた。

　帰国した加藤は拓務省の生駒管理局長に掛け合い、中村を拓務省技師、山崎を拓務省嘱託として採用してもらった。さらに加藤と宗の二人も「拓務省嘱託」として発令してもらう。これによって加藤、宗の二人は「満州移民の研究調査費」の支給を受けることになる。これを資金に奉天・北大営の建物を修復、農具などを購入し、最小限の設備で同年四月、「日本国民高等学校北大営分校」を開校することになった。

　宗光彦がまず総責任者として満鉄公主嶺農業実習所の弟子三人を連れて乗り込み、開校準備に着手する。続いて友部の国民高等学校の農場主任で、安城農林、山形自治講習所と、常に加藤と行動を共にして来た野々山彦鎰《ひこいつ》が、友部の生徒の中から選抜された一二人の先遣隊を連れて奉天に到着する。酒井章平も一五人を引き連れて現地入りした。酒井は特に寄宿舎での食物、炊事の研究に取り組む。「日本国民高等学校北大営分校」の開校は、満州で移民の先駆者を養成し、満州農業経営に取り組む第一歩だった。

東宮、満州国軍「軍政部顧問」に

話は変わる。昭和七（一九三二）年一月六日、東宮鐵男は「吉林省政府招聘武官長」として二年ぶりに満州・奉天の土を踏んだ。満州事変を経て、関東軍は「満州国」の建国に向け、ひた走っていた。満州事変は第二段階に入ったとはいえ、ソ連国境方面の満州東北部一帯を中心に依然、混沌とした情勢が続いていた。

満州事変勃発時の吉林省長・張作相（張学良の叔父）は長春を追われ、吉林軍参謀長だった熙洽《きこう》が独立を宣言して吉林省臨時政府を組織し、関東軍に協力することになった。日本の東京振武学校から陸軍士官学校を卒業した熙洽麾下《きか》の軍隊が、東宮らが招聘された「吉林軍」である。彼は満州国が建国されると、財務部長官、吉林省長を兼務した。満州族である熙洽は、元清朝皇帝・溥儀の腹心でもあった。しかし、張作相の配下である依蘭《いらん》駐屯軍の歩兵第二十四旅団長・李杜《りと》や哈爾浜《ハルビン》の護路軍総司令・丁超《ていちょう》等の一派は熙洽に反旗をひるがえした。これが「反吉林軍」である。

また西安東方の東辺道では軍閥于芷山《うしざん》が、哈爾浜付近には軍閥張景恵がそれぞれ独立し、事態の推移を見守っていた。于芷山は張作霖の侍従長官を務めた人物。張作相に「全兵力を率いて錦州方面に移駐すべし」と再三督促されるが兵を動かさず、東辺道一帯の治安維持に当たっていた。張景恵は張作霖爆殺事件の際、同じ展望車に乗っていたが、奉天駅近くで身支度のため隣の車両に移り、難を逃れた。満州国建国後は参議府議長となり、昭和十年から終戦まで国務総理として満州国の中枢にあった。

熙洽の吉林軍とその背後の日本軍に抵抗する反吉林軍は、各地に蜂起し、土匪、匪賊が各地に出没横行していた。特にソ連の影響下にあった長春から哈爾浜にかけての東支鉄道沿線は、満州建国に敵対する反吉林軍が集結する。関東軍はソ連を刺激することを避け、哈爾浜を中心とした東支鉄道沿線には出動を控え、交渉によって帰順を促していたが、この地帯での反吉林軍の動きは一段と活発になる。軍閥が各地に割拠した当時の満州は、過激集団IS（イスラム国）などの武装集団がはびこる現在の中東の姿を思い浮べればよい。

関東軍は同一月九日、熙洽配下の吉林軍に武力討伐を命じた。兵力九〇〇〇人の吉林剿匪《そうひ》軍の総司令は、于琛澂《うちんちょう》中将である。于は張学良軍の旧東北軍騎兵第十六軍師団長だったが、張作相と意見が対立し袂を分かち、満州事変後は熙洽の吉林軍に入る。満州国建国後は治安部長（陸軍大臣）となった。

吉林省応聘武官長である東宮鐵男に同行した武官は浜田弘（当時大尉）と中村光次郎、貞田源之助、赤木久雄、大川高喜（各中尉）の五人。吉林臨時政府軍を指導し、反吉林軍や匪賊を掃滅し、治安維持に当たることがその任務である。満鉄路線とその沿線を守る吉林軍鉄道守備隊の編制は急務であった。だが、当時の満州では良質の兵隊を集めるのは至難のことだった。「好人不兵」という言葉があるくらいで、兵隊になるのは仕事にあぶれた苦力《クーリー》（労働者）や浮浪の徒などいわば「野武士の衆合」である。規律ある軍隊を作ることは一朝一夕にはいかない。

「これでは急を要する時の頼りにならぬ」。東宮は吉林軍顧問の大迫通貞（当時中佐）に相談し、内地から在郷軍人七〇人を呼び寄せ、彼らを軍の中堅としてやっと二個大隊を編制した。この時、日本から駆け付けたのが、かつて奉天独立守備隊時代、張作霖爆殺事件で共に行動した神田泰之助（当時中尉）や、新潟に帰郷し東宮からの連絡を待ちわびていた山田與四郎である。

山田は喫茶店を経営したり、寿司屋になろうと友人の食堂で働いたりしていたが、その間に、生まれ故郷の新潟県蒲原郡三井村で、両親の面倒を見ながら理髪店を経営していた大嶋与喜緒と結婚する。山田が鉱毒にかぶれて湯治に行った近くの三川温泉の旅館「梅屋」の主人がこの縁談を持ち込んだ。山田は一人娘の与喜緒の婿に入ることになっていたが、結婚後三か月、まだ入籍もしないうちに東宮から連絡が入る。山田は妻に有り金を全部出させて、飛び立つように満州に渡った。一か月ほどして与喜緒に「当分は帰国できない」という手紙が届く。用立てた金銭は手紙と一緒に返されてきた。彼女はその頃すでに身籠っていた。長女・雅子（財部鳥子）を出産すると、与喜緒は赤ん坊を背負い山田を追って満州に渡った。

吉林軍鉄道守備隊は長春―哈爾浜間の守備も担当していた。編制から二、三週間後、まだ未熟な兵隊たちだったが、東宮は吉林軍の北上に合わせて出撃し、哈爾浜に近い寛城子《かんじょうし》停車場を占領、多数の列車を捕獲した。これによって哈爾浜方向への関東軍、吉林軍の兵力、物資の輸送は極めて容易になった。二月に入ると匪賊の頭目・双好の傘下三〇〇〇人が、松花江の鉄橋を破壊しようと攻撃に出た。東宮が一個大隊を、大川高喜中尉が他の一個大隊を率いてこれを迎撃、三〇〇〇人の敵を撃破し、その半数を捕虜とした。この捕虜は後に独立騎兵四個大隊に改編して、大川中尉に指揮を委ねる。

東宮は首領の双好の帰順を策した。彼を野放しにしておけば、さらに新たな反吉林軍を編制するのは目に見えている。捕虜の一人を介して帰順工作を始めるが、双好は応じる気配もない。東宮はある日、単身、密かに彼を訪れて説得する。奉天独立守備隊中隊長時代、夜学に通って特訓を受けた彼の満州語は通訳を必要としない。

「新たに建国する満州国は王道を敷き、楽土とする。満州に住む者は満族、漢族、蒙族、朝鮮族もみな平等に待遇され、平等に協和することになった。これまでの暗黒政治を排し、悪税を廃止し、悪習を打破し、法律をもって治める。軍隊は元首に属し、個人の手兵を許さない。今までの暴政を改め、その残党にして帰順せざる者は之を討伐し、帰順するものは之を用いる。政は道に基づき、道は天に基づく。新国家建設は一に天に順《したが》い、民を安んじるを旨とする、これが新国家の理念だ。貴下も新満州国に入って一緒に働いてもらいたい」

東宮は内外に宣言されている満州国の哲学を懸命に説いた。双好が話の内容に説得されたとは思えないが、単身乗り込んで来た東宮の度胸や熱意に惚れたのではないか。「東宮大人に従いましょう」。彼は帰順に応じたのである。満州国の建国宣言が出た四日後の三月五日のことである。

満州国が建国されると、東宮らが編制した鉄道守備隊は「満州国正規軍」となり、東宮鐵男は「軍政部顧問」として、吉林省の牡丹江以北の江東十二県（依蘭《いらん》、富錦《ふきん》、方正《ほうせい》、饒河《じょうが》、虎林《こりん》、勃利《ぼつり》、宝清《ほうせい》、密山《みつさん》、樺川《かせん》、綏遠《すいえん》、同江《どうこう》、穆棱《ぼくりょう》）の警備を担当する「依蘭地区警備顧問」に就任し、「匪賊討伐」に明け暮れることになる。依蘭は満州最北部を流れる松花江沿いのソ満国境に近接する街である。「匪賊」については後述するが、この地域には新興宗教的色彩の濃い紅《こう》槍会《そうかい》、太刀会なども含めて、反吉林軍の匪賊三万人がいると言われていた。

新京の梁山泊「東宮公館」

この頃の東宮鐵男は新京（旧・長春）の満鉄付属地である三条通りに、古いが広大な貸家を借り「東宮公館」と名付けた。「東宮復帰」を知って渡満した者たちが「門前市をなすように集まって、たちまちのうちに〝梁山泊〟が出来上がった」（宮崎勇四郎談、『東宮鐵男傳』）。再び満州に戻った山田與四郎も、渡満して来た妻子と共に「東宮公館」に居を定めた。東宮公館には常時、二〇人以上の日本人がたむろし、東宮の手足となって、北満州の匪賊討伐や治安工作、移民事業などに奔走する。見方によっては、東宮の〝私兵〟養成所といってもよい。

集まって来た者の中には「憂国の士」も多く、国家天下を論じる大声が毎夜、外まで響き渡った。公館の一角には柔道、剣道の道場も作られ、激しい掛け声が毎日、通りまで聞こえた。東宮の狙いは建国の礎石となる人物、移民事業に生涯をかける人物の養成にあった。彼は貧しいポケットをはたいて、これらの若者に小遣いを与えて面倒をみた。東宮が壁に貼り出した東宮公館の内規は次のようなものだった。

一、同志ハ宿泊ヲ望ム
二、気ノ毒ナ人ノ一時宿泊ヲ許ス
三、女ハ館主ノ許可セルモノノミ宿泊セシム
四、男ラシクナキモノハ排斥ス
五、宿泊者増加スルモ食費ハ定額ヲ増サズ、人員多キ場合ハ粗食スルモノトス

「東宮公館」には、次々と新参者が訪れる。内地から東宮の友人の紹介状を持って訪れる者もいる。公館の世話係的存在となった宮崎勇四郎は、内地からやってきて、最初にここを訪ねた時の様子をこう語っている。

東宮はいきなり「何しにここまでやって来たのか」と聞く。「内地がいやになって飛び出してきました」という宮崎に、東宮は語気を強めて言った。「満州は青年を求めている。ところが来る奴はみんな金もうけでもしようといった奴ばかりだ。そんな寄生虫みたいな奴は一人も満州にはいらない。俺は叩きだしたいと思う」。叱られたような気がした宮崎だったが、何度か東宮に会ううちに、次第にその魅力の虜となり、「満州での親分はこの人だと勝手に決めた」。そのことを東宮に告げると「僕は満州建国の捨て石になるつもりで来た。君も俺と一緒に、捨石になれる勇気があるか」と問われた。それが「東宮公館」への〝入門テスト〟だった。

馬賊・匪賊・土匪

吉林省政府招聘武官長や満州国建国後の「軍政部顧問」として東宮が取り組んだのは、「満州東北部に跋扈する匪賊征伐」だった。「匪賊」とは何を意味しているのか。当時の日本軍の用語では、吉林省長・熙洽に反旗を翻した李杜や丁超らの「反吉林軍」も含め「満州国建国に反対する抗日分子」をすべて一まとめにして、「匪賊」と呼んでいる。東宮らが討伐の対象とした「匪賊」とはどういう集団だったのか。

満州事変前後の満州は、統一した政権はなく、かつては「馬賊」だった軍閥が、各地に割拠していた時代である。満州族が中国本土に清国を建国すると、満州全域は「封禁の地」として他民族の植民は禁じられた。そこには地方行政組織が存在するわけでもなく、中央官憲の手の届かない地域である。住民は盗賊や山賊から身を守るため、自衛するしかない。各地に「郷勇」「郷神」「郷団」などと呼ばれる自衛組織が作られ、清朝政府はこれらの自衛組織が持つ軍隊維持に必要な経費の現地調達を認めた。

　こうした自衛組織のメンバーの中には「平常は良民として田畑を耕していながら、生活のために、あるいは時勢に反抗するために、相集っては盗賊行為にふけるものがあった。これには、まったくの無頼の徒輩も加わった。この連中が、すなわち『土匪《トウフェイ》』とか『匪賊』などといわれるもの」（渡辺龍策『馬賊』）だという。渡辺はこう記している。

「もともと土匪の類であっても、それがそうとう組織化されてゆくと、地区によっては常時これを自衛のために利用するということもある。そうなると、これは、その地区においては、土匪的な存在ではなくて、やはり民間自衛組織の一環としての馬賊ということになる。これらの型の『馬賊』には後年その名をはせたものが多く、張作霖《チャンツオリン》は奉天・吉林を中心として、張作《チャンツオ》相《シャン》は遼西八県にわたって、張景恵《チャンチンホイ》はハルビンを根じろにして、それぞれ大をなしたのであった」

「しかし『馬賊』も『匪賊』もいっしょにしてしまっては、馬賊というものが、すくなくともその縄張り内においては、仁義をまもる任侠的存在として農民たちを保衛するという、日本の侠客仁義とかなりあい通ずる馬賊道ともいうべき一面をもつことを、無視してしまうことになりかねない。馬賊には馬賊なりの厳格な統制があり、独自の作法や習慣があって、それはあくまでも住民の自衛のための組織集団、ないしは住民の唯一の保護者であったといっても過言ではない」

とはいえ、満州事変前後の満州では、激しい混乱の中で自衛集団としての馬賊もゆるぎ始め、馬賊の中にも「一種の腐敗症状を呈して『匪賊』化していったものもいた」という。日本側は馬賊であろうが匪賊であろうが区別することなく、一律に「匪賊」として「討伐の対象」としていたのである。このため「匪賊襲来」との知らせに討伐に向かった東宮たちも、現場に到着してみると、匪賊らしいものは見当たらないということをしばしば経験する。彼らは自分のねじろの村に帰れば、一般農民の中に紛れ込んでいたのである。

また当時の混乱する満州社会に勢力を伸ばしていたのが「自衛組織的秘密結社」の「紅槍会」と「太刀会」である。もともとは中国本土の河南省、山東省に発生した「新興宗教」的な結社だが、満州の混乱に乗じて、満州東北部の奥深くまで進出していた。紅槍会は天神を祭り、呪文をとなえ、護符を呑んでから出撃する集団で、入会した農村を他の匪賊から護るだけでなく、官憲や軍隊にも抵抗した。太刀会は精神療法で病を治療すると称して、この会員になれば、弾丸も体に入らず、戦闘での勝利は疑いなし、と宣伝してその勢力を伸ばし、満州事変後は張学良軍の敗残部隊とともに「反満抗日」へと蜂起していた。

こうした「匪賊」集団に加えて、勢力を増していたのが「共匪」である。ソビエト共産党に指導された武装パルチザン組織で、昭和七（一九三二）年二月にはその根拠地を奉天から哈爾浜に移して、満州北部への進出を企図していた。これに呼応する形で、毛沢東が指導する中国共産党のゲリラ組織も勢力を拡大していた。

東宮が満州国軍政部顧問に就任したころ、吉林省では東北部を中心に、これら一括して「匪賊」と呼ばれる集団は合わせて、約三〇万人に上っていたと言われる。満州国軍と日本の関東軍にとって「反日反満」のゲリラ部隊はすべて討伐対象の「匪賊」でも、満州を追われた張学良軍とその支援者やソビエト共産党、中国共産党にとっては、日本の中国侵略に抵抗する「抗日遊撃部隊」であり、彼らを一括して「抗日義勇軍」とも呼んでいた。

東宮鐵男の屯墾案

「満州国軍」の発足と同時に、熙洽の麾下にあった吉林軍も、各地の雑軍（在地方軍隊）も満州国軍に組み込まれ、東宮は「満州国軍軍政部顧問」だけでなく「関東軍司令部付」を兼務することになった。関東軍司令部付兼務を発令された時、東宮は自ら「日本農民の満州移民に関する業務を担当したい」と申し出ていた。三月中旬、東宮は奉天の関東軍司令部に参謀の石原莞爾から呼び出しを受ける。

満州国軍には投降してきた張学良軍の残党の数も多く、これらを統合するには、余剰兵力をどう整理するかが最大の問題となっていた。石原はこれら余剰兵力と日本人の満州移民を組み合わせた〝屯墾化《とんこんか》〟を考えていた。屯墾化とは、彼らを〝屯田兵〟として北満の未墾の地に入植させ、開墾作業に従事させせながら、ソ満国境で一朝有事の際は兵士として従軍させる、ということである。それには指導する日本人の大量移民も必要となる。

石原は「入植した日本人は、極寒の自然と戦いながら、北満未墾地の開発に当たり、かたわら軍の対ソ防衛に協力する」、「入植する日本人は勤労生活をもって四隣に範を示し、原住民と融和し、満州農民の中核となる」という方針を東宮に示し、その調査研究を命じたのである。

東宮は忙しい匪賊討伐の合間を縫って、満州北部に足を運び、地理や歴史、産業などを詳細に調べ上げ、「在郷軍人で基幹部隊を編制し、吉林軍の于琛澂《うちんちょう》を司令とした屯墾軍制を敷く」という「在郷軍人移民計画」を石原に提出する。この案は関東軍で検討されたが「時期尚早」ということで、石原の手元に返され、実現には至らなかった。しかし、それは東宮の最初の移民計画案であり、その後の彼の考えの基本をなすものだった。

東宮はまず「立案の動機」として「ソ連邦の赤兵移民の実態」を分析し、「ソ連邦が進めている赤兵移民の目的」をこう記している。

〈赤兵移民の目的は遠く離れたる辺彊《へんきょう》極東の国防を第一とするものにして、往年の『コサック制』に倣えるもの、一種の屯田兵と目すべし。極東地方は労働力不足しあるを以て、産業開発のため労働補充を第一目的とす。然れども付随のものとして赤兵移民は農業に限られ、然もこれが収容すべき地方は、国境に近くかつ最も戦術上必要なる地方に配置しあり〉

東宮はこの頃からすでに、ソ連の赤兵移民の狙いが国境を越えて満州に侵攻することにある、という強い危機感を持っていた。そしてこう断言する。

〈ソ連極東軍は各部隊ごとに、赤兵移民を有する農場を配当して保護農場とし、常に連絡をとり、収穫期には一部現役兵の手伝いに行くことあり。祭日は赤兵移民を招待して交歓す。行軍その他を利用して農場を巡視し、激励すると共に、赤兵軍事能力増進を計る〉

「現況」として、国境近くの農場に配置された赤兵は約二万人、一九三一（昭和六）年中には約四万人を移住させる計画であり、満州事変後はさらに大規模な移民を計画している、と指摘する。また「移民出発に際しては家族数に応じて手当を支給し、移住地に家屋を準備し、特別列車を仕立てて移民地に輸送している」「赤兵移民は農村税減額の特典があり、付近の軍事施設を利用でき、地方社会施設利用の優先権がある」など、赤兵移民の待遇を詳細に調べ上げている。さらに「赤軍中央政治部はその発行する新聞などで極東の現状、移民の特典やその状況などを満載して宣伝に努めている」など移民の勧誘方法にまで言及する。

ソ連の動きを分析しながら、彼はこう結論する。

〈満州国軍を支援し、まず国内の粛清を行いたる後、未開地を開拓し、新国家建設を援助す。満州国内の粛清は匪賊討伐のみにては完全ならず。満州人のある間、民間兵器の存する間、恐らく匪賊は絶えざるべし。日本移民の満州全地に充満するの日、初めて満州に真の楽土現出す。即ち満州国内の根本的粛清は移民より他に道なし〉

この計画で驚くことは「ソ連の赤兵移民」の実情についての細かな分析である。東宮の周辺にはその調査能力を持つ人物がいた。信頼する同志、山田與四郎である。彼は若い頃、新潟を飛び出して、北海道から樺太、さらにシベリアを放浪し、満州に流れ着いたことは前に触れた。東宮は、ロシア語にも精通する山田を国境を越えてソ連領に送り込み、赤兵移民の実情を調査させたと見て間違いないだろう。山田はソ連領内にも多くの友人を持っていた。

東宮は同年五月中旬、部下で奉天独立守備隊時代からの同志、神田泰之助（当時中尉）と共に満州国軍を率いて哈爾浜から船で松花江を下り、依蘭に向かった。張作霖爆殺事件の実行犯だった二人のコンビがまた復活したのである。山形県・酒田出身の神田は石原莞爾の遠縁にあたり、石原の配慮があったのかも知れない。この出撃は依蘭地区を根拠地とした反満州国軍の頭目、李杜を討つためだった。依蘭は松花江と牡丹江の合流点にあり、三〇〇年の歴史を持つ古都であり、松花江畔の市街としては哈爾浜の下流で最も栄えている街である。

東宮たちの軍が依蘭に上陸した時には、李杜軍は遠来の客を迎えるように、街中をきれいに掃除し、略奪も一切なく、軍勢をまとめて、下流の富錦《ふきん》から東満州の森林地帯に姿を消していた。奉天省生まれの李杜は、少年時代から給仕として軍隊に入り、張作霖軍の一部隊長として戦功をたて、旧吉林省第十五師団の幹部となった人物で、民衆の支持も受けていた。「敗軍の将とはいえ「敵ながらあっぱれ」と感動した東宮は、李杜の司令部に入り、一句詠んだ。「丁香《ちょうこう》のかほりや去りし人のあと」。依蘭滞在一週間、彼は休む間もなく土地の歴史、物産、交通などの調査に没頭する。

帰路の船上で東宮と神田は並んで甲板に立ち、松花江の両岸に広がる遮るものもない広大な原野の風景に見入っていた。東宮は突然、神田の肩を叩いて「ここだ」と大声を上げた。「見たまえ、未墾の沃野がこのように広がっている。ここごそ大和民族を大量に入れて耕すべき土地だ」

東宮の目は新しい土地を発見した探検家のように輝いていた。新京の東宮公館に戻った東宮は、毎夜遅くまで部屋に籠ってひたすら書き物に専念する。公館の世話役、宮崎勇四郎たちが「先生は毎夜、何をしているのだろう」と不審に思ったくらいである。こうして書き上げたのが同年六月十日、石原莞爾宛てに提出した「屯墾に関する意見具申書」である。以下はその骨子である。

「目的」は「現在、依蘭駐屯中の日本軍に代え、その任務を永久に続行し、対ソ国防に供するそのために、日本軍の援護のもとに多数の朝鮮人や内地日本人の移住を行う」。その可能性について「于琛澂司令は衷心よりこれを希望、懇望しており、且つ未墾地に日本人を入れることに関しては何らの顧慮を要せず、目下の時期の可能性は充分である」。

入植者の「待遇」は、日本政府から「明年の収穫までは米、麦、味噌を給し、俸給として階級によらず金五〇円を支給する」とし、隊長、技師、軍医、通訳など新しい村づくりに必要な職種と、彼らの職務手当の額まで細かに明示する。さらに満州国政府からは「住居や燃料、農耕に要する農具を支給し、農民として永住するものには一家族に対し五町歩以上の土地を無償で支給する」ことや、互助施設や屯墾軍の組織案に至るまで細かな提案を行っている。

最後に屯墾作業を実施する入植候補地として東宮が挙げたのは「牡丹江以東の十県（依蘭、樺川、富錦、同江、勃利、宝清、饒河、虎林、密山、綏遠）」。「密山」については「土地が有望であるうえ、国防上必要なるにより加入せり」と注釈をつけている。すべてソ連との国境に近い満州の最東北部である。

東宮鐵男が石原への「意見具申書」を提出し、再び「匪賊討伐」のため哈爾浜に赴いた直後の同年六月二十四日、楡樹《ゆじゅ》方面に出撃中だった大川騎兵支隊の隊長・大川高喜（中尉）が行方不明、との知らせが入る。大川は同年一月、吉林軍招聘武官として東宮に同行して満州にやってきた五人の武官の一人。新京（長春）の「東宮公館」に居を構えて、寝食を共にしてきた同

戦死した大川高喜中尉（右）と東宮鐵男（昭和７年、東宮公館にて）。東宮は大川を「性寡黙にして熱血漲り、温容にして豪勇鬼神を凌ぐ」と評した。

志である。大川騎兵支隊の参謀はこれまた長年の同志、山田與四郎だった。部隊を総動員して懸命の捜索が始まった。

　大川騎兵支隊は匪賊の急襲にあって壊滅。大川だけでなく専属副官の阿部熊一（上等兵）、機関銃隊長の草野敬治（同）も戦死したことがわかったのは翌日の夕方である。同支隊で生き残った日本人は、山田與四郎だけだった。七月一日、東宮らは戦闘現場にようやく辿りつく。大川支隊の戦死者は計三四人に上っていた。

　遺体はすべて深い穴に埋められており、発掘された遺体のうち日本人三人は「頭なく、惨状目をつむる」状態。遺体は「白布を覆い野ばらをかざり、牛車にて曳き、楡樹県城に帰り門外に火葬す」（東宮の日誌）。東宮は戦死した三人の「奮戦の真相」を、内地の遺族に伝えるため小冊子「北満鉄血記」をまとめた。それによると六月二十一日に楡樹に到着した大川支隊は同二十三日から北進を始め昼過ぎに敵の前衛に遭遇、戦闘となったが、匪賊の集団は兵力を増強し、夜にはいると村の家々に火を放ち、夜明け前には大川支隊の生存者は数十名となる。大川支隊長は機関銃で応戦していたが弾も尽き、日本刀で防戦。十四時間の激闘の末、二十四日未明、凶弾に斃れた。草野、阿部も最後まで大川と共に戦い、大川に殉じたという。

東宮は常々「国策のため捨石になるのは我らである。捨石の我々が立たずして誰が新国家の捨石になるのか」と戦死した大川や阿部、草野に東宮公館で熱く語り続けてきた。彼らはまさにその「捨石」となったのである。戦死者の慰霊祭は七月六日に行われた。その想いを東宮はこう記した。「昭和七年七月七日、北満の雨季、晴雨定まらず、香烟《こうえん》緩《ゆる》やかに雨窓に迷う、同志の俤《おもかげ》次々に浮びて淋しき夕」（「北満鉄血記」）

柳井拓相の登場と加藤の再渡満

満州国が建国された昭和七（一九三二）年の日本経済は悪化の一途を辿り、貧困問題が拡大、特に地方や農村の荒廃は酷く、出口の見えない暗い雰囲気が社会全体を覆っていた。二月九日には農本主義者・井上日召の感化を受けた血盟団の小沼正が、元蔵相の井上準之助を射殺、三月五日には同じく血盟団の菱沼五郎が三井合名理事長・団琢磨を射殺した。小沼も菱沼も茨城県大洗の出身。井上日召は群馬県北部・川島村出身だったが、大洗周辺の農村青年を束ねていた。井上、小沼、菱沼には無期懲役の判決が下った。

五月十五日には海軍の青年将校たちが首相官邸などを襲い、犬養毅首相を暗殺する（五・一五事件）。この事件には、茨城県水戸の農本主義者・橘孝三郎が愛郷塾の塾生八人を引き連れて参加している。橘は「大地主義、兄弟主義、勤労主義」を掲げ、その活動の一環として、水戸市内に農村青年たちを集めて教育する「愛郷塾」を開設する。橘は五・一五事件では「農本救国」の立場から塾生を率いて参加、事件後の法廷で無期懲役の判決を受けた。

同じ農本主義者として交流を深めた井上日召と橘孝三郎は「農村の現状を根本的に改造する」ことへの思いを募らせる。農村の現状を打破するには「革命」によって、地主制度を抜本的に改め、小作農に農地を解放するしかない。その手段は井上が「一人一殺」であり、橘の場合は青年将校たちのクーデター計画への参加だった。血盟団事件と五・一五事件の間の同年四月、農本主義の詩人宮沢賢治が発表したのが「グスコーブドリの伝記」である。深刻な冷害に見舞われた理想郷、イーハトーブの住民を如何にして救済するかが物語の設定であり、イーハトーブは主人公の「自己犠牲の精神」によって救われる。

加藤完治もまた「農（農耕、農民、農村）は善なり」を信条とする農本主義者である。彼の場合はこれまで述べてきたように、国内、海外を問わず未墾の大地に農家の二、三男を中心にした小作農を「農業こそ生きがいである」と教育して送り込み、そこに定住して自律性のある自作農として、新しい農村を構築することにあった。彼の改革論はあくまでも志ある石黒忠篤ら農林官僚や、農業を生きがいとする農民と一体となった「体制内改革」だった。

戦後、政治学者・丸山真男が「農本主義は非論理的、空想的なファシズム思想」（「日本ファシズムの思想と運動」）と評したことから「農本主義＝ファシズム」という見方が定着する。井上や橘の農本主義と加藤の農本主義も「ファシズム」として一括りにされ否定された。しかし、政党政治は崩壊し、軍部の力が急速に増大したあの時代、農村の窮状を打開して農村復興を目指す手法が、他に存在したかどうか。

五・一五事件で犬養毅内閣が倒れると、陸軍が政党内閣の存続に反対したため、元老西園寺公望は後継首相に海軍大将の斎藤実《まこと》を推薦する。斎藤は軍部、官僚、政党などの各勢力から閣僚を選んで「挙国一致内閣」を組閣する。この内閣で拓務大臣として入閣したのが民政党の永井柳太郎である。金沢出身の永井は早大卒業後、オックスフォード大学に留学、帰国後は母校の教授として教鞭をとり「植民学」を教えた。首相の斎藤は朝鮮総督を二度務め、加藤完治が朝鮮で行っている開拓の実情を視察、彼の移民論に賛成していたことは前に述べた。

移民に関心を持ち『植民原論』の著書のある永井は、拓務相に就任すると管理局長の生駒高常を呼び、「満蒙への移民計画案をまとめてもう一度、議会に提出するよう」命じた。生駒は、加藤完治と一緒に作った六〇〇〇人移民案が廃案になった経緯を知っているので、再度の計画案作りにあまり乗り気ではなかった。しかし大臣の永井が本気である。生駒は加藤を呼んで「大臣がしきりに言うから移民案を出そうと思う。だが、何処に移民させるか土地の問題の見通しがなければ、計画は立てようもない。何とか一万町歩《ちょうぶ》（一万ヘクタール）か二万町歩の土地はないものか」と相談した。

「それは出来ないことではないが、土地のメドがついたらどうする」

「土地のメドがつけばその土地を基礎にして移民案を作り、永井大臣に閣議を通して貰い、決行する」

「それなら僕が満州に行って土地を探してくる。その代り必ず議会を通過させることに努力してくれるか」

「必ずやる」と生駒は約束し、河田次官の了承も取り付けた。大臣、次官、管理局長という〝三役〟が「土地さえ見つかれば」との条件で移民計画を実行する約束をしたのである。

加藤完治は同年六月末、東京を発って朝鮮経由で奉天に着く。加藤は日本国民高等学校北大営分校の用地取得で世話になった関東軍の本庄繁司令官や石原莞爾参謀に相談するつもりだった。ところが生憎、二人とも軍閥馬占山《ばせんざん》討伐のため哈爾浜方面へ出動中。加藤は定宿の大星ホテルでごろごろしながら二人の帰りを待った。七月十三日、飛行機で帰任したとの情報で司令部に駆けつける。作戦課長室の前まで行くと、ちょうど石原が廊下に出て来た。「加藤先生、何しに来られたのか」。加藤は「実は土地を一万町歩か二万町歩ほしい。それでなければ移民計画ができない」と率直に事情を説明した。

「土地の問題なら私ではない。第三課だから案内しましょう」と石原は歩き出す。途中、石原は「土地は何処でもいいのですか」と聞く。いくつかの案は事前に〝取材〟して持っていたが、とっさに「何処でもいいんですよ」と答えた。加藤はこれまでの経験から満州は何処でも開拓が出来ると確信していた。すると石原は「吉林の方に一万町歩ぐらいは出来ますよ」と気軽に言った。「それで結構です。さしあたり一万町歩ぜひ頂きたい。拓務省に土地の準備は出来る、と電報を打って頂けませんか」。加藤は知らなかったが、土地問題の担当は高級参謀の板垣征四郎であり、板垣から拓務省宛てに電報を打ってもらうことになった。

司令部を辞してホテルに戻ろうとすると石原は「ちょっと待ってくれ」と机の引出しから一通の書類を取り出し、「これは実行できるかどうか」と加藤に手渡した。東宮鐵男が三日前の同月十日、石原に提出した「屯墾に関する意見具申書」だった。ホテルでこれを読んだ加藤は感激した。翌朝、再び司令部に行き石原に「これは理想的な案だ」と伝えると「それじゃ東宮を呼ぼう」。石原は東宮を探すためにあちこちに電話する。新京にいた東宮がやっとつかまり、翌日午後三時、列車で奉天に来ることになった。石原は三時過ぎの列車で旅順に発つことになっており、奉天駅で東宮を紹介してもらうことになった。

加藤と東宮の連携

十四日午後三時過ぎ、加藤は板垣と東京に打つ電文の調整に手間取り、奉天駅に駆けつけた時には、石原の列車はすでに出発していた。東宮を探すにも顔も知らない。司令部に戻ってみたが、東宮は来なかったという。やむなく大星ホテルに戻ると、受付に加藤を探している軍人がいた。「東宮さんですか?」。二人の初めての出会いである。加藤の部屋で午後六時過ぎまで話したが「馬鹿に気が合ってしまった」。東宮は「友人と食事の約束があるので少々時間をくれ」と言って出掛けたが、一時間ばかりで戻ってくる。「少しばかり酒を飲んでいたが、僕との話がよほど気に入って嬉しかったと見えて、今度は明け方まで話をした」

この日の二人の話し合いの内容は、東宮が「在郷軍人集団移民に関する件、加藤校長との打合せ事項」として、詳細に記録している。加藤によると、東宮と大きく意見が食い違った点があった。東宮の意見は「日本人の満州移民は難しいから、朝鮮の同胞をまず送り込んで、一〇人に一人、二〇人に一人、あるいは五〇人に一人と采配を揮うものを日本人でやって行きたい」という考え。東宮の頭にはかつて奉天・榊原農場の榊原政吉老が主張した「日本人は満州移民には向かない」という声が強く残っていた。加藤は「そうではない。日本農民は世界一優秀な農民であり、導き方さえよければ、どこにでも植民できる。いわんや満州は当然である。満州植民ができないことはない」と朝鮮で彼が経験した日本人植民について語った。「加藤先生がそう言われるならそれで行こう。そんな有難いことはない」。東宮は「日本農民の満州移民に賛成した」。

加藤は日本国民高等学校の校長であり、農学者である。しかし、東宮は当時、「匪賊征伐」の先頭に立っていた軍人である。東宮は満州北部の実情を加藤に説明した。「満州は平和ではないのだから、当たり前の移民ではいけない。屯田兵方式でなければいけない。牡丹江の東には江東十県といって富錦、樺川、依蘭など一〇の県がある。その江東十県には李杜、丁超の反吉林軍（反「満州国軍」）を含め約三万の匪賊がおり、わずかの日本軍といわゆる吉林軍とが討伐を行っている。日本兵も段々撤退しなければならない時期にきているが、吉林軍司令の于琛《うちん》澂《ちょう》らは、日本軍が撤退すればあとの治安維持が大変で、日本軍に代わるべき日本青年を在郷軍人みたいに入れることを望んでいる。今が在郷軍人を入れ屯田兵、屯墾軍を編制、移民を決行する最もよい時期である」

二人の話は「三万人の匪賊に対応するには、どれくらいの日本人屯墾軍を入れればよいか」に移った。東宮は「日本人屯墾兵一人で匪賊一〇人に対応できるので、まず三〇〇〇人の日本人、在郷軍人がいればよい。それで三万の反吉林軍の匪賊を抑えられる。三〇〇人ずつ一〇か所の入植をやりたい」という。この数字を基本にして二人は一集団五〇〇人、一〇集団で五〇〇〇人の植民計画で一致する。明け方まで延々一〇時間近く話し続けた二人は「理屈なしに決行する」と約束し、二人の「受け持ち分担」を決めた。

加藤が受け持ったのが、「内地に帰って政府と交渉、初年度として在郷軍人五〇〇〇人を集め、九月末日までに哈爾浜に集結させる」。東宮の分担は「五〇〇〇人分の武器と宿舎の準備をし、植民する一万町歩の土地の選定、冬籠りのための食物、燃料の準備、関東軍や満州国軍、吉林軍司令于琛澂との交渉」などだった。

九月末日までに第一陣を哈爾浜に集結させるとなると、残された時間はわずか三か月余である。二人はなぜそこまで急いでいたのか。移民候補地の吉林省江東十県に人を送り込むには、松花江を船で輸送するしかない。鉄道はまだ敷設されていない。だが北満の厳寒の気温は零下四〇℃近くになり、松花江も十月中旬には凍結する。それまでに送りこむことが出来なければ、翌年五月中旬の解氷期を待つしかない。二人が昭和七年度予算で最初の移民を決行すると申し合わせた背景には、関東軍幹部の大規模な人事異動が八月一日付で行われるという情報を摑んでいたこともあったのかもしれない。彼らを支援している石原らが関東軍を去れば、満州移民もどこかに吹っ飛んでしまう恐れさえある。

翌十五日、二人は関東軍司令部に行き、本庄繁司令官、板垣征四郎高級参謀、石原莞爾参謀の三人に説明、諒解を得た。しかし、参謀長の橋本虎之助だけが「ウン」と言わない。帰国の列車の時間も近づいて来る。橋本参謀長は「よく考えて後で手紙で返事する」。二人は彼の反応を気にしながら奉天駅で別れた。橋本の返事が気になった加藤は、朝鮮国境に近い安東《アンドン》駅で途中下車し、石原に「参謀長が十分納得していないので、納得するよう骨折ってもらいたい」と電報と手紙で依頼した。橋本には加藤、東宮の移民案が本庄、板垣、石原のラインで動き、蚊帳の外に置かれてきたことへの反発もあったのだろう。さらに橋本は、匪賊が出没する厳寒の北満への移民には無理があり、移民をするにしても、せいぜい大連や奉天近くの南満州が限界だと考えていた。

加藤自身、石原や東宮に会うまでは、入植地が吉林省奥地の北満になるとは思ってもいなかった。議論の過程で加藤は「万やむを得ない場合は南満の既墾地への入植を許すべきだ」と石原に言ったことがある。石原は激怒した。「満州人の既墾地には一切手を付けてはならぬ。彼らの所有する鶏一羽にも手をつけるな。日本人の入植は北満の未墾地だ」。加藤はこれを聞いて自らを恥じ、耳元まで真っ赤になった。「イヤア、あの時は本当に参った。石原さんは偉い男だよ」。そんな石原が橋本参謀長を説得した。

満州事変の当事者である関東軍の本庄司令官、板垣高級参謀、石原参謀らは、八月一日の陸軍大異動で転出することが、本決まりになっていた時期でもある。石原には「日満一体」「民族協和」の種を移民断行で蒔いておきたい、という気持ちも強かったのだろう。友部に戻るともう石原からの電報が届いていた。

「サンボウチョウショウダク　イシワラ」

一方、新京に戻った東宮は同月二十四日、当時、満州国軍浜江《ひんこう》地区警備顧問だった親友の小野正雄（当時大尉）を訪ねる。陸軍士官学校の同期生である小野は、満州での実務体験も長く、東宮の無二の相談相手でもあった。東宮はそれまでの経過も含めて説明し、日本人の移住地の選定について慎重に彼の知恵を借りた。

加藤との会談まで東宮が考えていたのは、満州国軍に収容できない過剰となった吉林掃匪軍や満州各地の雑軍を屯墾化し、彼らを指揮する幹部隊として日本の在郷軍人を入れる、ということだった。それが加藤との話し合いで日本人の移民を主体とすることになった。しかし、「あくまでも治安維持を主要任務とする」考えは捨てていなかった。小野との協議によって、加藤の農本主義と、武装屯墾主義の妥協が図られた、と言えるだろう。

東宮は小野に相談した結果、入植候補地の選定方針を次のように決めた。

一、土民（原住民）は田畑、墓地を大切にするため、満鮮（満州、朝鮮）人の既墾地付近ならびに既墾地を侵すようなところは避けること。

二、移民地は新墾地にして自力で開拓せしめ、土地に愛着心をもたしめる。

三、満鮮農（民）はある期間耕し、収益があがらなくなると未墾地に移住する習慣がある。日本人はこれを特に避けなければならない。

四、入植地は日本人の多くいる都会付近は避ける。（原住民に）野菜を売るとか、在満邦人への生産物販売を引き受け金を得るとか等は土着心を失う。

五、国防上の重要性を考慮し、精鋭なる屯墾隊として充分自衛し、一朝有事の際は鍬に代えるに銃をもってする。移民地に匪賊は付きものである。アメリカの西部開拓史もそうであり、この事実を知らしめて、開拓者の苦悩と先駆者の尊い血の体験を知らしめる。

東宮は親友の小野の意見も入れて精力的に入植候補地選びに取り組んだ。七月中旬には「依蘭省長および同省警備司令官との交渉」の結果、「反吉林軍の李杜が放棄して撤退した未墾地と官有未墾地が佳木斯《ジャムス》、富錦《ふきん》付近に各一万町歩ずつあり、吉林屯墾軍の基幹部隊として日本屯田兵を駐屯させる」という合意が出来た。東宮はこれを関東軍司令部に報告するが、これまた参謀長の橋本や数人の参謀が了承しない。橋本参謀長はその理由を、①他にも幾多の（土地購入の）申込者がいるのに一方面（加藤完治）のみを許可するには、名目が必要である②警備上の不安が大きく、関東軍が出兵しなければならない憂いがある、と東宮に言ってきた。

東宮は自分の力だけでは、橋本を説得できないと考え、石原莞爾に橋本説得の応援を求める。七月十六日付「石原宛て書簡」で東宮は「加藤氏との打合せ順調に運び、今秋までに五百名の二隊を江東地帯に入るることに決定、実行の緒につけるも、（橋本）参謀長および森少佐（参謀）の処にて、左の二点にて引っかかりたる状況につき、説明の如く速やかに打開、軍として御同意を乞う」と状況の打開を依頼している。その中で東宮は橋本らが指摘する疑問に概略こう答えている。

「第一点、今回の入植は加藤氏個人が行うものではなく、拓務省が行うものであって、他の個人や団体に先んじて行っても問題にはならない。実施できるものから実行に移していくべきである」

「第二点、入植者は戦商売の国境警備隊と異なり、国防と移民のため骨を満州の地に埋めんと決心せる選良の青年で、現役兵に勝る精神的素養を有している（加藤氏保証）。屯田隊の編成および駐屯計画は、敵匪の素質、その他の実情に鑑み、如何なる場合にも哈爾浜以東に日本軍一兵も出さずとも、明年の解氷期までは持ち堪える確信がある。依蘭駐屯の日本軍を入植した在郷軍人と交代することも可能であり、加藤氏は現役兵以上の人を送り込むと断言している」

石原が本庄司令官や板垣（高級参謀）と一緒になって東宮、加藤の支援で動けば、橋本参謀長らは黙るしかない。石原は独断専行で満州事変を起こした時、軍中央からの処分を覚悟し辞表を出した。しかし、満州事変の結果が一気に満州国建国まで進むと、国民世論は関東軍の卓抜した指揮、戦闘力を賞賛し、天皇からの御嘉賞の言葉さえあり、軍中央も途中から関東軍の行動を追認し、最高の功賞で報いるようになっていた。満州の現地では東宮案に沿って、北満のソ連国境に最も近い佳木斯、富錦方向への入植準備が進められることになる。

帰国した加藤完治は拓務大臣の永井柳太郎らに経過を報告、永井は昭和七年度秋に送り込む最初の五〇〇人移民案を、閣議にかけることを決める。しかし、前回の「六〇〇〇人移民案」が閣議でつぶされた経緯もある。加藤は荒木陸相、真崎甚三郎参謀次長、小磯国昭陸軍省次官など陸軍関係者を次々と訪問、賛同を取りつけた。かつて予備歩兵中佐・角田一郎と自宅に押しかけ、支援を求めた際、あまりはっきりした態度を示さなかった荒木も、このたびは「自分も後押しして閣議を通るようにする」と約束した。

次に首相の斎藤実を訪ねた。斎藤には二時間かけて説明した。朝鮮総督時代、加藤の朝鮮移民の実績を知る斎藤は「拓務大臣から聞いていたが、よくがんばったな」と慰労した。農相の後藤文夫の同意も取り付けた。「時期尚早」と反対論を唱えていた蔵相高橋是清も「それならやってみよう」としぶしぶ同意した。加藤完治や東宮鐵男が、それぞれの立場で悪戦苦闘してきた「満州移民」は、ようやく軌道に乗って動き出そうとしていた。

第一次武装試験移民（弥栄村）の入植

山崎芳雄の現地調査と入植地決定

昭和七（一九三二）年七月十六日、満州移民の実施が閣議決定した。といっても、その時点では入植地は「依蘭《いらん》、佳木斯《ジャムス》方面の一万町歩」という東宮鐵男情報だけであり、拓務省の担当者たちには、そこがどんな土地なのか見当もつかない。「そんな辺鄙《へんぴ》な北満の地へ果たして入植者を送り込めるのか」という疑問の声は強かった。初年度予算案を上程する八月末の臨時議会で質問されても答える資料は少ない。「誰か現地を視察しておく必要がある」。急遽、嘱託として発令されたばかりの山崎芳雄を現地調査に送り込むことになる。七月二十八日朝、拓務省に初出勤した山崎は「明日から出張して現地を視察し、議会が始まる八月二十二日までに帰国して報告せよ」という緊急命令を受けた。

朝鮮開発に取り組んでいた不二興業会社（本社・京城）の技師だった山崎芳雄が、加藤完治の推挙で、拓務省嘱託となった経緯は前章で述べた。彼は大学卒業後、満鉄に入社し、熊岳《ゆうがく》城《じょう》農業実習所に勤務した経験もあり、満州には土地勘もあった。山崎の渡満が決まると、加藤はすぐに石原莞爾宛ての紹介状を手渡して言った。「奉天に着いたらまず、石原さんを訪ねなさい。そうしないと事が面倒になる恐れがある」

奉天には拓務省の出張所があり、責任者である所長もいる。「役人というものは、誰もが一応、意見がある。自分が納得しないとなかなか後押しをしない。納得しても、勇気を出さなければならぬ仕事はどうしても避け、ややもすると事がこじれる懸念がある」。加藤は「拓務省の出張所には寄らずに、まず石原さんの所に行け」と山崎に強く言った。同七月二十九日、東京を発った山崎は、奉天の関東軍司令部に石原を訪ねる。「移民先に決まった土地を視察に来ました」と言うと「それなら哈爾浜にいる東宮鐵男を訪ねなさい」。石原はすぐに紹介状を書いた。

山崎は列車で哈爾浜に向かう。北満の六月、七月は雨期である。一年の降雨量の三分の二はこの季節に降りつくす。この年は七月末になっても雨は止まず、松花江は氾濫して、哈爾浜近郊は黄色い濁流が海原のように続いていた。山崎は石原に紹介された東宮の住所を訪ねた。だが、彼は松花江下流の依蘭、佳木斯方面へ満州国治安部長（吉林軍総司令）・于琛澂《うちんちょう》中将や吉林軍参謀長・楊玉書《ようぎょくしょ》、満州国軍最高顧問・多田駿《はやお》（当時少将）、吉林軍顧問・大迫通貞《おおさこみちさだ》（当時中佐）らに同行して、移民候補地の視察に出かけており不在。依蘭の現地司令部にいるのではないかという。がっかりした山崎だが、もともと入植地候補である依蘭までは出かけたいと思っていた。あちこち奔走して「三水号」という船の乗船証明書を手に入れた。

哈爾浜から濁流を下ること約二〇〇キロ。八月五日夜に到着した依蘭の街も大洪水。「家は屋根だけが水の上に浮かんでいる始末で、住民も駐屯の軍隊も全部、船に避難して船上生活を展開していた」。船中の連隊本部を訪問し、来意を告げ、東宮の居所を訪ねると、東宮はさらに下流の佳木斯にいるはずだという。落胆した山崎は、その夜は「紹興号」という船の一室を世話してもらった。夜中の十二時頃、うつらうつらしていると、ドアの外で割れ鐘のような大声がした。「拓務省の人はいませんか。僕は東宮です」。山崎が「夢ではないか」と跳び起きて、ドアを開けると「眼のくりくりと大きい支那服を着た人が廊下に立っていた」。山崎が石原の紹介状を手渡すと「ご苦労さまでした。明朝、自分の船へ来て下さい」。そう言い残すと、濁流の上を舷と舷とを触れ合わせている船伝いに、懐中電灯を頼りに去って行った。


翌朝、山崎は朝食もそこそこに、船伝いに東宮の乗っている「天泰号」を訪ねた。同船には東宮だけでなく、于琛澂や楊玉書、多田駿、大迫通貞ら満州国軍の大物が勢ぞろいしていた。一行は七月二十八日から松花江を下り、依蘭を経由して富錦、同江まで行き、引き返して佳木斯に着いた頃、降り続いた雨で松花江が氾濫、やっと前夜、依蘭に戻って来たのだという。東宮によると、一行は樺川県長らに入植地の斡旋を依頼して、佳木斯東南五〇キロの樺川県永豊鎮（鎮は日本の村に相当する）と、東方四〇キロの柳樹河鎮の二か所を候補地に選んだという。新京に帰着後、拓務省にも正式に報告することになっている、と山崎に伝えた。

「加藤先生の移民計画は内地でうまくいっていますか」

「もちろん進行しています。そのために入植予定地の調査に来ました。私も永豊鎮を見て来ます」

「そこは大丈夫です。私たちがちゃんと調査してきたので、あなたが行く必要はありません。一日もはやく移住者を連れて来てください」。

短兵急な話である。「そう言われても自分の責任として、移民候補地やその付近を見なければ、帰国して復命できません」

「それなら我々が乗って来た『商城号』が今日、佳木斯に戻るからそれで行きなさい。帰路、新京の東宮公館を訪ねて欲しい。話したいこともありますから」

山崎はその日午後、商城号でさらに二百数十キロ下流の佳木斯に向かう。佳木斯一帯も依蘭と同じように大洪水だった。一泊して調査を始めるが、三階建ての家の屋根から周囲を眺めることぐらいがせいぜい。入植候補地だという佳木斯南方の永豊鎮などへ辿り着くことは無理だった。帰路についた山崎は、新京に立ち寄り、東三条通りの「東宮公館」を訪問した。「公館というから、さだめし堂々たる構えの邸宅かと思ったら、実は東宮大尉を慕う多数青年の宿舎の〝梁山泊〟だった」

山崎はその一室に通された。東宮は山崎にこう頼んだ。「拓務省に帰って報告する時に匪賊がいるということは言わないでもらいたい。拓務省の人たちはそれだけで恐れるかもしれないから」。「大丈夫、匪賊のことは言いません」。山崎は約束した。「船の中の初対面と違い、ゆっくりと東宮大尉の気持ちに触れることができ、軍人の中にもこんなに移民に理解のある方がおられると非常に心強く感じて」山崎は東宮公館を辞した。山崎は後に第一次武装試験移民団の農事指導員として永豊鎮に入植、移民団長となって東宮の盟友となる。

東宮はこの調査の帰路の船中で加藤完治宛てに「現地調査の結果、気付きたる事項」として幾つかの点を書き送っている。それを読むと、東宮が「移民第一陣」の人選に対し何を懸念し、何を期待していたかがよくわかる。後述するが彼の懸念は的中することになる。

〈各地において在郷軍人は不評判なり。要するに『日本人でも一たん予備となり、私利のために働くものは、支那人と変わりなく戦闘等においては支那人より弱し』というにあり。新国家に帰順せざる地方を開拓するためには、少なくとも今冬位は地方粛正のため戦闘を予期せざるべからず。また支那人に対しては、どこまでも王道を以って進まざるべからず。この点、特に志願者に徹底せしめ、いわゆる『満州ゴロ』的人物を採用せざることを切望す〉

〈土地権獲得の問題は目下の状況にては順調なる今冬、新国家のために地方の治安維持を担当せばすこぶる容易に解決す。これらのために是非今年中に入り込み、武力を以って地方を平定し、満州政府に対しこれを要求すべき勲功を樹てるを要す。地方平定後は、種々難問題起ることを予期せざるべからず。この点は一同にもよく理解せしめ、政略的行動に理解を有せしむるを要す。臨時議会は何日頃より開かれる予定なりや。その前あらかじめ各方面に連絡し万全を期せられたし〉

山崎の帰国を待って、日本政府はいよいよ本格的な調査団を送り込むことになった。しかし拓務省関係者の多くが最後まで拘ったのは「匪賊の問題」だった。「匪賊の出没するところに拓務省から移民を出すことは出来ない」という反対論である。山崎は東宮との約束もあり、帰国後、「匪賊はいない」で押し通したが、「山崎だけでは信用できない。軍の責任者を呼べ」ということになった。たまたま帰京していた満州国最高顧問の多田駿（当時少将）が拓務省に呼ばれた。生駒管理局長に「入植予定地の匪賊の状況は？」と問われた多田は、みんなの前で「匪賊の心配はありません」と毅然として答えた。匪賊について心配していた者も、これには「二の句」がつげず、正式な調査団派遣にこぎ付ける。後に参謀本部の参謀次長となり、同本部作戦部長の石原莞爾とともに中国戦線の拡大に反対する多田駿は、古くから関東軍の板垣征四郎や石原莞爾と気脈を通じた同志だった。

山崎だけでなく、多田にまで「匪賊出没の恐れなし」との〝ウソ〟の報告をさせるほど、日本政府の決定を急がせた理由は何だったのか。もちろん十月中旬にもなれば松花江の凍結が始まり、翌年の解氷期を待たねばならないこともあっただろう。しかし、それ以上に大きな要因があった。同年八月一日付で発令された関東軍幹部の大異動である。東宮や加藤の満州移民案を支援してきた石原莞爾は、この人事で同期のトップを切って大佐に昇進するが、ポストは陸軍兵器本廠付。司令官の本庄繁は大将に進級し侍従武官長に、板垣征四郎は少将に進級し奉天特務機関長となる。表向きは昇進人事だが、実際は政府や軍中枢を無視して独断専行した満州事変関係者を関東軍から放逐し、中央の統制のきく体制にしたという見方が強い。石原らの影響力がある間に決めておかなければ、これまで積み上げてきた移民計画がどうひっくり返されるかわからない、ぎりぎりのタイミングだった。

石原や東宮は対ソ連の戦略的な要衝として、哈爾浜の東方約四〇〇キロの佳木斯を中心とした北満の地への、日本人入植を強く望んでいた。佳木斯とはどんなところか。手元に昭和十一(一九三六)年十二月に佳木斯で発行された『佳木斯事情』(復刻版)という小冊子がある。それによると、佳木斯のある三江省樺川県（当時）は北緯四十六度から四十七度、東経百三十度から百三十一度。緯度で言えば樺太南部に当たる。

「三江省は松花江の下流を占め、北は黒竜江を境としてソ連に対し、東はソ連の政治的軍事的中心地であるハバロフスクに迫っている。この地理的位置は三江省をして満州国の軍事的生命線たらしめている。一月の平均気温は零下二十三・三度、七月の平均気温は二十九度で、寒暑の差ことに甚だしい。黒色腐食土壌で有機質に富む肥沃な土質は、将来の満州国における穀倉をつくるに絶好な自然条件を具備している」

石原は関東軍の作戦参謀として満州に赴任して以来、スターリンが支配するソ連邦の動向に最も意を注いできた。五族協和、王道楽土の「満州国」建国に至る満州事変も、軍閥が割拠し混乱が続く満州に、安定政権を作る狙いがあった。満州国が誕生すると、当時満鉄理事だった十河《そごう》信二（戦後、国鉄総裁）を委員長とする満鉄経済調査会を発足させ、ソ連経済の専門家、宮崎正義に「急速に発展するソ連の第一次経済五か年計画」に対抗できる満州国の「経済計画立案」を急がせた。

同時にシベリアへの出征経験を持ち、ソ連の脅威を身を以って体験した東宮鐵男に、ソ満国境沿いの「赤兵入植」の実情を探らせる。東宮から石原に提出された最初の「日本人移民案」が、国境の向こう側への赤兵の入植状況の調査報告から始まっていることは前述した。反満反日の「匪賊」を排除し、未開の原野を開拓して日本からの入植者を定住させ、ソ連と対峙するこの地域の安定を図ることは、満州事変を起こした石原たちや東宮の戦略的な当然の帰結だったと言えるだろう。

石原が関東軍参謀から内地へ異動となった直後の昭和七年八月中旬、東宮鐵男も故郷、群馬県・宮城村に一時帰省した。病床にある高齢の父、吉勝の見舞いも兼ねていたのだろう。この時、宮城村の青年団と親戚の有志は、歓迎会を兼ねて東宮の講演を主とした座談会を開いた。東宮は村の青年たちに「石原さんの為なら死んでもよい」と要旨、次のように語っている(東宮七男「渦の中から」)。

「民族協和、王道楽土の満州国が本年三月、正式に誕生した。しかし、この陰には実に尊い幾多の犠牲者がいたことを腹の中に叩き込んで置いて貰いたい。この新天地は絶対に第二の朝鮮であってはならない。満州国は漢満蒙鮮日の五つの民族が平等の立場で相協和して国づくりをしてゆかなければならない。この国づくりは世界で初めての試みで、言わば国づくりの実験地であって、思い上がった人間が言うような、日本の領土では断じてないのである。今は建設草創で誰もが立派な楽土、国づくりをするのだと理想に燃えておる。しかし、だんだん時が経つといろいろな不純な利潤追求の輩が、入ってくるかもしれない。いや既に入ってきているということを耳にしている」

「満州の建国精神は、強い民族が弱い民族をその強大な力、武力で征服して従属させてゆくという弱肉強食を絶ち切って、今日までに人類が成し得なかった東洋精神の真髄である道義によって、国づくりをするのだ、ということである。この国づくりこそ人類史に黎明をもたらすものので、これによって世界の新しい歴史が始まるのだ。この建国の精神、この理想は永遠に滅びない。また滅ぼしてはならない。私が今、話していることは実は石原莞爾という軍人の受け売りにすぎない」

「満州国が今日までになるには石原さんの薫陶を受けた人たち、この精神に共鳴した人たちの血のにじむような努力があったのである。この方は偉い方で、私は今の軍人や政治家で本当に頭が下がり、この人のためならいつ死んでもいいと思うのは、ただこの石原さんお一人です。最後に一言大切なことを言っておきたい。諸君がもし満州に来られても、俺は日本人だから他の民族の上に立つのだ、優位な地位に座るのだ、という誤った民族の優越感を爪の垢ほども持ってはならない。むしろ漢、満、蒙、鮮の人たちと平等、いや下の地位にいて一緒に理想の国をつくるのだという強い覚悟を持って来て貰いたい」

満州へ帰任して数日後の八月二十一日、「父吉勝永眠」の電報が届く。享年八四。急ぎ新京の東宮公館に戻り、亡き父の法名を書き、公館に宿泊する青年たちにも焼香してもらう。翌二十二日には新京の金剛寺の僧侶を呼んで供養した。この日の日誌に東宮はこう記している。「父上の御永眠の知らせを吉林にて聞き、悲しみ誠に深し。唯一人の男の子として帰りて懇《ねんごろ》に弔い得ざるは残念なるも、出陣中なるを以て致し方なし。（略）父上、余命を私に譲り死を以て、激励下されたるを思い、勇気百倍せり。益々忠勤を励み誓って家名を揚げん」

吉勝の死去前後の様子を知らせて来た従弟の東宮七男に「亡父死去前後の状況を知る多謝。小生自ら省みて不幸なくらい当時は冷淡、訃報の当日より出動いたしたるほどなりしも、近時夢に時々声をあげて泣くことあり。人生の一画期に会せり」との返信を「満鉄南行列車」の車中で書いた。

「移住適地調査班」の派遣

山崎芳雄の現地報告に基づき、最初の入植予定地が佳木斯南方の永豊鎮など二か所に決まると、八月三十一日の臨時議会は、昭和七年度秋の入植者五〇〇人分の経費総額二〇万七八五〇円の支出を決定する。予算案が議会を通過すると本格的な「移住適地調査班」が編制された。

調査班長に選任されたのが拓務省技師・中村孝二郎である。中村は東京帝大農科大学卒業後、朝鮮・京城に本社のある東洋畜産興業に入社、加藤の朝鮮開発事業に協力し、彼の推薦で拓務省技師となったことは前述した。メンバーには農業土木を担当する加藤久雄（農林省技師）を始め畜産、農芸化学、土地鑑定、農業経済の専門家五人と奉天の日本国民高等学校北大営分校の指導員一名が加わり計七人。一行は九月中旬、大阪商船で大連に上陸、哈爾浜で案内役として待ちかねていた東宮鐵男や吉林軍参謀長・楊玉書、樺川県長・唐純礼らと合流する。調査団には吉林軍騎兵二〇〇人余と東宮公館員の日本人青年二〇人が護衛として同行する。

調査期間は同年九月十七日から八日間。調査地は東宮らが拓務省に報告した第一候補の永豊鎮（吉林省樺川県）と第二候補の柳樹河鎮（同）の二か所。一行は大洪水後の濁流がほとばしる松花江を航行し佳木斯に上陸する。佳木斯から第一候補地の永豊鎮までは約五〇キロ。当時は鉄道も敷かれておらず、徒歩で二日の行程である。

中村によると、「満州への農業移民の最初の入植地が誰も知らぬ東北満州の僻地たる佳木斯の奥地に決定したと発表されると、入植地の選定を誤まれりという非難が喧々囂々として朝野《ちょうや》に喧《かまび》すしく」巻き起こった。「寒気に弱く、内地の文化生活に慣れている日本人は、南満州の

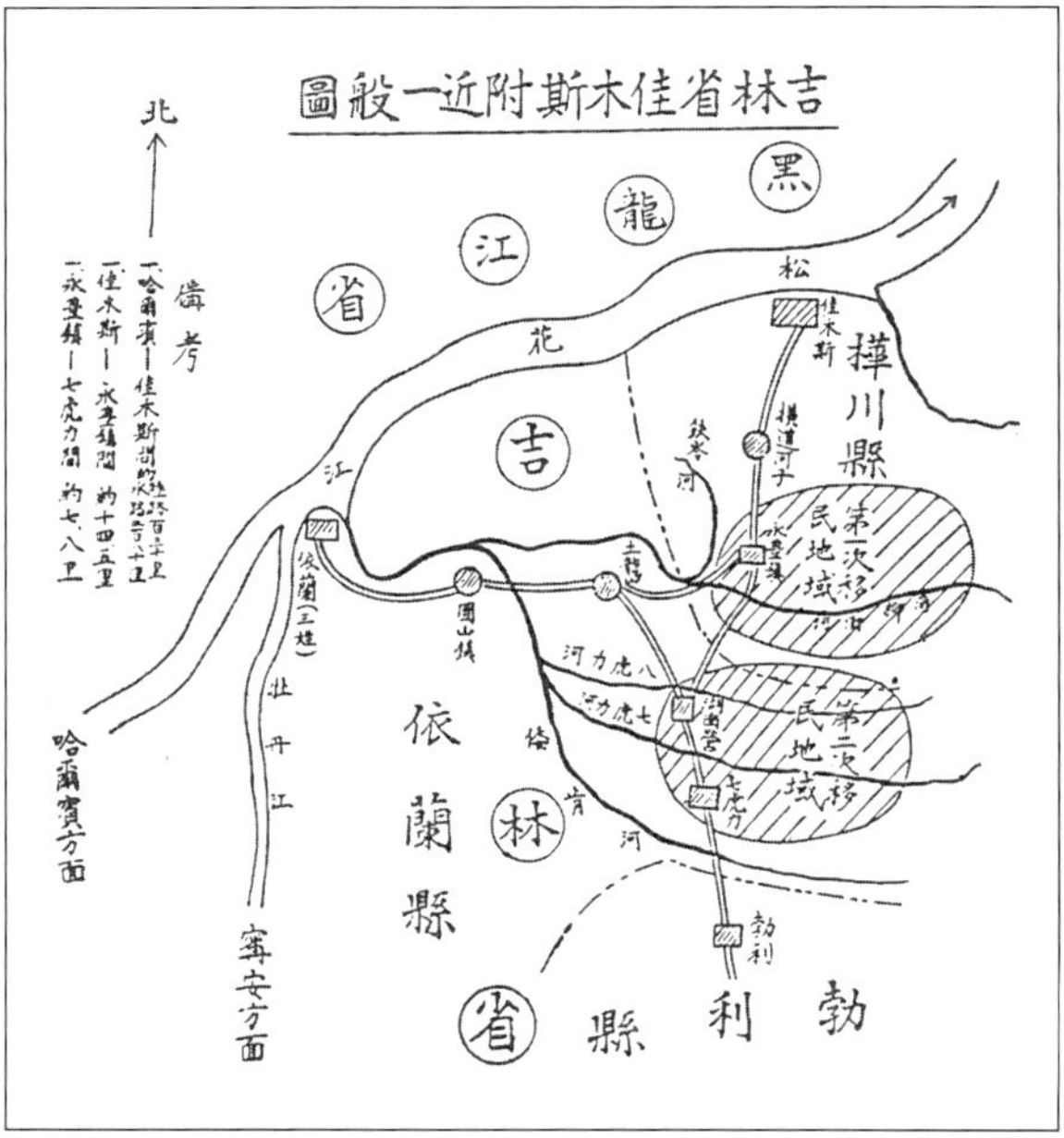

吉林省佳木斯附近一般図。斜線丸囲みの上：第一次移民地域・永豊鎮（弥栄村）、下：第二次移民地域・七虎力（千振村）。黒竜江省は昭和９（１９３４）年に竜江省・黒河省・三江省に分割された（松下光男編『彌榮村史――満洲第一次開拓団の記録』より）。

鉄道沿線でなければ定住は出来ない」という声である。満州移民は日本人が苦心して経営してきた南満州に入植するのが当然と考え「かかる奥地に入植地を選択したら必ず失敗すると予言する人士も多かった」。

第一候補の永豊鎮は標高一八〇メートルの完達山脈の末端山林地帯を含むなだらかな高原地帯。地味は肥沃だが匪賊の跳梁により未墾地や放荒地が多く、特に特異な新興宗教団体である紅槍会《こうそうかい》の巣窟でもあった。西方には依蘭の穀倉地帯が広がるが、東方は虎や熊が生息する一大森林地帯である。また永豊鎮付近は砂金と阿片の産地でもあり、隠れることのできる密林もあり、匪賊の恰好の舞台となっていた。

中村調査班の現地調査は匪賊の襲

撃もなく、予定通り完了する。東宮と在佳木斯の日本軍との連絡が非常に密であったこともあるが、唐純礼と楊玉書が案内役となったことも、調査が順調に進んだ大きな理由である。「唐県長は老軀を顧みず自ら大車《ターチョ》（馬車）に乗って終始一行を案内し、よく土民から兵匪の情報を収集して安全を確保した。また楊参謀長は奉直戦の勇士であって、負傷のため右手を切断しており、隻手のため騎乗は極めて困難であるにもかかわらず一行と行を共にし、奥地の駐屯吉林軍の精神的指導を行い、満州国軍人の態度に関し懇切に説得したので、調査中、吉林軍の反乱もなく無事調査は終了した」と中村は言う。

軍人である東宮は「在郷軍人を中心にした移民なら匪賊には対応できる」と確信していたが、「佳木斯奥地の候補地で果たして日本人が技術的に農業を営むことができるのか」という点については自信が持てなかった。現地を視察した中村ら調査班の結論は「永豊鎮などは北海道の十勝付近の原野によく似ており、十分に日本人が営農できる土地である。また満州原住民ですら利用せず、放棄している未墾の原野こそ、日本人農業者が進んで開拓することが日満両国のためである」だった。

東宮は「第一次、第二次の入植が失敗しても第三次、第四次と何回でも繰り返し、大陸における新世紀の黎明を招来するまでは、断乎決行の覚悟」だった。問題は将来この地域に鉄道が敷設されるかどうか、という点だった。東宮は満鉄に働きかけ、佳木斯から図們《ともん》までの鉄道敷設に努力することを約束した。この「図佳線」が開通するのは五年後の昭和十二（一九三七）年末。入植者たちは開通までの東宮の苦心と努力を称えて、この路線を「東宮線」と呼び、千振（七虎力）駅の南には「東宮駅」も作られた。

第一次移民団の選抜と訓練

加藤完治らの働きかけで、現地調査と平行して着々と準備を進めていた拓務省は、最初の移民予算案が議会を通過した翌日の九月一日、第一回の入植者募集の正式通知を発送した。内々に在郷軍人会などを通じて希望者の打診を行ってはいたが、議会通過までは公表を差し止めていたのである。入植希望者には出身町村長、所属在郷軍人分会長の推薦によって、在郷軍人の中から県、所属連隊による身体検査の結果と身上調書を提出させ、その中から慎重に選抜した。

第一回の移民選出地域は青森、岩手、秋田、山形、福島、宮城、新潟の東北各県と長野、群馬、栃木、茨城の計十一県で選出人員は四二三人。これに奉天の日本国民高等学校北大営分校で学んでいる六〇人が加わる。移民候補者の資格は①農村出身者で多年、農業に従事した経験のある在郷軍人中、身体強健、品行方正、思想堅実、困苦欠乏に耐え得る者②年齢満三〇歳以下の者（ただし特定の者に限り三五歳以下）③家庭上係累少なき者（なるべく二男以下の者）④独身者、妻帯者を問わず渡満三年間は独身生活に差支えない者⑤酒癖のある者は絶対に選定せざること⑥決して労働を厭わぬこと――などとなっている。

選抜決定の締め切りは同月五日。募集期間はわずか五日間だが、当時は経済恐慌の後遺症の影響や東北地方では数年続きの冷害で農村の窮状は酷く、満州移民募集は大いに受けた。同年四月に拓務省が行ったわずか一週間の予備調査でも、四〇府県からの満州移民希望者は一万二七人にも上り、拓務省の移民遂行に拍車をかけていたのである。選抜された者は同年九月十日から三か所の訓練所に入所して三週間の教育、訓練を受けることになる。

三か所の訓練所は①茨城県友部の日本国民高等学校で責任者は加藤完治②山形県北村山郡大高根村の山形県立自治講習所付属青年修養道場、責任者は西垣喜代治③岩手県胆沢《いざわ》郡六原村の岩手県立青年修養道場、責任者は土屋郁三。訓練所の選定、訓練担当者の選出、訓練の内容などについては拓務省の委任ですべて加藤完治に任された。

加藤が校長である茨城県友部の日本国民高等学校は当然として、山形県大高根の西垣も岩手県六原の土屋も加藤完治の門下生である。西垣は東京帝大農科大学出身で主任教授の那須皓の勧めで加藤の直弟子となり、加藤の後を継いで山形県立自治講習所長となった。京都帝大農学部出身の土屋は師である橋本伝左衛門教授の勧めで大学卒業と同時に日本国民高等学校の研究生として加藤の門下生となった。三訓練所とも加藤の日本国民高等学校の教育方針が貫かれたのである。

加藤は一週間後には山形県大高根村、岩手県六原村の訓練所を激励して回った。訓練は主として鍬を揮った開墾作業が中心。残暑の中を黙々として猛烈な肉体労働に励む傍ら、満州事情、農業経営、農産加工に関する講話や、柔道や剣道などの武道訓練が毎日行われた。厳しい開墾作業は単なる農作業の一環ではない。「農業は聖なる土を通して行われるものであり、土に対して、真剣勝負の太刀を打ち込むのと同じ魂で鍬を打ち込まなければ、農民魂は磨かれない」という加藤の哲学の実践でもあった。

「学校の訓練といえば学問でも教えてくれるものと思っていたところ、意外にも早朝から太陽の沈むまで開墾鍬を振るって黙々と開墾するのには一同驚いたようであった」（『満州開拓史』）。

しかし、加藤たちが行った教育の意味を、集まって来た入植希望者がすべて理解したわけではない。「満州に渡るまでの〝方便〟として黙って作業に従事した者がいた」ことは入植地に着いてから明らかになる。

昭和七年十月三日午前十時、訓練を終えた第一次移民団四二三人は東京・明治神宮大鳥居前広場に全員が集合した。隊長は陸軍歩兵中佐（予備役）の市川益平。その下の第一中隊（中隊長、熊谷伊三郎）は青森、岩手、秋田県からの一一五人、第二中隊（同、沓沢林助）は山形、福島、宮城県の一一八人、第三中隊（同、工藤儀三郎）は新潟、長野県からの七九人、第四中隊（同、須永良太郎）は群馬、栃木、茨城県の一一一人。第一次移民団の農事指導員として後に移民団長となる山崎芳雄も同行する。

総指揮を執ることになった市川益平は新潟県出身。県立弘前中学から第二十一期生として陸軍士官学校に入学する。石原莞爾とは同期である。明治四十二（一九〇九）年に卒業し、旭川歩兵二十七連隊で歩兵少尉に任官する。以後、累進し少佐に進み、昭和六年三月、高田三十連隊で中佐昇進と同時に予備役編入となり退役した。軍人生活を通して隊付きで過ごし、石原のようにエリートコースに乗ることはなかった。この隊長就任には石原の推薦があったとみて間違いないだろう。

「加藤先生、おめでとう」。大鳥居の前には、東京駅まで第一陣の見送りに来た加藤を、八月の陸軍省人事で日本に戻った石原莞爾が待っていた。石原の手を加藤は、堅く握りしめた。それ以上の言葉はなかった。「やっとここまで辿りついた」という思いが二人にはあっただろう。しかし、〝苦難の道〟はここからさらに始まるのだ。一行はこの後、日本青年館で陸軍省、拓務省の担当者から「移住者としての用意と覚悟」についての訓示を受け、さらに拓務省の構内広場に集合し、拓務相・永井柳太郎から激励の挨拶を受けた。永井の訓示の要旨を記しておこう。

「満州農業移民の重要性は改めてこれを説く必要はないが、我が国大陸発展の第一線に立って、満州国開発の先駆としてその使命は極めて重大である。剣を持って進むも、鍬を振って立つも、その精神に於いては何ら択ぶ所がない。諸君はあらゆる困難を排撃して協力一致、所期の目的に向かって邁進しなければならない。諸君の成功すると否とは、我が国の将来の大陸政策に、頗る重大なる影響を及ぼすものであることに止まらず、直接的には後続部隊の士気に及ぼす所もまた極めて甚大なるものがある。諸君が向かわんとする北満は気候風土異なるものあり、更に今や向寒の期に際する。保健衛生に細心の注意を払い、使命遂行に健闘することを切望する」

佳木斯上陸と匪賊襲来

一行が東京駅を七両連結の臨時列車で出発したのは同日午後五時五五分。「夕闇濃《こまや》かなる秋雨の中を盛大なる見送りに鼓舞せられ離京す。送る者も送らるる者も異常なる感激の渦に巻き込まる」。途中、伊勢神宮に参拝した後、神戸で一泊。同月五日、神戸港から「バイカル丸」に乗船、門司港に寄港し、大連に投錨したのは八日午前七時だった。大連には東宮鐵男が出迎えていた。

午前九時過ぎ、満鉄が仕立てた臨時列車で大連駅を出発、奉天に到着したのは午後五時二〇分。列車は奉天駅に一〇分ほど停車し、さらに柳条湖付近まで運行して下車する。満州事変の発端となった柳条湖は、一行の宿舎である日本国民高等学校北大営分校に最も近い場所にある。すでに黄昏であった。隊列を組んで徒歩で北大営に向かう。かつての張作霖軍の本営跡である。同北大営分校には、一行を収容する宿舎が用意されていた。割り当てられた宿舎に分宿し、「交代入浴ののち初めて異郷の地に夢を結ぶ」。

十日朝、北大営の営門を徒歩で出て、満鉄付属地にある奉天神社に参拝する。日本国民高等学校北大営分校から六〇人が移民団に合流し、山崎ほか指導員ら一〇人を含め全員で四九三人となった。この六〇人は加藤完治の呼びかけに応じて、主に山形県から北大営分校に入学し、教育、訓練を受けていた。「移民の資格は在郷軍人」という厳しい制限の中で、その半数以上が軍隊経験はなかった。加藤は「自分の教育を受けた者は、たとえ軍歴はなくてもそれ以上に精神的に鍛えられている」との絶対的な自信を持っていた。

奉天神社では関東軍司令官・武藤信義（当時大将）と参謀副長・岡村寧次（当時少将）の訓示を受ける。武藤はこう述べた。「満州国の治安は未だ完全ではない。諸子は移住の初期においては且つ戦い、且つ耕すという覚悟と準備を必要としている。このために常に軍人精神を陶冶し、戦闘技術に習熟すると共に、ふだんから匪賊の情勢に注意し、くれぐれも不覚をとることのないよう、万全の準備を整えておかねばならない」。初めて匪賊の存在に触れた訓示である。全員に緊張が走った。

翌十一日午前九時、官民の盛大な歓送を受け奉天駅から臨時列車で哈爾浜に向かう。新京で別の列車に乗り換え、哈爾浜到着は同日午後十時半。予定より六時間以上遅れていた。全員空腹に抗して隊伍を整え、夜更けの市内を行進し、キタイスカヤ街突端の埠頭に係留されている汽船「東丙」の船倉に旅装を解いた。食事は先発隊の山崎芳雄らが東洋ホテルの炊き出しを用意していた。翌十二日は哈爾浜の街を探索、市中の日本人浴場を借り切り、交代で入浴した。

哈爾浜出港は十三日午前十一時。二隻の船に米二二三六石（約四〇キロリットル）を始め粟、高粱、大豆、醬油、味噌、砂糖、塩など半年分の食糧が満載されている。市川隊長以下移民団は「東丙」に、また同行の満州国軍最高顧問・多田駿少将や東宮鐵男、山崎芳雄ら一四人は曳船「南翔」に便乗し、哈爾浜在住の日本人の盛大な見送りを受けて出港、好天に恵まれ、移民団は甲板で日光浴などを楽しみながら、ゆったりと松花江を下った。十四日午前、依蘭に寄港。再び錨を上げて佳木斯に着いたのは夕暮れも迫った午後六時過ぎだった。前掲の『佳木斯事情』によると、四年後の昭和十一年八月時点での佳木斯は戸数七五〇〇戸、人口は三万八〇〇〇人というから、第一陣の到着時は少し大きな漁村程度の街だったのだろう。

一行はすぐに上陸出来ると思っていた。しかし、「すでに闇深く、陸上の設備整わず」との理由で、船中宿泊となる。不満を抱いて上陸を迫る者もいたが「絶対に上陸不可」。夜十時過ぎ、突如、機関銃、小銃、野砲の音が船室の団員たちを驚かせた。「匪賊襲来」の声が聞こえる。「先に上陸した東宮先生たちが、移民団員の度胸試しに満州国軍を指揮して匪襲の真似をしているのだ」とのん気なことを言っている者もいた。「冗談と知りながらもみんなを落ち着かせた」

東宮はこのことを予期していたのだろう。佳木斯に到着すると腹心の西山勘二（後の常勝隊長）らを引き連れて上陸し、吉林軍司令部に入っていた。匪賊の襲撃はその直後に始まった。東宮は吉林軍を指揮してこれに立ち向かった。匪賊の攻撃はかつてない猛烈なもので、吉林軍は崩れだし、守りを捨てて司令部まで後退する。東宮は西山と共に吉林軍を叱咤しながら手榴弾で応戦する。佳木斯西門には火がかけられ炎上した。急を聞いてかけつけた日本軍駐屯部隊によって匪賊はようやく退散した。

翌十五日午前八時、市川隊長らが指揮して荷物を降ろすと、団員たちは岸壁近くの「屯墾第一大隊」という新しい看板のかかった兵舎に入った。東京を出発して二週間。兵舎といっても現地住民の食糧倉庫を買収して修理したもので、五〇〇人の移民団と荷物、馬六〇頭が入ってもまだ余裕のある広さ。だが、「実にお粗末なもので、夜などは薄暗い蠟燭の光で過ごした」。上陸一日目の午後四時から、全員で市内を示威行進。行進に移る前に団員たちは吉林軍司令部に立ち寄った。

そこで東宮が昨夜の戦況を説明した。襲撃してきた匪賊が残していった紅槍会の槍や太刀会の使用した太刀などの武器を示しながら、「こんなものいくら持って来ても心配はない。君らは優秀な日本の在郷軍人である。なんら恐れるに足りない。匪賊一〇〇人に君ら一人でちょどよい取り組みだ」と激励。佳木斯周辺の事情などをこう説明した。

「君たちは日本農業移民として来てもらったのであるが、当分は当地の警備に当たってもらう。この地方には李杜とか丁超とかを頭《かしら》にいただく匪賊が跋扈しており、私は満州事変以来、その討伐の目的で吉林掃匪軍を組織し指導している。しかし彼らは無力の上に動揺しやすい性質を持っている。一朝事ある時には力になるものではない。そこで如何に日本の武装移民は立派な精神を持った優れた民族であるか、事実をもって示して貰いたいのだ」

「この南の方に三万町歩の未墾の土地がある。これはやがて君らのものとなるのである。然し、治安が確立しなければ開拓できないのだ。今はその治安確立に懸命になっている。かつてアメリカの移民はその初期時代には、インディアンや匪賊と戦った歴史を持っている。先駆者の足跡というものはあのように大きいのだ。諸君もまた先駆者だ。名誉ある北満の開拓者なのだ」「今、日本の農村の子弟が苦しみ抜いているその姿を見る時、日清、日露の戦役で多大な犠牲を払った二〇万の精霊に対して申し訳ないことである。農民の窮状は満州国も同じである。然し、彼らの窮状は匪賊のためでもある。諸君は匪賊と戦って彼らを指導し、北満に楽土を築きあげる使命を持っている。彼らを救い、我が運命を築くのだ。それに要する力は他力ではいけない。自力で開拓する精神を持たねばならない」

東宮鐵男は軍人として自分の信念を率直に語ったのだろうが、この話を聞いて「みんなしんみりとしてしまった」。彼らはすぐにでも入植地に入れると思っており、軍隊と同じように警備に就くとは思ってもいなかったのである。この後、佳木斯大通りを示威行進に移る。東宮の先導で、市川隊長を先頭に五〇〇人近い行進である。昨夜の匪賊夜襲で大方は戸を固く閉ざしている。焼かれた西門のあたりには未だに惨たらしい死体がいくつも転がっていた。

広がる精神的動揺

松花江に面した佳木斯の街は十月も下旬に入ると厳しい冬の到来である。松花江も次第に氷に覆われる。移民団は吉林軍の一部である「屯墾第一大隊」として当面、佳木斯および周辺の治安維持に当たることになる。当時の佳木斯周辺は紅槍会、太刀会などを中心とする匪賊が包囲しており、住民は恐怖のどん底にいた。夜八時以降の交通は禁じられ、日没になると商家は堅く戸を閉め、路上からは犬さえ姿を消す。さながら〝死の街〟だった。移民団が到着した日の第一波の襲撃に続いて、十一月、十二月に二波、三波と佳木斯周辺への攻撃を仕掛け、吉林軍の敗走が続いていた。

移民団の「屯墾第一大隊」は、西門では中隊長が率いる一個小隊が警備に当たり、東部の屯墾隊警備地区では、九人の歩哨を三か所に出して東門の守りについた。慣れない北満の寒気に晒されながら昼夜の別なく市内警備についたが、防寒用具は極めて不完全。吉林軍と同じ警備に当たりながらも、休養時間は少なく、吉林軍以上の厳しい勤務体制である。その上、格好はまるで〝匪賊〟そのもの。歩哨に立った時などは、防寒のためカマスを背負い、腹が空くので腰に沢庵をぶら下げ、それに十三文もある日露戦争当時に用いた黒ラシャ製の防寒靴。現地住民には〝屯匪〟という有難くない名称を与えられた。

この頃、「抗日反満」を掲げる反吉林軍は、佳木斯を取り囲むように、李杜、丁超などが勃利、宝清付近に拠点をおき、紅槍会、太刀会などが各地を荒らし回っていた。吉林軍の兵士達も「紅槍会が来る」と言うと「あたかも悪魔に呪われたように士気沮喪して戦意を喪失してしまう」状態だった。前述したように紅槍会は、呪文を唱え護符を呑んで出撃すれば死なない、と固く信じ込んでいる集団である。東宮は吉林軍幹部を集めて「迷信打破」のために何度か教育し、移民団にも説明を繰り返した。だが説明を聞き、かえって恐怖感が増幅され、弱音を吐く者も出てくる始末。

この様子を見て東宮公館員で東宮の腹心、西山勘二がこう申し出た。「言論折伏《しゃくぶく》は平時の観念である。実戦に当たっては実力でこの迷信を打破するしかない。日本人を幹部とし、吉林軍の優秀者を骨幹とした実力闘士軍を結成したい」。東宮はこの案に同意し、吉林軍の于琛澂《うちんちょう》司令の許可を得て「蘭軍常勝隊」を結成する。常勝隊の目的は、李杜、丁超ら反吉林軍の討伐と紅槍会、太刀会などの匪賊を「実力によって屈服させ、迷信を打破する」ことにあったが、同時に東宮の「護衛隊」でもあった。

隊長の西山は東宮の郷里、群馬県利根郡出身の生粋の〝上州っ子〟で、当時二十五歳。東宮は「粗野だが純情なところを愛し特に目をかけていた」。日本人幹部約二十人は、〝梁山泊〟とも呼ばれた新京の東宮公館で薫陶を受けたいわば東宮の「子飼い」の集団である。「東宮の私兵」との声もあった。常勝隊は以後、吉林軍の「教導隊」であると同時に、移民団の先頭に立つ「先導隊」となって、常に襲ってくる匪賊と対峙した。

いずれにしても当時の佳木斯周辺は、匪賊の横行ですぐに入植できる状況ではなかった。特に入植予定の永豊鎮（鎮は日本の村に当たる）近くの孟家崗《もうかこう》という集落には、紅槍会のメンバーがたむろする巣窟があり、李紹久という「目玉の光る大男」の頭目が、部下数百人を率いて周辺を荒らし回っていた。

佳木斯に上陸した第一次移民団は、連日の緊張した警備と匪賊襲撃の不安に、次第に不満が鬱積し、「俺たちは騙されたのではないか」という精神的動揺が広がった。まず出たのが食べ物に対する不満である。毎日、高粱《コーリャン》やトウモロコシ混じりの飯で、量もすくない。街の食堂で無銭飲食する者も出て、住民からの訴えが相次ぐ。兵舎内で酒を飲んで喧嘩騒ぎも頻発する。移民団は軍隊ではないので、上官に対する絶対服従という規律はない。大隊長、中隊長と言っても同じ移民団の仲間である。ある意味では極めて民主的であり、軍隊時代の肩書は通用しない。反面、それが規律の乱れを生んだ。その上、極寒の娯楽のない世界である。東宮は「屯墾隊十一月月報」に次のような行為が発生したと記している。

一、城門警備に当たった者が通行者の身体検査の際、財物を強奪した。
一、街上にて言語の通じざるを理由として煙草を安買いす、甚だしきものは強奪す。
一、家鴨、鶏などを盗み兵舎にて食う。

そして次のような言動をする者も現れた。

一、交通が不便で匪賊が横行する永豊鎮に入植するのは不安である。松花江沿いの良地を選定し直すべきだ。
一、我々は移民である。いつまで警備を続けるのか。匪賊の刃にて死ぬのは犬死にである。
一、移民団は拓務省のものか、加藤氏のものか、関東軍のものか、吉林軍のものか、移民団のものか。一時的国家の補助のために束縛されるのか。将来が不安だ。
一、我々は偽られたり。
一、日本現役軍人と同様の勤務をしながら粟飯を食い、夜食を給せられず。

十一月中旬、隊長の市川中佐は非行者の続出に頭を痛め、四人の中隊長と東宮、山崎（農事指導員）を含めて対策を協議する。その結果、幹部の命令を聞かぬ者、現地人に対して暴行、傷害、強姦、略奪を働いた者、隊員同士で傷害事件を起こした者、は除名処分にして内地に強制送還するという「屯墾隊懲罰令」を作った。これによって非行者は減ったが、佳木斯での警備期間中の六か月間に除名処分を受けた者は二十数人に上った。

こうした移民団の気分転換をはかるために一度、入植地を視察させておこうと十一月二十日から五日間、永豊鎮の視察行軍を実施する。佳木斯警備もあり、全員というわけにはいかず、参加したのは東宮を総指揮官に屯墾軍二個中隊（約二〇〇人）。警護のため西山勘二の常勝隊二〇〇人と吉林軍騎兵一個大隊二〇〇人が同行した。一日目は朝陽鎮という村に宿営、二日目になると、東宮が「追分峠」と名づけた場所付近の山中に、この行軍の情報を知った匪賊の一団が待ち受け、攻撃してきた。

東宮が吉林軍を指揮して先頭に立つ。吉林軍は「わーっ」と攻めたと思うとすぐに退却し、なかなか前に進まない。東宮は屯墾軍に向けて「早く一発大砲を撃て」と命じた。「どっちに向けて撃つのですか」「どっちに向けてもよい。早く撃て」。あわてて山の方に向けて一発撃った。すると匪賊は退却し始めた。屯墾軍と吉林軍は一度に突撃して追い払った。

三日目の夕方、永豊鎮に着いた。永豊鎮は紅槍会に占拠されていたが、一行が到着した時はすでに逃走した後だった。人家は約二〇〇戸あったが、三分の二は空き家。中央通の商家二軒は焼かれ、人の住む家には女気はなく移民団の目には廃墟に映った。北門には生首が吊るされていた。そばに殺した理由と日付の書いた紙がぶら下がっていた。この現地視察は、移民団の士気高揚を狙ったものだったが、匪賊の恐怖を改めて教え、逆に精神的動揺者を増やす結果ともなった。

東宮はこの現地視察行軍を終えた後の同年十二月八日付で、「第一次武装移民の精神動揺状況および第二次以後の人選に関する要望書」を拓務省に提出している。大急ぎの人選だったとはいえ、第一次では選考時に各県に示した「選考基準」とはほど遠い実情だった。東宮の当初からの懸念が、現実になったのである。第一次の入植を急ぎすぎたという思いもあったのかも知れない。「各県から選ばれて渡満してきた在郷軍人の質」について細かに分析している。後に東宮や加藤が「在郷軍人ではなく純粋な理想に燃えた少年たち」を中心にした開拓移民を模索するきっかけの一つになったものといえるだろう。

彼がまず指摘するのが「内地での人選の杜撰さ」である。内地で三週間の予備訓練での厳しい開墾作業時から、すでに決心が動揺していた者、各県の取扱者の甘言によって渡満して来た者、農業の経験もないのに満州熱に浮かされて応募して来た者、さらに「金鉱業など有望なものも多いのでとにかく行け」と言われ、一儲けしようと応募した者もいた。「これらは募集に当たり、開拓移民の本質を明示していないことに起因する。第二次以降は相当熟考の期間を与え、内容をよく説明して、その上で志望させる必要がある」

満州入りしてから動揺した者も多い。奉天に到着してから「満州国の国境警備隊に入れば月給が多くもらえる」と聞いて決心が動揺し、今に至るも移民隊を去って満州国軍人を希望する者さえいる。わずかの困苦欠乏に耐え得ず、高粱飯に不平を唱える者も多い。佳木斯の市街警備の一部を担当したことへの不満もあった。「満州国に対しては吉林軍を支援し、地方の治安を維持しつつ開墾を行う約束の下に、その代償として兵舎、燃料の提供やその他各種の待遇を受けている」。こうした事を明確に指示する余裕がなかったことも一因である。

現地視察行軍に参加し、かえって悲観動揺した者もいる。シベリアからの寒風の中、約五〇キロを徒歩行軍した後に眺めた荒涼たる原野と、廃墟の如き永豊鎮。彼らの間では、次のような悲観説が流布した。

「鉄道沿線を離れ、交通が不便で農業利益はない」

「大森林、大炭田、大金鉱があると聞いていたのにそんなものは無く、我々は騙された」

「土地は南満州に比べて不良である」

「こんな場所を女子供に見せれば泣き出し、嫁に来る者もいない」

これら環境への不安は当然出て来るので、「渡満の前に現地の実情を知らしめ、将来への期待を抱かしめておけば相当防止することができる」。

東宮はこれら動揺する「薄志弱行者」は、次のような者に多いと分析する。

一、農村に生まれながら小学問をなし農耕に従事せず、事務員などをなした者。

一、内地で比較的裕福な生活をし、新聞雑誌の満州熱にあおられて志願した者。

一、頭髪を伸ばせる者（頭髪を伸ばせる者の中にももちろん真面目な青年もいる）。除名希望者として申し出たものは全員髪を伸ばし、いわゆるハイカラ男なり。

動揺者が続出した中で彼が最も高く評価し、今後の人選に「最も可なり」としたのが加藤完治の「北大営国民高等学校出身者」である。

「佳木斯到着以来、一名の非行者なく、常に移民隊の中堅たり。思想正統にして意志確固、困苦を厭わず、進んで難局に当たり、薄志党との間に不和を生ぜしことすらあり。警備に当たりても勇敢なり」

「貧困者にして活路を満州に求めんとして渡満せる者は可なり」としてこう述べる。

「彼らは流言を聞き、同輩の非行をみて、憤慨かつ将来を危ぶみ、同志の者だけで直ちに入植し、農耕や建築の準備をしたいと指導官に願い出た」

彼が新たに期待するのが「純真な年少者」である。「将来、青少年中よりも採用するを可とする」。この時、東宮は後に加藤たちと相談して実現する「饒河《じょうが》少年隊」構想を抱いたと見てもよい。後述するが東宮のこの「饒河少年隊」が、加藤の「満蒙開拓青少年義勇軍」に繋がっていくのである。

永豊鎮（弥栄村）への入植

昭和八（一九三三）年正月早々、吉林軍と佳木斯駐屯の日本軍は、丁超の反吉林軍を宝清南方に追い詰める。丁超の居場所を突き止めた東宮は、吉林軍に協力していた依蘭駐屯の歩兵第六十三連隊の伊藤佐又《さまた》中尉と二人で帰順勧告に乗り込んだ。案内したのは丁超の甥、丁文凱。すでに帰順して東宮の部下となっていた。終夜、密林の中をさ迷ったが、明け方、丁超の隠れ住む一軒家に辿り着く。丁超は夫人と二人で自室にいた。緊張しながら外套のポケットの中の手榴弾を握り締めた。状況によっては自爆の覚悟である。「長い間、不自由な生活で、殊に奥様は難渋されたでしょう」と東宮が語りかけると、「ご覧のとおり景色の良い所で自適していますので、別荘に来ているような心持ちです」。

部屋には香がたかれ、茶菓を勧めるなど「陣中とは思われず」。丁超はすでに帰順の覚悟を決めていたのだろう。彼の日常生活を問うと「毎日読書と山中の散歩を日課としており、それが慰めてくれました」。丁超は帰順勧告に応じ、東宮たちと連れ立って山を下りた。東宮は「西郷南洲先生の陣中生活にも似て奥ゆかしかりき」とその感想を記し、「漢民族三千年の人生観より兵匪の実態を認識せざる可からず。日本流に良民と兵匪を簡単に区別し、性急に片づけんとするは無理」と自戒する。この頃から、東宮の心中に「抗日反満分子」を一括りにして討伐の対象とすることへの疑問が生まれてきた、とみてもよい。

反吉林軍の中でも大勢力を誇っていた丁超軍が帰順すれば、東宮らの「匪賊討伐」の負担も少しは軽減される。移民団の精神的動揺にも対応しなければならない。第一陣の永豊鎮入植の準備は急ピッチで進んだ。二月十一日、先遣隊の一四〇人が零下四〇℃近い寒気の中、佳木斯を出発する。農事指導員・山崎芳雄も同行した。東宮の率いる吉林軍一五〇〇人と西山が率いる常勝隊の二〇人も一緒である。強行すれば丸一日で到着できるが、入植のための食糧や資材などの輸送もある。途中、一晩野営し、永豊鎮到着は翌日の夕方だった。「すでに宿舎割りも出来上がっていた」

同月十三日は休養に当てられたが東宮は昼過ぎ、移民団に「みんな集まれ。今から南山に行く」と号令をかけた。「南山」というのは永豊鎮の南のなだらかな低い山で、東宮が命名した名前である。彼は山上から永豊鎮の原野を見下ろしながら、全員に地形の説明をした。入植者はこの地域に出身県ごとに分散して入植するのである。その地域を一望のもとに見渡せるのがこの南山だった。「俺もやがてここに家を作って住み、大砲を一門据えて頑張る。そうすれば永豊鎮に匪賊の心配もなくなる」。みんなに向かって彼はそう宣言した。現役を退いたら必ず実行するつもりだった。この日、この地域に根を張っていた紅槍会の頭目、李紹久が一〇〇人近い配下を引き連れて帰順してきた。李紹久たちにも東宮の人柄が伝わり始めており、反吉林軍の大物、丁超の帰順も影響したのだろう。

移民団の作業が開始されたのは翌十四日から。先遣隊の仕事はまず開墾する農耕地の偵察から始まり、廃屋となった家の修理や建設、倉庫の建設、薪炭の収集、土壌からの石灰の搬出、永豊鎮から佳木斯方向への道路の開削。必要な農具、工具の哈爾浜への発注などいつでも農耕が始められる準備である。農事指導員の山崎芳雄が中心になってこうした作業を着々と進め、本隊の受け入れ態勢が整えられた。

一方、東宮鐵男、楊玉書参謀長が率いる吉林軍と、西山の常勝隊は十四日から永豊鎮東南方二五キロの駝腰子《だようし》を拠点とする匪賊討伐に出発した。駝腰子は砂金と阿片の原料となるケシの産地であり、多くの匪賊が〝寄生〟していた。案内に立ったのが帰順したばかりの李紹久である。この討伐には移民団からも約五〇人が参加した。十五日未明、駝腰子への攻撃を開始したが、吉林軍は相手を恐れ遅々として進まない。東宮は先頭に立って「猛進、猛進」と連呼して進む。右手背後の高地から一斉に銃撃が起こった。三〇〇メートル先の相手のいる高地を奪わなければ危険である。常勝隊の西山が五、六人の部下を伴い高地に駆け上がった。敵が退却したのは昼過ぎになっていた。

この戦闘で移民団の渡邊熊治が戦死する。移民団初の犠牲者である。渡邊は福島県信夫《しのぶ》郡出身、二十九歳で独身だった。東宮たちは駝腰子の匪賊を追い払うと、さらに南の勃利方面まで追撃した。帰路、永豊鎮に立ち寄った東宮は山崎芳雄に「駝腰子の採金局から少しもらったものだ」と、金と自分で書いた図案を渡し、「これで渡邊を偲ぶ記念品を作り遺族に渡したいが、何という文言を刻めばよいだろうか」と相談した。山崎が「一粒の麦、はどうですか」と答えると、東宮は「それはよい」と直ぐに賛成した。後に山崎が渡邊の実家を訪れると、母親が大事に仕舞っていたこの「純金の小塔」を見せてくれたという。

東宮らが周辺の匪賊討伐に東奔西走している間、永豊鎮では先遣隊による土地の測量や周辺の自然資源の調査、近づく春を待っての農具の製作、種子の蒐集などが進む。また近く入植する本隊のために佳木斯から馬車や大八車を使った物資の運搬を繰り返した。しかし、輸送中の、物資輸送を狙う匪賊も横行し、一〇日間近くも食糧が届かないこともあった。先遣隊は味噌、醤油や野菜不足に見舞われる。夜盲症患者も続出した。三月二十日には入植地の近くで鹿を追っていた岩手県出身の菅原玉吉、加瀬谷功、佐藤宗助の三人が、突如、近くの空き家に潜伏していた匪賊に襲われ、戦死し、小銃や弾丸が盗まれた。

そうした悲劇を繰り返しながらも、移民団本隊の受け入れ態勢は次第に整った。三月下旬、永豊鎮に立ち寄った東宮は確定した入植地の地図を見ながら、「将来各方面とごたごたの起きないよう現地住民との土地境界の協定を結ぶ」ことを提案した。協定は樺川県長・唐純礼の意見を尊重して、永豊鎮の東方地区に限定された。民有地に接続する東方地区は、官有地が多く、既耕地をなるべく避けようとする配慮だった。話し合いは順調に進んで三月二十八日、「第一次特別移民用議定書」が結ばれる。調印したのは現地側が県長・唐純礼、住民代表・孫徳増、日本側は隊長の市川益平と東宮鐵男の四人。内容は①用地はなるべく一地域に集中する②現在耕作中の満州人の生活に脅威を及ばさざること③未耕地を主として選定する④現住民の私有地は屯墾軍が買収する⑤移住する者には委員会を設けて指導補助を行う⑥用地内に居住を希望する者は、現耕地の約半分の耕地を許可する——など一〇項目からなっている。

協定地は推定面積で四万五〇〇〇町歩（ヘクタール）。協定地域内には既墾地が約五〇〇〇町歩、居住民は九九戸、約五〇〇人だった。居住民にはそれぞれ希望を聞いて永豊鎮の西方、南方に移転させ、大人も子供も区別せず一人当たり五円の移転料を支払った。東宮は住民との移転の話し合いにも立ち会い、「住民が納得するように話をしてきかせ、すこぶる合法的に解決した」。当時から村の有力者だった藍心爽（元商務会長）は「何と言っても一番有難く感じたのは土地買収でした。一天地当たり幾らとチャンと正当な地価を払ってくれましたし、その上で一人当たり五円の移転料まで出してくれました。ですから、当時どんな問題でも東宮先生の所へいけば解決の出来ないことはない、とみんな考えていたのでした」と、のちに東宮七男《かずお》（『東宮鐵男傳』の編纂者）に語っている。

現地住民との正式契約が終わった同年四月一日、佳木斯で待機していた本隊が市川隊長に引率されて永豊鎮に到着する。かつての紅槍会の本部に移民団本部が置かれ、医務室、糧秣庫、販売部、木工、鍛工、蹄鉄工という作業班が生まれた。同日、群馬県出身者が入植する地域で鍬入れ式が行われ、大麦の種が蒔かれた。十日から栃木、茨城、群馬、新潟、福島、宮城など第一次移民団の十一県別に決められた土地へ分散して入植する。

十五日からは各入植地で大麦、小麦、粟、高粱、大豆、馬鈴薯、そばなどの播種《はしゅ》を始めた。四月から五月にかけて播種した面積は四三〇町歩に及ぶ。「春耕の成績には意外の能率を発揮し、警備、林業、運搬、道路工事に主力を用いながらも約四百町歩の蒔き付けを終われり」と東宮は記し、その喜びを歌った詩を六月六日の日誌に書きつけている。

移民

春だ、春だ北満の春だ
昨日の枯れ木に
今日は芽が出て葉がのびる
燃ゆる希望躍る血潮
吾等は新日本の創造者
それ鋤け、やれ蒔け
なだらかの丘
夕日は残る七星の山
鍬を洗はん南柳樹河

今宵も君の夢を見ん

第一次移民団は軍隊組織と同様に「屯墾第一大隊」を指揮する市川隊長の下に四人の中隊長がおり、さらに出身県別の「小隊」に分かれて開墾は続けられた。「開拓団本来の任務からすれば不自然」（『彌榮村史』）だったが、匪賊が横行する当時の状況からすれば「止むを得なかった」。しかし、農事指導員の山崎芳雄も市川と同格の指導者として位置付けられており、事実上の〝二頭体制〟であった。各県別の小隊長は諮問機関として各入植集落の代表の役割も果たしており、不定期に召集される小隊長会議で移民団全体の問題についても協議した。

〝屯墾病〟と幹部排斥事件

第一次移民団全員の入植が終わり「春だ、春だ」の喜びにひたったのもつかの間、永豊鎮は大きな難関に直面する。最初の問題は、佳木斯との輸送路がたびたび匪賊の襲撃にあい、食糧を運ぶ馬車が妨害されたことである。輸送馬車はその中間の横道河子《おうどうかし》辺りで足止めをくい、数日から一週間近くも出発できないことが続く。種は蒔いたが直ぐに実るわけではない。明日の米ばかりでなく味噌も醤油も野菜も届かない。野菜がないので野草を摘んで汁の具とする。空腹続きで、ビタミン不足から夜盲症が続出した。初夏の頃からは大雨と冷夏という天候不順にも見舞われた。

匪賊に対する恐怖心も一向に収まらない。三月二十日に岩手小隊の三名が匪賊の襲撃で死亡したが、四月から五月にかけてもあちこちの入植地で、小銃や弾丸が盗まれる事件が相次ぐ。

農耕馬も十数頭盗まれた。その上、七月に入ると永豊鎮一帯にアメーバ赤痢が流行する。水質の悪い井戸水が感染源となり、除草期の一番繁忙時に移民団五〇〇人のうち四〇〇人近くが赤痢に罹った。農作業は中断し、農地は荒れ放題となり雑草と化した。

こうした状況の中で移民団の多くが絶望的な気分に陥り、ノイローゼ気味の団員が続出。「こんなに匪賊がうようよしているところで農業などできるか」「このまま死んでは犬死にだ」「俺たちは騙されたんだ」などと愚痴を言いながら、毎日酒を飲み、外出もせずごろごろ寝ころぶ団員が増えた。空腹から近くの住民の集落を襲って食糧を盗んだり、住民女性を強姦する団員も出始めた。移民団ではこれを〝屯墾病〟と呼んだ。屯墾病は各小隊に蔓延し、七月末ごろまでに約二〇人が「除名退団」の処分を受けて永豊鎮を去った。東宮自身が「第一次武装移民団は受難の歴史なり」と記しているほど、一部隊員の間での不平不満が日ごとに高まり、これが幹部排斥運動に発展していく。

幹部排斥事件の発端は、匪賊対策をめぐる西山勘二隊長の常勝隊員と、移民団で警備を指揮する市川益平隊長との感情的なもつれにあった。同年五月、東宮は永豊鎮周辺の匪賊対策として吉林軍司令の于琛澂《うちんちょう》と計り、常勝隊を教導隊として警備に当たることにし、「移民団から三〇人を応援に出してほしい」と市川に要請することになった。この要請のため永豊鎮を訪れた常勝隊員に、市川は「今は入植直後の建設作業に多忙で、暫く警備に人は割けない」と断った。「建設作業も重要だが、目下は警備が主体だ」という常勝隊員に市川は「それでは入植者が承知しない。警備は吉林軍に一任したい」。これに対し常勝隊員は「これは屯墾隊顧問（東宮）

の意見である」と東宮の名前を持ち出した。「顧問の東宮は大尉ではないか」と市川は反発した。市川は予備役とはいえ中佐である。軍隊での上下関係を持ち出したのである。彼にしてみれば大尉の東宮に命令される筋合いはないと思ったのかも知れない。

この市川の言葉に若い常勝隊員は真っ赤になって怒った。常勝隊員は前述したように「東宮公館員」であり、東宮に私淑する一団である。〝親分〟が侮辱されたと受け止めたのだろう。六月に入ると再び常勝隊員が吉林軍参謀長・楊玉書の書簡を持って市川を訪ね、永豊鎮付近の匪賊の状況を伝え、「充分警戒するよう」伝えた。すると市川はこれも「君たちは東宮大尉の食客ではないか」とはねつけた。常勝隊員と市川を支持する移民団員の間の感情はさらにもつれた。

こうした対立が続いているところに、六月二十日、森林地帯へ建築用材の伐採に入っていた三〇人の移民隊のうち三人が殺害される事件が起きた。伐採隊は一軒の現地住民の家を宿泊所としていた。この家には男の家族三人と、炊事などの下働きなどをする二人の男がいた。この日、伐採隊は二人の残留当番と体調の悪い一人を残して作業に出かけた。作業班は現場には三丁の小銃しか携行せず、三〇丁の小銃などを宿舎に残したままだった。宿舎の主人ら五人の男は残っていた移民団員三人を殺害、残された小銃、弾丸を奪って逃走したのである。当時、こうした武器は匪賊に高値で売れたという。

「屯墾隊が警備を怠ったからだ」「いや、吉林軍の警備が不十分だったからだ」。事件を巡って責任のなすり合いが始まった。「市川や山崎ら幹部が無能だからこういうことになったのだ」と非難する隊員。「油断するからこういう事態を招いたのだ」と山崎らは伐採隊を叱責した。

次第に「東宮大尉と市川隊長との仲がうまくいっていない。市川、山崎の仲も悪いからこういう事態が起きるのだ。無能な幹部を取り替えろ」との声が高まった。

組織的には市川隊長と山崎農事指導員の二人は対等な指導者である。市川と山崎は警備と農事を巡って、皆の前で激論を交わすことも度々あった。これが隊員たちには反目しているように見えたのだろう。蔓延していた〝屯墾病〟が幹部批判に拍車をかけ、隊員を扇動する過激団員も現れた。


当時、北満各地の「匪賊討伐」に東奔西走していた東宮の拠点は佳木斯の借家「東宮公館」だった。この公館を突然、群馬からの入植者、根岸正雄（群馬小隊長）ら二人が永豊鎮から訪ねてきたのは七月三日夜のこと。二人は屯墾隊代表八名の署名の入った柳井柳太郎拓務大臣宛ての「決議文」を東宮に手渡した。

決議文は「現幹部に於いては国策遂行上の識能なし。各県屯墾隊員は、屯墾軍第一大隊幹部全体の辞職勧告の決議に基づき、各県屯墾隊員代表会同して、ここに幹部の総辞職勧告を決議す」とあり、「幹部不信任」の理由を五項目にわたって細かに説明してあった。その内容はまず「諸計画実施の不十分」として、「警備、農事などの計画は無謀にして実行を伴わず、作業の指導適切ならず」に始まり、「専制的な業務遂行」「外交的手腕の拙劣」「隊員の意志や人格を無視した不誠意と責任回避」「幹部相互の不和」について具体的に記載している。

東宮はこれを預かり、繰り返し読んだ。翌四日、二人の代表と佳木斯に在住中の二三人の隊員を東宮公館に集め、決議書と不信任案に書かれた項目一つ一つに細かに反論し、「この決議書と不信任案は、幹部を排斥せんがためのこじつけの理由である」と断言した。そして準備した「屯墾隊諸君に告ぐ」を読み上げ、移民団全員に伝えるよう要請した。

「私は衷心より幹部および諸君の心境に同情する。多くの原因があって諸君の頭が少し変になり不慮の事故や開墾事業が予期の如く発展しないのを全部幹部のせいにして『幹部でも替えたら何とかなるだろう』と夢想したのだと思う。満州国建設事業の中で諸君の事業は最も有意義なものである。これまでの移民団の仕事は不成功であるという非難もあったが、ともかく五〇〇町歩に蒔き付けを終わったという未曾有の大事業の遂行は、誰がなんといっても大成功である」

「現在の幹部以上の幹部は絶対にいない。諸君をわが子のように思う幹部や、広い日本に山崎先生のように自信をもって農事を指導できる人が他にあろうか。絶対にないと断言する。北満の果ての未踏の地における事業が十中八九、予想通りに行かないことは当然のことである。日清戦争以来、我国の満蒙政策に予想通りに行ったものがありますか。わが移民は十中八、九まで実現しており大成功ではないか。何処に不足がありますか」

「諸君のすべての要求は、志願当時の誓約以外のことのみである。諸君が如何に決議しても実現不可能である。今、全日本の賞賛と同情がわが移民団の上に集まりつつある。決死の覚悟で諸君の為と思っている幹部の心が諸君に通じないのが誠に残念である」

聞き終えて不気味な沈黙が続いた。東宮は静かにこう言った。「俺の腹は決まっている」。「どう決まっているのですか」との質問に彼は答えた。「最後の手段として不満分子を討伐する。吉林軍で駄目なら、日本軍の連隊、師団を出してもよい。徹底的に討伐する」。東宮の強い決意を聞いて、屯墾隊代表はこの「屯墾隊諸君に告ぐ」をみんなに伝えることを約束し、動揺しながら永豊鎮に帰った。東宮はすぐにでも永豊鎮に駆けつけたかったが、第二次試験移民団が翌五日に東京を出発することになっており、その準備のため哈爾浜に向かわなければならなかった。「徹底的に討伐する」という東宮発言を伝え聞いた現地の過激派は「東宮を殺せ」といきりたち、騒ぎは一段とエスカレートした。

同月五日、東京を出発した第二次試験移民団については次章で詳述するが、この一行には加藤完治も同行していた。しかしこの時点では、第一次移民団の騒ぎはまだ東京には伝わっていない。加藤が事態を知るのは満州に到着し、新京の関東軍司令部で参謀長の小磯国昭(当時中将)に面会した時である。小磯はこう言った。

「加藤先生、満州移民は残念ながら失敗だ。第一、説得にも行かれないのだ。説得に来るものは皆、撃ち殺すと言って来ている。しかも殺す筆頭には、加藤先生と東宮大尉の名を挙げた決議文が私に届いている」

「そんなはずはない。僕が現地に乗り込んで直接、皆と話し合えばわかります」

「加藤先生の命は保証できない。護衛もつけられない」

小磯は絶望的な表情をした。

加藤は「そうですか」と言ってその場を辞去し、第二次移民団と共に同月十六日、ステッキ一本を持って悠然と佳木斯に上陸する。佳木斯には無断で永豊鎮を抜け出した数名の団員が待ち構えており、拳銃をちらつかせながら「加藤、俺たちを騙したな」と大声で叫んでいた。

加藤は出迎えた東宮と共に第二次移民団の先発隊を率いて入植予定地の七虎力《チフリ》に向かう。七虎力は永豊鎮の南さらに二〇キロにある。途中、永豊鎮に立ち寄り、移民団本部で加藤、東宮は第一次試験移民団の市川隊長、山崎指導員と四人の中隊長の出席を求め、対策会議を開いた。「屯墾隊懲罰令」で最も重い罰則は「除名退団」である。除名退団は「強制退団」であり、内地までの旅費は支給せず、満州国の官庁や会社にその氏名を通報する。彼らは満州での就職も困難になる厳しい措置である。東宮や山崎は事件の首謀者だけでなく「退団を希望する者」も除名退団処分にするという断乎たる処分を主張した。

加藤はこれに対し、「首謀者も同調者も、また退団希望者にも、全員に傷がつかないよう除名処分にはせず、退団したい者は自由に退団させ、首謀者たちにも退団を勧告し自主退団とする」という極めて柔軟な処分案を主張した。東宮たちは最も厳しい処分にしなければ、第二次以降の移民団に悪影響を及ぼすことを心配していた。しかし、東宮らも最終的には加藤の意見に賛成する。彼らがそこまで追い詰められた心情を理解できないわけではない。選考段階から間違っていたという思いもある。

決定した解決策は「退団希望者は自発的に退団させ、共同宿舎を年内に建設。妻帯者は共同宿舎が完成すれば、呼び寄せてもよい。退団者の欠員補充を考慮する」などというものだった。加藤と東宮は翌日から一週間かけて出身県別に分かれた各集落（小隊）を巡回する。そして集落ごとに団員を集め、この対策を説明し、団員たちの事情を聴取した。二人は団員たちと膝を突き合わせて話し合い、示した解決策は必ず実行すると約束した。

「何か疑わしそうな口吻を漏らす者がいる」と、東宮は「この東宮が信じられないのか」「この東宮に任せろ」と「私心のない実に真剣な態度」で訴えた。団員にはこの声が「天の声」のように聞こえたという。ある者が「屯墾病患者のあの茫然とした様子がわからないのか。見ているのがつらい」と詰め寄った。東宮はこう答えた。

「誰のための移民だ。君たちは移民を甘やかしていいというのか。ヒエやアワを食わせることぐらい何だというのだ。移民ばかりではない。今、日本人全体がもっと苦しんでいる。このくらいの辛抱が出来なくては、日本人は島国に小さく窒息してしまわねばならない。君たちは日本の農民は北満には落ち着かないなどと議論しているが、腹の底を叩いて、真剣な日本の問題として攻撃しているのだろうか。日本全体にかかわる問題を軽々しく叩くとはけしからん。俺は責任を感じている。責任を感じているから悩んでいるのだ」

昭和８（1933）年９月、屯墾地を巡察する東宮鐵男（後列左端）と加藤完治（その右）。

加藤が提案した「退団希望者は自由に退団させる」という措置は、屯墾病患者たちには歓迎された。彼らは「落ちこぼれ」や「除名処分者」のレッテルを貼られることなく、自由意志で退団できることになったのである。この騒ぎによる退団者の数は約五〇人に上った。騒ぎはようやく沈静化してきた。しかし、結果的に見れば、この騒ぎによって不満分子は退団し、「強い意志」を持つ者だけが残った。「雨降って地固まる」結果であり、この教訓は第二次移民団以降に生かされることになる。

騒ぎから一年近くが経った昭和九（一九三四）年六月、市川益平隊長が退団し、農事指導員の山崎芳雄が隊長に就任する。第一次移民団は山崎隊長を中心に運営されることになり、ようやく基礎建設時代に入る。小隊長会議は翌十年四月、永豊鎮の入植地全域を「弥栄村《いやさか》」と呼ぶことを正式に決め、山崎が初代村長に就任する。それまでは屯墾第一大隊、第一次武装移民団、屯墾隊、特別農業移民団など様々な名称で呼ばれていたのである。

（以下、下巻）

著者略歴

牧　久（まき・ひさし）

ジャーナリスト。一九四一年、大分県生れ。六四年、早稲田大学第一政治経済学部政治学科卒業。同年、日本経済新聞社に入社。東京本社編集局社会部に配属。サイゴン・シンガポール特派員。八九年、東京・社会部長。その後、取締役総務局長、常務労務・総務・製作担当。専務取締役、代表取締役副社長を経て二〇〇五年、テレビ大阪会長。現在、日本経済新聞社客員、日本交通協会会員。著書に『サイゴンの火焔樹――もうひとつのベトナム戦争』『特務機関長 許斐氏利――風淅瀝として流水寒し』『「安南王国」の夢――ベトナム独立を支援した日本人』『不屈の春雷――十河信二とその時代』上下（各小社刊）がある。

満蒙開拓、夢はるかなり
――加藤完治と東《とう》宮《みや》鐵《かね》男《お》（上）

二〇一五年七月二十七日　第一刷発行

著　者　牧　久
発行者　山本雅弘
発行所　株式会社ウェッジ
〒101-0052　東京都千代田区神田小川町1-3-1
NBF小川町ビルディング3F
電話：03-5280-0528　FAX：03-5217-2661
http://www.wedge.co.jp/　振替00160-2-410636
DTP組版　株式会社リリーフ・システムズ
印刷・製本所　図書印刷株式会社

＊定価はカバーに表示してあります。ISBN978-4-86310-147-0 C0095
＊乱丁本・落丁本は小社にてお取り替えします。本書の無断転載を禁じます。
© Hisashi Maki 2015 Printed in Japan